普通高等学校地理信息科学教学丛书

普通高等教育"十一五"国家级规划教材

GIS 空间分析

（第三版）

刘湘南　王　平　关　丽　卢　浩　张春晓　编著

U0227832

科学出版社

北　京

内 容 简 介

本书从地理空间理论框架的视角，系统论述了 GIS 空间分析的主要思路与方法，共包括 9 章。第 1 章介绍空间分析的概念和发展、GIS 空间分析技术体系；第 2 章论述空间特征与空间问题等基本空间理论知识；第 3 章至第 6 章阐述空间量测与探索性数据分析、位置与空间几何关系分析、空间依赖性与异质性分析、表面与三维分析等常用 GIS 空间分析方法；第 7 章探讨时空尺度分析的基本思想与方法；第 8 章从数据密集计算和社会感知计算两方面论述地理空间大数据分析方法；第 9 章讨论地理计算与空间建模，通过耦合计算智能和专业模型，增强 GIS 空间分析能力，解决复杂空间问题。

本书可作为高等院校地理信息科学、地理科学、遥感科学与技术、测绘工程、生态学等专业本科生和研究生教材，也可供相关专业师生和科技人员参考。

图书在版编目（CIP）数据

GIS 空间分析/刘湘南等编著. —3 版. —北京：科学出版社，2017.2
(2024.12重印)
（普通高等学校地理信息科学教学丛书）
普通高等教育"十一五"国家级规划教材
ISBN 978-7-03-051643-5

Ⅰ. ①G… Ⅱ. ①刘… Ⅲ. ①地理信息系统–高等学校–教材 Ⅳ. ①P208.2

中国版本图书馆 CIP 数据核字（2022）第 113425 号

责任编辑：杨　红/责任校对：韩　杨
责任印制：赵　博/封面设计：陈　敬

科学出版社 出版
北京东黄城根北街 16 号
邮政编码：100717
http://www.sciencep.com
保定市中画美凯印刷有限公司印刷
科学出版社发行　各地新华书店经销
*
2005 年 7 月第　一　版　　开本：787×1092　1/16
2008 年 9 月第　二　版　　印张：17 1/2
2017 年 2 月第　三　版　　字数：448 000
2025 年 1 月第二十一次印刷
定价：45.00 元
（如有印装质量问题，我社负责调换）

"普通高等学校地理信息科学教学丛书"
编委会名单

丛 书 序

古往今来，人类所有活动几乎都与地理位置息息相关。随着科学技术的快速发展与普及，地理信息科学与技术以及在此基础上发展起来的"数字地球""智慧城市"等，在人们的生产和生活中发挥着越来越重要的作用。

近年来，我国地理信息科学高等教育蓬勃发展，为我国地理信息产业的发展提供了重要的理论、技术和人才保证。目前，我国已有近200所高校开设地理信息科学专业，专业人才培养模式也开始从"重理论、轻实践"向"理论与实践并重"转变。然而，现有的地理信息科学专业教材建设，一方面滞后于专业人才培养的实际需求，另一方面，也跟不上地理信息技术飞速发展的步伐。同时，新技术带来的教学方式和学生学习方式的变化，也要求现有教材体系及配套资源做出适应性或引领性变革。在此背景下，科学出版社与中国地理信息产业协会教育与科普工作委员会共同组织策划了"普通高等学校地理信息科学教学丛书"。该丛书从学科建设出发，邀请海内外地理信息科学领域著名学者组成编委会，并由编委会推荐知名专家或从事一线教学的教授担任各分册主编。在编撰中注重教材的科学性、系统性、新颖性与可读性的有机结合，强调对学生基本理论、基本技能与创新能力的培养。丛书还同步启动配套的数字化教学与学习资源建设，希望借助新技术手段为地理信息科学专业师生提供方便快捷的教学与实习途径。相信该丛书的出版，会大大提升该专业领域本科教材质量，优化辅助教学资源，对提高理论与实践并重的专业人才培养质量起到积极的引领作用。

我相信，在丛书编委会及全体编撰人员的共同努力下，"普通高等学校地理信息科学教学丛书"一定会促进我国新一代地理信息科学创新人才的培养，从而为我国地理信息科学及相关专业的发展做出重要的贡献。

中国科学院院士
中国工程院院士　李德仁

丛 书 前 言

地理信息，在经济全球化和信息技术快速发展的 21 世纪，已然在人类经济发展与社会生活中扮演重要角色。自 1992 年 Michael F. Goodchild 提出地理信息科学应当是一门独立的学科以来，在学界的共同努力下，已经在空间数据采集与处理、地学数据挖掘与知识发现、空间分析与可信性评价、地学建模与地理过程模拟、协同 GIS 与可视化、地理信息服务、数字地球与智慧城市、虚拟地理环境、GIS 普及及高等教育等诸多研究方面取得了重要进展。与此同时，由于地理信息科学的概念以及研究背景、目标的复杂性，目前关于地理信息科学的核心理论框架体系，仍然存在不同的理解，需要广大学者深入探索与凝练。

在 2012 年教育部颁布的《普通高等学校本科专业目录（2012 年）》中，地理科学类专业中的"地理信息系统"更名为"地理信息科学"，标志着地理信息的高等教育进入一个崭新的发展阶段。随着我国各项事业及各相关部门信息化进程的加快，地理信息相关专业人才具有广泛的社会需求。地理信息科学专业人才应当具备坚实的地理学、测绘科学及现代信息技术基础知识、具有处理与分析地理信息的能力，能从事地理信息科学问题的研究与开发，能胜任包括城市规划、资源管理、环境监测与保护、灾害防治等领域的地理信息资源开发、利用与管理工作。地理信息科学专业人才的培养，对于全面提升我国地理信息产业与地理信息科学发展水平具有极其重要的作用。

中国地理信息产业协会教育与科普工作委员会，多年来通过多种途径，积极推进我国地理信息高等教育水平提高，所组织的全国高校 GIS 教育研讨会、全国高校 GIS 青年教师教学技能培训与大赛、全国大学生 GIS 技能大赛、全国 GIS 博士生论坛等活动，都已经成为国内有影响的品牌活动。高校专业教材是本科教学的重要资料，近十年来，我国已出版多套有关地理信息系统的系列教材，在专业教学中发挥了十分重要的作用，其中，由科学出版社出版的"高等学校地理信息系统教学丛书"，在我国 GIS 教育界产生了重要影响。在此基础上，科学出版社、教育与科普工作委员会联合组织编撰的"普通高等学校地理信息科学教学丛书"，拟面对学科发展的新形势，系统梳理、总结与提炼以往的研究成果，编写出集科学性、时代性、实用性为一体的系列教材。

为保证本丛书顺利完成，在工作委员会及科学出版社的协调下，首先成立了由地理信息科学高等教育领域的知名学者组成的丛书编写委员会。其中，由我国该领域院士及知名学者任顾问，对丛书进行方向性指导，各教材主要编写人员既有我国地理信息科学领域的知名专家，又有新涌现的优秀青年学者，他们对地理信息科学的教育教学有很强的责任心，对地理信息学科的发展与创新开展了广泛而深入的研究；他们在学术研究和教学工作中亦能紧密联系、广泛开展学术与教学的交流合作。

本丛书将集成当前国内外地理信息科学研究领域的主要理论与方法，以及编著者自身多年的研究成果，对今后相关研究工作有十分重要的参考价值。我们希望本丛书不仅适合于地理信息科学专业的在校学生使用，而且也可作为相关专业高校教师和研究人员工作和学习的参考书。本丛书的出版发行，盼能推动我国地理信息科学的科学研究与拓展应用，促进中国地理信息产业的发展。

国家级教学名师
中国地理信息产业协会教育与科普工作委员会主任
汤国安
2014 年 8 月 4 日

第三版前言

空间分析思想源远流长，在地理学等学科领域研究中有悠久的历史。然而，直到 20 世纪 60 年代地理信息系统（GIS）出现以后，空间分析才开始成为独立的研究对象。最近几十年来，GIS 空间分析的理论和方法发展迅速，软件工具层出不穷，有力地提升了 GIS 认知客观世界和解决复杂现实问题的能力，应用领域不断拓宽和深入。"GIS 空间分析"已经成为地理信息科学、测绘科学、地理科学等专业的核心课程之一。

时间和空间是人类生存和发展一切活动的基础。随着移动互联网、云计算、传感器网络、人工智能、物联网、大数据等新一代信息技术的发展与融合，时空信息技术正在深刻地改变社会经济和人类活动的各个层面，无所不在的专用和非专用传感器实时地采集地球上实体目标和人类活动的多维动态时空数据，极大地丰富了对地理环境和人类活动的观测尺度和维度。集成各种技术方法对地理空间大数据进行网络管理与智能分析，实现空间认知和泛在服务，地理空间信息科学与技术达到了一个新的高度。显然，在研究对象、研究数据和研究范式都发生巨大变化的今天，GIS 及其空间分析面临一系列机遇与挑战：在地球空间尺度基础上构建起来的空间概念、建模方法，是否仍然适合更大（如宇宙空间）或更小（如室内空间、人体空间）的空间建模与分析？以测绘地理数据、轨迹数据、搜索引擎数据和社交媒体数据等为主要组分的地理时空大数据其特性是什么？如何建立大数据分析的新理论与方法，进行数据清理、归化、融合和挖掘？如何应用社会感知计算、边缘计算等新理论和技术对个体和大规模群体行为进行深度分析，挖掘群体社会交互特性和时空演化规律，实现从感知到认知的发展？智能化将如何影响 GIS 和空间分析？

本书正是在地理空间信息科学与技术这种快速发展的大背景下，从地理空间理论框架的视角，系统论述 GIS 空间分析的基本思想与主要方法。从介绍空间分析概念和 GIS 空间分析技术发展入手，进一步阐述空间特征与空间问题，为建立空间思维模式、强化空间思维能力奠定基础。基于空间特征和数据类型，将传统 GIS 空间分析方法归纳为空间量算与数据探测、位置与空间几何关系分析、空间依赖性与空间异质性分析、表面与三维分析几大类，试图体现这些分析方法针对地理空间特征或数据类型而建立的本质，避免成为各种空间分析方法的简单集合，同时表达了每一类分析的具体方法和工具不仅限于书中的内容，解决同类问题的新思路和新方法会不断涌现这一基本观点。一切地理格局和过程都发生在特定的时空尺度下，时空尺度是空间分析过程中必须考虑的因素，本书对时空尺度的概念、主要分析方法及应用进行了系统阐述。大数据分析将是 GIS 空间分析中越来越重要的内容，相关分析技术和方法会不断发展与成熟，本书从数据密集计算和社会感知计算两个方面，介绍了当前地理空间大数据分析的策略。GIS 空间分析工具与地理计算智能、专业模型耦合能够增强其解决复杂空间问题的能力，本书最后介绍了经典智能计算模型以及专业模型与 GIS 空间分析的耦合途径。

本书由中国地质大学（北京）刘湘南主编，东北师范大学王平、北京测绘设计研究院关丽、北京超图软件股份有限公司卢浩、中国地质大学（北京）张春晓参与编写。"普通高等学校地理信息科学教学丛书"编委会联合科学出版社组织了多次会议，讨论教材大纲和主要内容，各位编委老师提出了许多建设性的意见；刘瑜、向清成、黄方、陈文惠、江岭、刘美玲、蒋卫国、吴伶、修丽娜等老师为本书编写提供了一些素材和建议；丁超、刘明、黄芝、江佳乐、刘烽、孙宁、王淼鑫等研究生协助查阅资料、绘制部分插图和校对工作；科学出版社杨红老师为本书的出版付出了辛勤劳动。在此一并表示感谢！

　　本书是在《GIS 空间分析原理与方法》（第二版）的基础上，参考国内外众多学者的研究成果进行大幅修改编写而成。由于空间分析涉及的知识面很广，与之相关的新理论、新技术发展迅速；同时，许多空间分析方法无论从概念上还是数学实现上均存在着密切联系，因此，本书没能全面体现空间分析的最新成就，部分章节的内容不免有一些交叉。限于作者学识水平，不妥之处在所难免，恳请读者批评指正。

刘湘南

2016 年 12 月

第二版前言

据统计，我国目前约有 180 所高等院校开办地理信息系统（GIS）本科专业，约 80 所高等院校与科研院所开展 GIS 硕士与博士研究生教育，开设 GIS 相关课程的学校则更多。随着 GIS 技术的不断发展和信息化社会对空间数据分析需求的日益增加，特别是 GIS 专业建设的不断完善，"GIS 空间分析"逐渐成为地理信息系统及相关专业的主干课。因此，相关的教材建设成为该学科建设的首要任务之一，这类教材和参考书需求量甚大。近年来，国内外陆续出版了多部有关 GIS 空间分析方面的教材或专著，各具特色，对繁荣发展 GIS 空间分析理论和方法以及该领域的人才培养发挥了重要的作用。

作者自 2000 年开始给本科高年级学生和研究生讲授 GIS 空间分析方法课程，并编写校内教材，学生普遍认为其内容新颖、结构严谨、思路清晰、原理性强。根据学科发展的最新成就和作者多年的教学、科研成果，在对校内教材修改、完善的基础上，《GIS 空间分析原理与方法》于 2005 年由科学出版社出版。这是一部面向 GIS 及相关专业领域学生系统论述 GIS 空间分析原理与方法的教材。教材出版后即被一些高校选为本科生和研究生教材，反响良好，并多次重印。

本书试图从整体的高度、从有机联系的角度全面阐述空间分析的相关知识和理论，从而建立起一个综合认识和研究 GIS 空间分析的框架。其主要特色是，从地球空间信息科学的理论高度，系统论述 GIS 环境下空间分析的理论、技术和方法体系，强调空间分析的原理阐述，更注重其在 GIS 中的可操作性；突出 GIS 空间分析方法的系统概括，如空间表达变换分析、空间几何关系分析等，归纳和揭示各种具体的 GIS 空间分析方法的目标与实质，旨在对有关的各种 GIS 空间分析方法进行总体把握；结合实际问题表述概念、阐述原理，既强调内容的系统性，又注重加强理论深度，避免成为种种具体空间分析方法的简单集合；紧密结合学科发展的前沿理论和技术，引入国内外最新的学术思想和理论、方法，如地理网格计算、智能化空间分析等；教材内容注意与专业相关课程知识的衔接，并避免内容的重复。

GIS 信息技术及其相关学科理论、技术和方法发展很快，作者一直跟踪该领域国内外最新研究进展，也有一些新的教学、科研积累。根据学科发展和教材使用中读者反馈的意见，对第一版教材进行了部分修订。考虑到第一版教材的体系、结构比较严谨且有一定特色，修订工作在基本保持原体系结构不变的前提下进行，主要更新了相关数据和技术术语，改写和增减部分内容。本书 2007 年经教育部组织专家评审，被遴选为普通高等教育"十一五"国家级规划教材。

本书虽经修订，但不足之处仍在所难免，恳请读者批评指正。

作　者
2008 年 6 月

第一版前言

地理信息系统（GIS）是地理空间数据处理、分析的重要手段和平台。从诞生至今的 40 多年时间里，地理信息系统技术的日益革新为众多应用领域创造了丰富的地理空间信息财富，使地理空间数据的存储、检索、制图和显示功能越来越完善。地理信息系统的核心功能是空间分析。空间分析使 GIS 超越一般空间数据库、信息系统和地图制图系统，不仅能进行海量空间数据管理、信息查询检索与量测，而且可通过图形操作与数学模拟运算分析出地理空间数据中隐藏的模式、关系和趋势，挖掘出对科学决策具有指导意义的信息，从而解决复杂的地学应用问题，进行地学综合研究。GIS 的奠基人之一 Goodchild M F 曾指出"地理信息系统真正的功能在于其利用空间分析技术对空间数据的分析"。

虽然 GIS 已取得了巨大的发展，但目前多数地理信息系统的应用还局限于数据库型 GIS 的层面，多维信息空间分析能力的不足及空间分析的结果不实用越来越明显，无法真正满足全球变化和区域可持续发展研究对空间数据分析、预测预报、决策支持等多方面的应用要求。同时，由于空间分析内容十分繁杂，GIS 学术界对空间分析的理解和认识存在较大的模糊性和差异，GIS 空间分析一直滞后于空间数据结构、空间数据库、地图数字化和自动绘图技术等方面的研究，在理论和技术上尚没有根本的突破。本书在参阅了国内外大量相关文献的基础上，结合我们的工作实践，试图从新的角度理解空间分析的概念内涵，不拘泥于基本分析方法的概念、算法原理及其应用，选择性地引入了许多新的空间分析技术方法，如网格计算、智能计算等，力求比较系统地论述 GIS 空间分析的原理方法和技术及其发展前沿，为地理学及相关专业的本科生、研究生和广大读者提供全面、详细了解和掌握 GIS 空间分析理论与方法的途径，并为进一步完善 GIS 空间数据分析理论和方法体系奠定基础。

全书共分 9 章。第 1 章简要回顾了 20 世纪 50 年代以来地理空间数据处理与建模领域，如数量地理学、地理信息系统、地理计算、地理空间数据挖掘等重要的技术方法及其进展，探讨了 GIS 环境下空间分析的基本框架。第 2 章主要概括了空间分析的基础问题，包括地理空间的理解方式，地理空间坐标系统的建立方法，地理网格系统、地理空间数据的特征及基本的地理空间问题等。第 3 章介绍了从 GIS 中获取地理空间目标基本参数的方法，即空间量测与计算。第 4 章主要阐述了空间数据结构、空间参考系统、时空尺度和图形表达等不同 GIS 的空间表达方式，提出空间表达变换不仅是空间数据操作的一种手段，更是 GIS 空间分析的重要方法的观点。第 5 章详细地介绍了空间几何关系分析方法，即如何从 GIS 目标之间的空间关系中获取派生信息和新知识的有关分析技术，主要包括邻近度分析、叠加分析、网络分析等。第 6 章讨论了空间统计学的基本原理方法及其在地理空间数据挖掘和分析中的应用。第 7 章介绍了三维地理空间数据分析方法，主要包括三维景观建模、三维景观分析与计算，以及三维可视化表达技术等。第 8 章主要阐述了新一代 Web 技术——网格计算技术的基本特点，网格计算技术对 GIS 空间分析的影响，以及网格 GIS 基本概念和关键技术等内容。第 9 章结合地理空间数据的不确定性问题，主要探讨了智能计算技术的基本原理和方法体系，介绍了智能计算方法应用于地理空间数据分析的若干实例。

　　本书在编写过程中参考和吸取了近年来国内外诸多专家和同行的研究成果，在此表示诚挚的感谢。王静、任春颖、史晓霞、罗智勇、关丽、廖晓玉、吴雨航、邹滨等研究生参与了部分章节的编写工作；于思扬、付博、黄猛、许淑娜、曾文华、李世熙等研究生协助查阅了大量参考资料；本书得到了东北师范大学教材建设项目的支持，在此一并表示衷心的感谢。

　　《GIS 空间分析原理与方法》一书虽然酝酿准备了近三年，但在实际撰写中，原有的一些想法和内容没有得到充分的表达和展现，由于作者水平有限，书中不足之处敬请专家和读者批评指正。

作　者
2005 年 3 月

目　　录

第1章 空间分析与 GIS

空间分析（spatial analysis，SA）是地理学的精髓，是为解答地理问题而进行的空间数据分析与挖掘。一切事物都毫无例外地具有与它们相联系的时间和空间特性，所以空间分析在地理学及其他相关学科领域研究中得到普遍重视。空间分析的思想由来已久，如 1853 年 John Snow 医生运用地图分析伦敦霍乱传播原因；20 世纪早期魏格纳通过地图分析发现大西洋两岸的轮廓特征，从而建立大陆漂移学说。地理学家对科学的贡献许多源自空间分析，他们从地理空间（geographic space）的视角描述、分析、理解自然和人类社会的空间结构及其相互关系。除地理学外，空间分析在生态学、经济学、地质学、流行病学、犯罪学、交通、农业、城市、军事、考古等众多学科领域都有广泛应用。

虽然地理学家应用空间分析思想研究地理问题的历史悠久，但是空间分析作为一个独立的概念提出，源于 20 世纪 60 年代地理与区域科学的"计量革命"。这一时期的地理学研究主要是应用统计分析方法，定量描述地理要素之间的关系及其空间分布模式，后来逐渐强调地理空间本身的特征、空间决策过程和复杂空间系统的时空演化。

空间分析作为专门方法被广泛使用，真正成为解决地理空间相关问题的重要工具，与地理信息系统（geographic information system，GIS）的兴起和迅速发展密不可分。20 世纪 60 年代兴起的 GIS 技术是空间信息采集、管理、分析和表示的计算机系统，GIS 把研究者从过去繁重的手工分析操作中解脱出来，集成了多学科的最新技术和所能利用的空间分析工具，包括数据库管理、高效图形算法、空间插值、区划和网络分析等，为解决地理空间问题提供了有效途径，使空间分析的能力发生了质的飞跃。地理信息科学的奠基人之一 Michael F. Goodchild 指出，地理信息系统真正的功能在于它利用空间分析技术对空间数据进行分析。

随着移动互联网、云计算、人工智能和大数据等新一代信息技术的发展，基于云构架的地理数据网络化采集、自动化成图、智能化分析与泛在服务正成为一种潮流，GIS 及其空间分析发展面临新的机遇和挑战。因此，不断完善空间分析理论和方法体系，集成先进的空间分析工具，增强 GIS 空间分析能力，是 GIS 空间分析的发展目标和趋势。

1.1 空间分析概述

1.1.1 空间分析的概念

空间分析，或称地理空间分析（geospatial analysis），内涵丰富，应用广泛。其概念的提法很多，如地理信息分析、空间信息统计分析、空间统计与建模、空间数据分析、地质统计学等，大致都是表达相同或相近的概念。一般认为，至少存在 4 种相互联系的空间分析概念，分别是：空间数据操作、空间数据分析、空间统计分析和空间建模。

空间数据操作主要是指在 GIS 中基于空间对象几何特征进行的拓扑分析、叠加分析，距离、面积、路径计算，以及基于空间关系的空间查询等；对于属性数据则主要表现为地图可视化操作。

　　空间数据分析一般是指空间数据的描述性和探索性分析技术和方法，特别是对于大规模数据集，通过将数据图形化或地图化的探索性分析技术，研究数据中潜在的模式、异常等，为后续分析做准备，是所有空间分析过程中首要的一环。

　　空间统计分析是用统计的方法描述和解释空间数据的性质，以及数据对于统计模型是否典型或是否是所期望的。由于空间数据具有空间自相关性，这一特性违背了经典统计理论关于数据独立性的假设，因此需要发展专门用于空间数据分析的空间统计方法。

　　空间建模主要是指依据某些理论和假设，建立模型描述空间现象的分布模式，预测空间过程及结果。

　　实际上，这些术语所指代的方法关联紧密，很难进行严格的区分，它们一起构成了较为完整的空间分析概念。

　　空间分析的核心在于"空间"，而"空间"的本质是"位置"。空间分析是把研究对象的地理空间位置作为重要变量的系统性应用，包括对研究对象的地理空间位置的描述、分析和预测。与空间位置有关的描述、关联和预测方法是空间分析区别于其他数据分析的一个重要特征。

　　为了便于理解，可以把空间分析过程描述成如下函数形式：

$$y = f(x)$$

式中，x 为待分析的地理空间数据，是具有空间结构特征的异质数据集；$f(x)$ 为空间分析方法，可以是理论思想、逻辑方法，也可以是已经工具化了的计算模型；y 为输出的空间分析结果，揭示了研究对象的空间位置、空间形态、空间格局、空间关系与空间过程等空间特征，为解决特定空间问题提供信息和知识。

　　这样，空间分析就可以理解为是对空间数据进行各种处理计算，从中获得信息和知识的过程。通过空间分析，揭示地理空间数据中蕴含的格局、关系与趋势，以进行决策和未来规划。

　　空间分析是运用空间思维解决空间问题的方法论，是集空间数据分析和空间特征模拟于一体的工具集，围绕研究问题的"空间"本质建立分析模型，通过地理计算和空间表达挖掘空间数据中潜在的空间特征模式，以解决空间问题。

　　空间分析的本质特征包括：①探测空间数据中的模式；②研究空间数据模式间的关系，建立相应的空间数据模型；③理解适于所观察模式的处理过程；④预测和控制所发生的地理空间事件。

1.1.2　空间分析的对象与研究内容

　　空间分析的对象是地理空间实体，进一步说，是地理空间实体所具有的空间特征。

　　地理空间实体具有空间位置、空间形态、空间分布、空间关系（距离、方位、拓扑、相关场）、时空尺度等基本特征。其中，空间位置是最基本也是决定性的特征，空间实体的其他特征本质上都是由空间位置决定的。不同类型的空间目标具有不同的形态结构，形态蕴含了有关空间实体的诸多信息，如演化阶段、稳定性等。空间分布表达了空间实体在空间上形成的组织秩序。空间关系是指地理空间实体之间存在的空间结构关系，是空间数据组织、查询、分析和推理的基础。时空尺度则是任何空间实体的存在条件与描述基准。

空间分析方法和模型是针对空间实体的空间特征建立和开发的。空间分析的研究内容包括理论、方法与应用三个方面。

1. 空间分析理论

主要是指空间概念、空间描述方法、空间特征等基本理论问题，同时也包括基于空间思维的解决问题的方法论。空间及其特征的描述是地理信息科学的核心理论问题，当然也是空间分析的关键理论问题。

2. 空间分析方法

主要是指在空间分析理论的指导下，针对空间特征，面向空间问题，建立分析模拟模型，开发分析工具。主要包括：①基于图形及几何特征的分析方法，空间数据的量算或几何操作，如长度、面积、形状的量测，空间中心/重心的计算，叠加分析、缓冲区分析、网络分析等；②空间数据统计分析，如空间点模式分析、地统计分析；③空间模拟与建模，如空间回归模型、地理加权回归、地理模拟与计算模型（如元胞自动机、多智能体、神经网络、遗传算法）等。空间分析的模型、工具会随着空间分析理论研究的深入而不断丰富、创新和完善。

3. 空间分析应用

主要研究如何应用空间分析的理论和方法解决实际问题，重点是如何将复杂具体的现实问题抽象为空间问题，搭建模型、方法与应用之间的桥梁。许多现实问题有多种求解途径，可用不同的空间分析方法与工具来完成，关键是如何对现实问题进行抽象。

1.1.3 空间分析的目标

空间分析的主要目标是揭示地理空间特征，以解决空间问题，具体包括以下几个方面。

（1）认知。有效获取空间数据，并对其进行科学的组织描述，利用数据再现事物本身，如绘制风险图。

（2）解释。理解和揭示地理空间数据的背景过程，认识事件的本质规律，如住房价格中的地理邻居效应。

（3）预报。在认识、掌握事件发生现状与规律的前提下，运用有关预测模型对未来的状况做出预测，如传染病的爆发。

（4）调控。对地理空间发生的事件进行调控，如合理分配资源。

总之，空间分析的根本目标是建立有效的空间数据模型来表达地理实体的时空特性，开发面向应用的时空分析模拟方法，以数字化方式动态地、全局地分析空间实体和空间现象的空间特征，从而反映空间实体的内在规律和变化趋势。

空间分析实质上是对异质海量地理空间数据的增值操作。

1.1.4 DIKW 模型与地理智慧

DIKW（data-information-knowledge-wisdom）是一个关于数据、信息、知识和智慧之间关系的模型，它表达了数据通过分析、理解逐步升华为信息、知识乃至智慧的过程。DIKW模型有助于进一步理解空间分析的含义。空间分析实质上是运用各种分析方法和模型将地理空间数据转化为地理空间信息、地理空间知识的过程，在此基础上，形成地理空间智慧，以解决各种地理空间问题。由于实际问题的复杂程度不一，因此问题求解所需的"数据"层次是不一样的，或为信息，或为知识、智慧。

空间分析本质上是一个具有空间内涵的 DIKW 模型。

1. DIKW 模型

DIKW 模型，或称 DIKW "金字塔"，是指由数据（data）、信息（information）、知识（knowledge）和智慧（wisdom）构成的层层递进的体系。体系中的上一层比下一层赋予了某些特质。数据层是最基本的，信息层加入内容，知识层加入 "如何去使用"，智慧层加入 "什么时候才用"，是对未来的预测和预知。数据、信息、知识和智慧之间的联系在于前者是后者的基础与前提，而后者是前者的发展并对前者的获取具有一定的影响（图 1.1）。

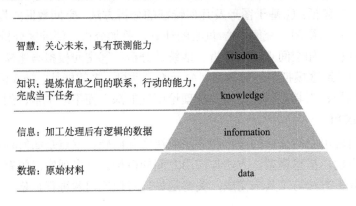

图 1.1　DIKW "金字塔"

（1）数据，是关于事物的一组离散的客观的事实描述，是构成信息和知识的原始材料，如图形、声音、文字、数字和符号等。原始观测及量度获得了数据，它是最初的记录，未被加工解释，没有回答特定的问题；它与其他数据之间没有建立联系，是分散和孤立的。

（2）信息，是具有一定含义的、经过储存、分析及解释后所产生的对决策有价值的数据。信息包含了对某种可能的因果关系的理解，通过信息可以回答简单的问题。信息来源于数据并高于数据。

（3）知识，是对某个主题确信的认识，并且这些认识具有为特定目的而使用的潜在能力。知识是信息的集合，它使信息变得有用，是一个对信息判断和确认的过程，这个过程结合了经验、上下文、诠释和反省。知识可以回答 "如何" 之类的问题，可以帮助建模和仿真。

（4）智慧，可以简单地归纳为作正确判断和决定的能力。智慧是建立在丰富的知识基础之上的，表现为洞察力和判断力，能够根据海量数据或信息进行正确的决策，并给出一种或几种可行的解决方案。智慧用于解决 "为什么" 这一层次的问题，即问题发生的原因和实质。智慧提出的问题是还没有答案的，与前三个阶段不同，智慧关注的是未来，是试图理解过去未曾理解的东西，是 DIKW 模型中唯一不能用工具直接实现的。

DIKW 模型中，"理解" 是关键（图 1.2）。通过数据分析，即在一定思想指导下形成的各种数据分析方法与模型，进行 "理解"，实现数据—信息—知识—智慧的升华。

2. 地理智慧

地理智慧，也可称空间智慧，是空间数据—空间信息—空间知识—空间智慧这一数据分析链上的最高层次。通过空间分析获得地理智慧，可以解决与位置相关的复杂空间问题。目前，地理智慧应用形式主要包括地理可视化（geo-visualization）、地理决策（geo-decision）、地理设计（geo-design）和地理控制（geo-control）等四个方面。

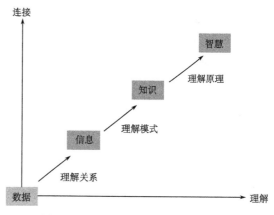

图 1.2　DIKW 模型中的"理解"过程

（1）地理可视化，是基于位置的数据展现与可视化的方法，以便发现空间格局与分布规律。地理可视化已经有很多成熟的应用。例如，日立电机设备租赁空间服务系统将起重机设备工作状态、辅助设备租赁与维修等服务信息直观地显示在地图上，同时，还能将 GIS 与全球卫星定位系统、通信和工控等技术进行集成。此外，地理可视化还广泛应用在气象、卫生和交通等诸多领域。

（2）地理决策，是基于地统计学和空间分析技术的计算机辅助决策方法。由于考虑了位置和空间关系因素，地理决策具有实现基于传统信息技术手段的辅助决策无法实现的能力。基于 GIS 的 SARS（传染性非典型肺炎）疫情分析系统，把疑似病例、确诊病例、死亡人数等信息都在地图对应位置上标注出来，并根据各类病例在不同区域的分布情况，制定防控策略，从而有效切断传染途径。

（3）地理设计，简单讲就是以地理分析为基础，把地理环境因素引入全局考虑的设计。由于考虑了环境因素，地理设计优化了传统设计。例如，引入地形和周边建筑等环境因素，借助三维空间分析技术，对设计中的建筑进行光照分析、可视域分析，可优化已有的设计方案。地理设计正在越来越多地应用于各个领域。

（4）地理控制，是通过地理位置对客体施加影响，达到智慧控制客体活动和行为的目的，这是地理智慧应用的新方向。红绿灯优化与自动控制是地理控制的一种应用，在路口各方向增加若干传感器，根据路口的实际交通情况自动控制各方向的红绿灯，从而使交通管理更加精确和高效。

基于空间维度的数据分析和数据挖掘获得的地理智慧，能够发现事物之间蕴含的各种空间关系、空间分布规律和时空演变趋势，有助于更准确地理解复杂的地理空间，从而制定出更加智慧的决策。

1.1.5　空间分析与相关学科的关系

空间分析的起源和发展与众多学科关系密切。

地理学及相邻学科，如城市与区域科学、地球科学、生态学等关于空间的概念、空间结构与空间关系的表达、空间分析的基本思想一直以来是空间分析的思想源泉。

遥感、地图学、地理信息系统、空间数据库及地理可视化等主要研究空间信息的获取、表达、组织与存储、数据分析与建模和可视化等方面的内容，相关的理论、概念、方法及工具是空间分析的基础。

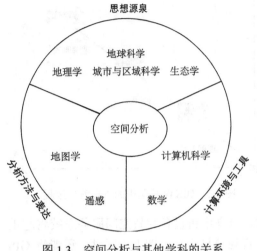

图 1.3   空间分析与其他学科的关系

空间分析离不开数学分析与模拟，欧氏几何、分析几何及计算几何等数学思维和方法直接影响空间的表达、分析和建模。

计算机科学与技术不仅为空间分析提供数字环境，还提供强大的编程能力、计算能力。高性能计算、云计算等技术成为分析复杂异构多维海量地理空间数据的有力工具。

计算智能如人工神经网络、深度学习、遗传算法等提升了空间分析的能力，面对不确定性的复杂地理空间问题和地理空间大数据，计算智能使智能化空间分析成为可能。

空间分析与上述各学科之间的关系，如图 1.3 所示。

1.2   空间分析的历史与发展

自古以来，由于生存和发展的需要，人们一直都在试图分析周围地理事物的空间结构和空间关系，因而始终在进行着各种类型的空间分析：从对空间现象及其空间关系的文字记载，到利用数学概念和方法进行解释性描述；从传统统计学方法和数学模型对空间现象和过程的模拟，到基于地理信息系统的多维地理空间数据表达与管理、地理过程的动态模拟、可视化分析和决策支持；从空间数据挖掘技术到高性能计算技术支撑下的地理计算方法。随着人们对空间信息需求水平的不断提高和科学技术的日益进步，空间分析的方法和技术在不断完善和丰富。通过空间分析，探索、证明空间要素之间的关系，揭示空间特征和过程的内在规律和机理，实现对地理空间的认知、解释、预测和调控。

空间分析的发展与科学技术的进步关系紧密，通过分析推动空间分析发展的一些主要科学技术，不仅可以揭示空间分析的发展历史与趋势，还能更好地认识空间分析的科学本质与技术特点。

1.2.1   地图分析

传统的纸质地图由于采用简单明了的方式表达空间现象而成为描述地理空间的范例。地图作为最古老、最传统的空间信息表达、存储与分析的手段，已有逾千年的应用历史。地图的出现使人们对空间表达与分析的能力大大增强。在地图上量测地理空间要素的几何参数，如距离、方位和面积等，分析地理要素的空间关系，或者利用地图叠加进行信息合成，以获取所需的空间信息，这些传统的地图分析技术，奠定了空间分析方法的基石，时至今日仍然是现代 GIS 空间分析的重要方法。GIS 起源于计算机地图制图。GIS 环境下空间信息的表达与分析，早期多数沿袭了传统地图分析的思想与方法。

随着研究的深入和应用水平的提高，基于地图进行较高层次的空间信息分析的方法不断出现，如社会、经济、文化和军事等领域的各种区域分析与决策。同时，物理、数学概念与方法的不断引入及地学各分支学科的发展，促使传统地图分析能力提升，人们对地图表达空间信息的理解与解译能力也显著提高。

1.2.2　计量地理学

20 世纪 60 年代地理与区域科学的"计量革命"，第一次明确将数学方法用于地理学研究，空间特征及其关系分析从此由文字描述进入定量刻画阶段。这场"计量革命"最直接的成果是促使"空间分析"作为一个独立概念提出，数学方法引入地理空间分析是其突出标志。

计量地理学（quantitative geography），又称地理数量方法，是应用数学思想进行地理学研究的科学。它试图以定量的精确判断来弥补定性文字描述的不足；以抽象的、反映本质的数学模型去刻画具体的、庞杂的各种地理现象；以对过程的模拟和预测来代替对现状的分析和说明；以合理的趋势推导和反馈机制分析来代替简单的因果关系分析。计量地理学提供了理性的复杂方法，以传递有关行为决策的确定性程度、综合研究精度等有用的信息，与定性研究方法结合共同构筑了地理学研究方法的科学体系。

计量地理学是对地理学传统研究方法的发展和变革，反映了地理学向定量化、科学化发展的趋势。围绕地理现象的空间本质或地理数据的空间特征，建立起地理学的空间分析方法或体系，使地理学由一门对空间事物进行解释性描述的学科，转变为一门进行确定性分析的学科。

1.2.3　地理信息系统

地理信息系统（GIS）起源于 20 世纪 60 年代，加拿大测量科学家 R. F. Tomlinson 建立了世界上第一个实用的地理信息系统——加拿大地理信息系统（Canadian GIS，CGIS），用于自然资源的管理和规划。GIS 是对地理空间数据进行采集、存储、表达、更新、检索、管理、综合分析与输出的计算机技术系统。GIS 以数字化的方式表达空间实体及其关系，并把地图分析与计量地理的思想、方法和模型集成在一起，具有强大的空间分析与模拟功能，是地理空间数据管理和分析的重要平台。

现实世界中的地理现象在 GIS 中以数字形式表达，形成地理空间数据库。对数据库中的空间数据进行分析与建模以挖掘出潜在的空间信息是 GIS 最具生命力的核心功能，也是 GIS 区别于其他计算机系统的主要标志之一。GIS 空间分析常用方法有缓冲区分析、叠加分析、网络分析、拓扑结构分析、数字地形分析等，复杂地理空间问题可以通过 GIS 耦合专业模型来求解，如综合评价模型、预测模型、规划模型、决策分析模型等。

GIS 的出现不仅使空间分析的能力变得强大，还使"空间分析"成为了专门学科。基于数字化技术和高性能计算的 GIS 对空间分析的发展起到了革命性的作用，不仅能够完成以前相当耗时甚至不可能完成的计算任务，使分析海量空间数据的复杂计算变成现实，而且在一定程度上改变了传统空间分析的思想和方法，极大地促进了空间分析在众多领域的应用。

1.2.4　地理计算

20 世纪 90 年代中期，英国著名地理学家、里兹大学计算地理研究中心 Stan Openshaw 教授认为空间数据挖掘已成为计量地理学中的一个重要分支，并以 Geocomputation 命名这个新的学科，因此 Stan Openshaw 被称为"地理计算之父"。此后，许多学者纷纷从不同角度对地理计算的定义与内容框架进行设计，并论证其作为一个学科的必要性和合理性。

Openshaw 等认为地理计算本质上是继地理信息科学之后的革命。他在 2000 年又进一步深化了对于地理计算的理解，认为地理计算是一种高性能计算，是用以解决目前不能解决的、甚至未知的空间问题的科学。地理计算具有三方面特点：一是强调地理主题；二是对于现存问题承认有新的或更好的解决办法，且可以解决以前不能解决的问题；三是地理计算需要独特的思考方式，由于以海量计算来代替残缺的知识或理论，所以能够增强机器的智能。

地理计算可定义为用计算机解决复杂空间问题的科学和艺术。地理计算试图回归计量革命时代的地理分析和建模，并吸收计算机科学发展的最新成果，如高性能计算，模式识别、分类、预测与模型技术，知识挖掘，可视化等一系列计算方法和工具，建立地理模型以分析复杂的、具有不确定性的地理问题。

地理计算这一学科的统一视角就是"计算"，它被认为是一系列有效的程序或算法（如神经网络、模糊逻辑、遗传算法等），当应用到地理问题时必然产生结果，不同算法之间由于基本假设的不同而产生结果的差异。地理计算本质上可认为是对地理学时间与空间问题所进行的基于计算机的定量化分析。

地理计算包含丰富的模型和方法体系，不仅采纳了传统的计量地理学理论与模型，还涉及一系列新的理论、技术和方法：GIS 为其创建数据库；人工智能技术（artificial intelligence，AI）和智能计算技术（computational intelligence，CI）为其提供计算原理和计算工具；高性能计算服务系统（high-performance computing，HPC）为其提供动力。计算智能技术中的神经网络模型（neural network，NN）、模糊逻辑模型（fuzzy logic，FL）、遗传算法模型（genetic algorithm，GA）、元胞自动机模型（cellular automata，CA）及分形分析（fractal analysis，FA）等不断被引入并成为地理计算的核心。

1.2.5　地理空间数据科学

大数据概念的诞生与发展，导致数据密集型科学与发现这个命题的提出。图灵奖获得者 Jim Gray 认为，科技发展可分为四个范式：实验科学、理论科学、计算科学和数据科学。在第四个范式中，科学家依靠各种仪器、传感器获取数据，或者通过仿真生成数据，然后用软件进行处理，将得到的信息和知识存储在计算机中，再由科学家借助各种统计和数据工具进行分析和可视化应用。数据科学的一个重要特点是由数据驱动而非模型驱动，这与传统研究思路截然不同。

将数据科学的知识、方法应用到地理空间领域，形成地理空间数据科学。传统地理空间数据分析方法针对采样框架下的结构和半结构化数据建立计算模型，已形成了丰富的理论体系与技术方法；地理空间数据科学需要解决无采样框架的非结构化数据的分析问题，空间分析面临新的挑战。

地理空间大数据分析将成为空间分析的一个重要组成部分。Michael F. Goodchild 认为大数据是影响地理信息科学发展的下一个重大事件。大数据改变了传统空间数据分析的观念与方法，非结构化数据替代结构化、半结构化数据，数据全体替代采样框架下的样本数据，针对这一变化，需要建立全新的地理大数据分析理论、方法与技术体系。

地理空间数据科学正处于探索发展阶段，目前有关技术问题主要包括：协同观测、地理空间大数据管理、并行地理计算框架、地理空间大数据动态可视化和知识探索与智能服务等。

1.3　GIS 环境下的空间分析

1.3.1　GIS 的发展特征

众所周知，GIS 由计算机地图制图发展而来。早期的 GIS 实质上是数字环境下的地图操作与分析系统，"地图"数据的输入、表达、存储、管理、分析与制图输出是 GIS 的经典功能。本质上讲，GIS 是一个以空间观点为核心，全面处理分析空间、时间、人员、事件、机构和物品等六要素的基础信息系统，空间数据、信息计算和知识服务是 GIS 技术构架的三大基本组成要素。探讨 GIS 的发展，可以通过分析这三大要素的变化来进行，如表 1.1 所示。

表 1.1　传统 GIS 与当代 GIS 的特征比较

	数据	计算	服务
传统 GIS	相对静止的量测数据为主体	组件式的功能计算	根据应用需求的软件开发
当代 GIS	动态异构、时空密集、非结构化的大数据为主体	高性能环境支撑下的空间处理与分析工具计算	个性化服务模式，庞大的地理信息服务网络

首先，从空间数据发展的角度来看，当代 GIS 数据除了传统的静态地图、定期与不定期的统计调查数据这类有限、精确测量的权威数据外，还出现了动态影像、实时传感网感知数据、社交网络数据等海量的、社会化的、不等精度、自主获取的数据，遥感影像、实时感知的海量动态数据将成为 GIS 的主流数据。

其次，GIS 信息计算能力大大提高，基于集群与多核构架的高性能计算、云服务成为新的支撑技术体系，海量数据处理、分布式并行计算、复杂系统模拟使传统结构的 GIS 面临巨大挑战，高性能计算、空间知识发现、专业模型嵌入成为未来 GIS 的特色。地理信息计算呈现出数据密集、多模型多尺度（scale）时空耦合、多学科交叉、计算模型越来越复杂的特点。

最后，从知识服务的角度看，普适化（大众化）应用、知识化服务的地理信息应用网络将成为主导模式。

由此可见，GIS 的发展对地理空间数据、计算和服务三个层面都提出了新的要求：①数据，需要更加精准、动态地描述客观自然世界与人类社会的地理大数据。②计算，需要更加强大、智能的地理空间大数据处理与分析能力。③服务，需要更加便捷、广泛、自适应的空间信息服务支撑。

面对 GIS 的不断发展，空间分析需要转换思维模式：从模型分析的思维转换为数据计算的思维，从地理大数据中挖掘信息，提供决策支持；从基于空间数字化得到的静态的空间信息转换为加入时间维的动态的、实时的人地信息思维模式，把人、时间、位置紧密结合起来；从离线的 GIS 工具转换到依靠云计算和计算机网络的在线服务的思维。

GIS 的发展正在突破传统的框架，基于"点-线-面"的空间数据描述模式和计算模式已不能满足新一代 GIS 的要求，众包信息、百万人参与的 GIS 已见端倪，海量时空数据的智能化处理、实时感知与动态模拟、地理知识服务已成为时代的迫切需求。未来的智慧 GIS，具有实时感知、泛在互联、深度融合、智能服务等特征，如何在泛在和实时的条件下，重新认识空间、时间和人之间的关系并将其建模？地理时空大数据怎样管理、分析和模拟？如何满足数据科学时代对空间认知的需求？这些变化与要求对 GIS 空间分析提出了新的挑战。

1.3.2　GIS 空间分析的主要方式

Michael F. Goodchild 将空间分析分为两大类：一类是"产生式分析"（product model），通过这些分析可以获取新的信息，尤其是综合信息；另一类是"咨询式分析"（query model），旨在回答用户的一些问题。从方法的角度看，GIS 空间分析的主要形式大致可分为如下六种。

1. 基于传统地图方法的空间分析

地图作为空间信息表达与分析工具，已有逾千年的历史，地图分析思想和方法至今仍深刻影响着 GIS 空间分析。无论是空间查询、空间统计分析，还是网络分析、叠加分析或地图代数等空间分析方法都脱胎于传统地图分析，包括坐标、长度、面积、体积、方位、形状、空间分布等指标的量测、空间拓扑分析、空间要素图形叠加与属性叠加等。从算法来看，基于地图方法的空间分析算法基本上是基于经典数学方法建模的，这类 GIS 空间分析技术已经相对成熟。

2. 基于统计方法的空间分析

主要包括空间统计分析和探索性空间数据分析（exploratory spatial data analysis，ESDA）。ESDA 是利用统计学原理和图形图表相结合的方式对空间数据的性质进行分析、鉴别，用以引导确定性模型的结构和解法的一种技术，本质上是一种"数据驱动"的分析方法。广义上讲，ESDA 可以定义为技术的集合，它可描述和显示空间分布，识别非典型空间位置（空间表面），发现空间关联模式（空间集群），提出可用的空间结构及空间不稳定性（空间非固定性）的其他模式。ESDA 技术注重研究数据的空间相关性与空间异质性，在知识发现中用于选取感兴趣的数据子集，以发现隐含在数据中的某些特征和规律。相对于传统的统计分析而言，ESDA 技术并不假设数据具有某种分布或某种规律，而是一步步地、试探性地分析数据，逐步地认识和理解数据。

探索性归纳学习方法（exploratory inductive learning，EIL）是 ESDA 方法中灵活通用的空间数据分析方法，可以从空间数据库中发现普遍知识、属性依赖、分类知识等多种知识。EIL 方法由探索性数据分析（exploratory data analysis，EDA）、面向属性的归纳学习（attribute oriented induction learning，AOIL）和 Rough 集 3 种方法组成，应用流程如图 1.4 所示。EIL 方法表达结果的手段除传统的图形图表外，还可与 GIS 相结合，利用 GIS 的可视化技术，把相关结果表示到基础底图上，增强直观效果，其实际应用思路如图 1.5 所示。

图 1.4　EIL 方法流程

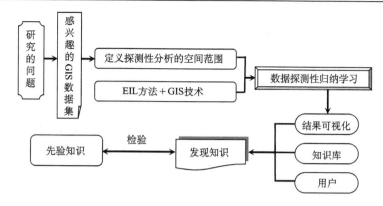

图 1.5 应用 EIL 方法从 GIS 数据库中发现知识的基本流程

3. 时空数据分析

GIS 分析模拟环境问题的主要能力是能够处理海量的、异质的、空间导向的数据,对地理问题的处理伴随着时空过程。在现实世界中,时间、属性、位置是空间目标的三个不可分割的特性,空间目标的特征随时间变化而变化,其几何位置、形态、空间关系等信息都是在特定时刻或时段通过直接或间接观测得到的。与其他类型的信息相比,空间信息具有明显的时序特征。传统空间分析只涉及地理信息的两个方面:空间维和属性维。GIS 能同时处理时间维,模拟和分析空间数据随时间的变化,即 GIS 具有时空数据分析(spatial-temporal data analysis)的能力。时空数据分析是 GIS 空间分析的热点研究问题之一,它不仅描述系统在某一时刻、时段的状态,还描述系统沿时间维变化的过程,预测未来时刻、时段系统将呈现的状态,以此获得系统变化的趋势,或对过去不同时刻、时段的系统状态回放重现,挖掘系统随时间变化的规律(图 1.6)。

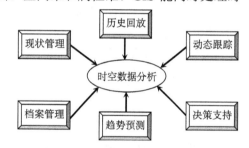

图 1.6 时空数据分析的功能模块

时空数据分析的基础是时空数据模型。时空数据模型通常由数据结构、数据操作和完整性约束三部分组成。它是以概念方式对客观世界的抽象,是一组由相关关系联系在一起的具有动态特性的实体集,包括几何数据模型和语义数据模型。目前,较典型的时空数据模型概括起来有以下四种:①把时间作为新的维数;②面向对象建模;③将时间作为属性附加项;④基于状态和变化建模。

时空数据模型的主要问题是:现有模型多是从计算机表达的角度出发,而不是面向地学问题的,因此缺少对地理实体的显示定义和基础关系描述,不能在语义层次上实现数据的共享。为此应建立基于地理特征的时空数据模型,加强空间事件的时间标记方法研究,时间标记应以尽可能减少冗余数据,提高时间数据检索与分析的效率为目标。

4. 专业模型与 GIS 工具集成分析

解决某一类地理空间问题时,由于各种应用系统的服务对象、解决问题的类型、复杂程度等方面差异很大,不同的研究对象或专业范畴需要不同的专业模型。专业模型是在对系统所描述的具体对象或过程进行大量专业研究的基础上,模拟或抽象客观规律,将系统数据重新组织,并总结出与研究目标有关的、有序的数据集合的有关规则和公式。专业模型中既有定量模型，又有定性模型；既有结构化模型，又有非结构化模型；还有一些模型如水体动力学模型、大气环流模型及城市空间动力学模型等，是进行三维空间分析的重要专业模型。

专业模型与 GIS 空间分析工具集成是解决复杂空间问题的有效途径。

目前，通用 GIS 空间分析工具与各种领域专业模型集成主要有两种方法：

（1）基于组件的嵌入式耦合（图 1.7），即利用组件开发技术，将专业应用模型封装成一个组件，作为 GIS 系统的一部分。GIS 的通用功能组件与应用模型组件具有公共的数据环境和操作平台，并以统一的用户界面与用户进行交互。这种方法的优点在于充分利用 GIS 空间分析功能，支持应用问题的数据集定义、模型定义、模型生成和模型检验等整套过程。

（2）基于数据交换的松散耦合方式（图 1.8），即 GIS 工具与专业模型相对独立，专业模型由其他外部软件实现，二者在一定的规范和协议支持下，采用数据通信的方式进行联系。从总体上说，此种结合方式实现简单，技术要求低，但对用户自己定义的专用模型支持程度不够，不能很好地处理复杂问题。

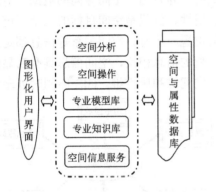

图 1.7　基于组件的嵌入式耦合

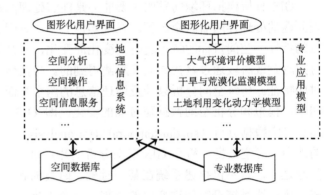

图 1.8　基于数据交换的松散耦合

5. 智能化空间分析

由于地理对象具有动态性、多重性、复杂性等特点，地理对象的数据表达普遍存在模糊性与不确定性。对于具有模糊性、不确定性的地理空间数据，传统的空间分析方法显得无能为力，将数学、计算机和信息科学领域的人工智能技术引入地学分析，可使许多以前不可能实现的模糊问题找到解决途径。GIS 向智能化方向的革新给空间分析带来了强大的生命力，为地理学研究提供了一个更加科学、有力的分析技术平台。

智能分析可以处理大规模现实世界问题中的模糊性和不确定性，并具有易加工、鲁棒性、可编程、低成本、快速和精确（与人类操作接近）处理空间数据的能力。智能生命、进化计算和神经网络是计算机智能领域的主要代表。智能生命是一种集成了几种进化原则的方法，进化计算在处理优化难题方面有明显优点，神经网络则有可能成为计算机智能驱动空间数据分析的一个重要组成部分。可见，基于计算智能的 GIS 空间分析技术，不仅能完成大规模并行计算和高效处理信息等任务，还可以通过调整某些参数进行自我学习。

智能化空间分析方法经历了从决策树、基于知识的专家系统到基于智能计算的分析方法的发展历程。随着计算智能技术的不断进步，智能化空间分析方法可以解决越来越复杂的地理问题，并使其效率与精度不断提高。

6. 可视化空间分析

空间数据的可视化及基于可视化技术的空间分析是 GIS 空间数据处理的重要手段和关键技术。GIS 可以将空间数据转化为"地图"，使这些数据所表达的空间关系可视化，从而可以在地图、影像和其他图形中分析它们所表达的各种类型的空间关系。可视化空间分析主要用于分析空间对象的空间分布规律，进行空间对象的空间性质计算，表现数据的内在复杂结构、关系和规律。

可视化空间分析已由静态空间关系的可视化发展到动态系统演变过程的可视化，虚拟现实与增强现实是可视化空间分析的高级方式。

1.3.3　空间分析软件工具

空间分析及其应用离不开相应的空间分析软件的支持，迄今为止，各种免费和付费的空间分析软件估计有数百种之多。这些空间分析软件基本上可以分为两大类：一类是 GIS 软件，集成了空间分析的基本模块，功能齐全，如空间几何关系分析、空间统计学分析和地形分析等，提供了一整套解决实际问题所需的常用空间分析工具，如 ArcGIS、SuperMap、Arc2Earth、Geomedia、MapInfo、MapGIS 和 OpenMap 等；另一类是专门领域的空间分析软件，功能相对单一，但解决专业问题的能力非常强，如水文分析工具 FloodWorks 和 InfoWorks、电信（可视化）分析工具 ComSuite Design 和 AltaMap suite、交通预测和模拟分析工具 EMME、时空分析工具 STARS、景观分析工具 Fragstats、最优化分析工具 LP-Solve 和 LINGO、神经网络分析工具 SOM Toolbox 和 NuMAP、噪声制图工具 IMMI、应急和灾害评价分析工具 Natureserve Vista 等。专门领域的空间分析软件嵌入 GIS 系统，集成地解决特定的地理空间问题，是空间分析未来的发展方向之一。

http://www.spatialanalysisonline.com/software.html 汇聚了目前国外常见空间分析软件工具的信息。

GIS 软件是空间分析的基础平台，也是空间分析的核心软件，ArcGIS 和 SuperMap 作为国内外两个最具代表性的 GIS 软件平台，其空间分析功能基本体现了目前 GIS 空间分析软件的特点与水平。

1. ArcGIS

ArcGIS 是美国环境系统研究所（Environmental Systems Research Institute，ESRI）研发的一套 GIS 平台产品，具有地图制作、空间数据管理、空间分析、空间信息整合、发布与共享等功能。

空间分析作为 ArcGIS for Desktop 产品的核心功能，通过各种分析模块进行组织。主要包括空间分析模块、3D 分析模块、地统计分析模块、网络分析模块和追踪分析模块等。空间分析模块较为基础与核心，基本涵盖了常用的各种空间分析功能，如距离分析、邻域分析、叠加分析、空间插值和地图代数等。3D 分析模块面向带有高程信息的三维地理空间数据的分析与表达，支持的数据模型包括点云、不规则三角网、DEM 等，具有三维表面分析、三维可视化分析、三维布尔运算、三维数据模型转换等功能。地统计分析模块具有较强的专业性，为空间数据探测、数据异常分析、预测优化与结果评估、结果栅格插值等提供了一套完整的处理流程。网络分析模块主要面向交通网络和设施网络，具有最佳路径、服务区、物流配送、最近设施查找等基于网络拓扑结构的分析功能。追踪分析模块提供时间序列的回放和分析功能，以揭示和分析数据有关时间特性的模式和趋势。

ArcGIS 空间分析的特点是功能齐全，分析能力强，性能稳定可靠，但需要较长时间的学习才能较好地掌握与应用。ESRI 及 ArcGIS 相关网页如下。

ESRI 主页：https://www.esri.com/。

ESRI 中国主页：http://www.esrichina.com.cn/。

ESRI 桌面产品：https://www.esri.com/software/arcgis/arcgis-for-desktop。

2. SuperMap

SuperMap 是北京超图软件股份有限公司研发的国产 GIS 平台产品，包括云 GIS 平台软件、组件 GIS 开发平台、移动 GIS 开发平台、桌面 GIS 平台、网络客户端 GIS 开发平台，以及相关的空间数据生产、加工和管理工具。

SuperMap 的空间分析能力不断发展与完善，已基本涵盖了 GIS 的基础空间分析功能。矢量数据模型分析包括缓冲区分析、叠加分析、邻近分析和拓扑分析等；栅格数据模型分析有表面分析、地形构建、水文分析、可视性分析和栅格代数运算等；网络数据模型分析主要包括最短路径分析、旅行商分析、设施网络分析和服务区分析等；三维分析包括剖面分析、日照分析、可视域分析和三维网络分析等；在线分析服务包括公交换乘分析服务、地址匹配服务和路径导航服务等。在高性能计算方面，为了支持规模不断膨胀的地理空间数据，对许多空间分析算子进行了并行计算重构和使用 GPU 计算技术进行加速；同时，引入内存计算技术和分布式计算技术，提供对地理空间大数据进行高效分析计算的功能。

SuperMap 空间分析的特点是易用性和实用性较强，使用者学习成本较低，可以快速掌握和使用。SuperMap 主页及桌面产品网页如下。

SuperMap 主页：http://www.supermap.com/cn/。

SuperMap 桌面产品：http://www.supermap.com/cn/xhtml/SuperMap-iDesktop-8C.html。

1.3.4　空间分析过程与 PPDAC 模型

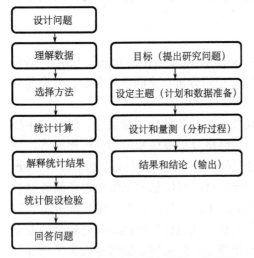

图 1.9　解决空间分析相关问题的工作流程

空间分析过程，即解决空间分析问题的流程，通常情况下，不仅指利用空间分析软件进行空间数据分析和建模的一系列操作，它还具有更广泛的含义，Mitchel 及 Draper 等给出了解决空间分析相关问题的基本流程，如图 1.9 所示。

由此可见，解决空间相关问题，需要从更广泛的问题背景来思考空间分析过程，设计分析流程，并通过不断的反馈来优化整个工作流程。

空间分析是一个过程，在许多情况下，空间分析遵循若干定义明确的阶段（通常是迭代的）：界定问题、规划、数据采集、探索性分析、提出假说、建模和测试、磋商和审查、最终报告和/或研究结果的实现。执行分析的 GIS 和相关软件只是处理这个过程的中间部分。

Mackay 和 Oldford 提出的 PPDAC 模型，即问题（problem）、规划（plan）、数据（data）、分析（analysis）和结论（conclusion），为空间分析相关问题的解决流程提供了一个框架，并强调形式化分析是流程中非常重要的一部分。

面向空间分析的改进 PPDAC 模型，更加关注具有明确空间背景的问题，即关注空间关系和空间依赖性、时空关系、空间分析中不满足经典统计准则的现象、空间过程与格局之间的关系、空间数据源及其质量等相关的问题。

图 1.10 是改进的 PPDAC 模型示意图，可以看出，PPDAC 模型具有高度迭代性，顺时针方向（1～5）代表空间分析的主要流程，每一步都可能且经常会反馈到上一步。逆时针方向则用来检验这个过程，即从问题的定义开始，然后以结论（没有对结果的预判）的形式和结构来检验预期结果。从逆时针方向（e～a），逐步地继续这个步骤，确定这个预期结果对过程中每一步的影响。

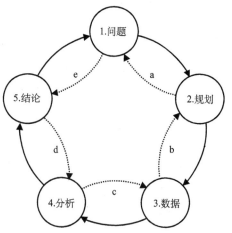

图 1.10　一个迭代的 PPDAC 过程

1. 问题：问题的界定

清晰地定义问题、理解将要研究的问题通常是整个分析过程中的难题，明确用户需求和期待是决定分析计划是否成功的关键因素之一。这里的成功是从结果的角度定义的，而不是方法。结果通常由第三方（用户、管理人员和雇员）判断和评估，因此第三方积极参与问题的定义甚至贯穿整个过程是很重要的。将问题分解为几个重要的部分，然后简化问题以聚焦到它们最基本、最重要和最相关的部分，通常是非常有效的界定问题的步骤。

空间问题的界定需要特别关注空间尺度、统计尺度、空间组织、数据质量及可获取性、空间分组等因素。

问题的界定并不总是一次完成的，可能会根据初步调查、技术或商业考虑、无法预料的事件而重新定义（图 1.10 中反馈回路 e～a）。一旦问题的界定已经完成，且所有利益相关的各方已在问题的内容上达成一致，一般情况下不要再做改变。

2. 规划：方法的形成

在对问题的定义取得一致意见后，接下来的工作就是规划一个最适于解决问题和最能满足期望的方法。由于 PPDAC 过程本身的迭代性，在定义一个大概的项目规划的同时，还需要在确定规划的详细内容之前考虑其他阶段（数据、分析和结论）。

规划阶段的产出通常是详细的项目规划，包括任务、资源和时间的分配，关键路径和活动的分析，数据、设备、软件、人力和服务等的成本估算。

与 PPDAC 过程中的其他部分一样，规划阶段不是一个一次性的静态部分，而通常包括规划的监测和重评估过程。

在规划算法和分析方法时需要考虑以下问题：①项目的本质；②用户需求；③成本计算/成本效益；④决策支持工具和程序；⑤公众参与和公众意识；⑥运算需求和条件；⑦时间

结点；⑧资金和其他资源；⑨技术可行性和风险评估；⑩与其他研究的关系。

3. 数据：数据获取

PPDAC 过程中数据阶段的任务是从可用的数据中选择一个或多个数据集。空间分析通常是基于已有数据，即从第三方获取的，而不是在相应的研究中产生的，所以了解数据的质量和可信度非常重要。实际上，并不是所有数据都会有相同的质量、成本、获取权限、格式、完整性、时效性和详细程度，因此很多研究不得不适当做一些让步，迁就可用的数据。

与数据源相关的最大问题是不同数据集之间的可比性，包括格式和编码、时间、地理和主题覆盖、质量和完整性等方面。不同来源、不同时相的数据一般不会匹配得很精确，因此在任何项目中，解决不匹配问题都是数据阶段的重要任务。

GIS 空间分析工具具备处理一些数据质量相关问题的功能，如缺失数据处理、边界定义和密度估算、自动处理拓扑错误、不匹配及不同分辨率或投影的数据的建模、分类、数据转换、接边处理、误差估计等。换句话说，GIS 和相关空间分析软件中的许多功能都支持对有缺陷数据集的分析。

4. 分析：分析工具选择

PPDAC 过程中分析阶段的主要任务是选择合适的分析方法、工具和模型。使用最简单/简约的工具、模型和可视化形式，并且适于解决问题是应该遵循的关键标准。此外，工具的可用性、时间和费用约束、技术的多样性、对数据的要求、有效性和稳定性等，也是分析方法和工具选择的标准。

有大量的软件可用于空间分析，包括简单的数据统计和探索性空间数据分析，这两者通常构成了空间分析的初始阶段，并且协助特定分析技术或模型的建立和应用。所有的地理信息系统都有一个核心的空间分析工具集，提供相关工具和模型，用以发现简单可见的或复杂隐藏的格局、行为或异常，进而产生新思想和假设。

空间分析本质上是多阶段或动态的，因此，分析阶段可视为一个多方面的过程，从对数据的收集、处理、输入以产生一致和可用的数据集开始，到纯粹的分析阶段，最终检查分析结果和模型的输出。

5. 结论：结果发布

PPDAC 过程的最后一个阶段是基于分析和与他人的交流得到结论。结论应当简洁，结果最好是高度可视化的。同时，结论报告应提供对计划、数据和分析的优缺点的讨论，尤其要考虑可能出现的不确定性和错误。

多数情况下，结果发布表明空间分析过程已经结束。然而，有时候得到结论通常还意味着一项新工作的开始：重新审视问题，重复整个或部分过程，建立一个新的项目，具体实施提案，更广泛的磋商，修正模型以促进理解和解释观测值，指导未来的数据收集等。

复习思考题

1. 什么是空间分析？其本质特征是什么？
2. 空间分析的目的是什么？其研究对象具有哪些特征？
3. 对空间分析思想和方法产生重要影响的科学技术有哪些？
4. GIS 空间分析的主要方法有哪些？

5. 什么是 DIKW 模型？其与空间分析有什么关系？

6. 什么是地理智慧？其应用形式主要有哪些？

7. 空间分析与相关学科的关系？

8. 什么是 PPDAC 模型？它与空间分析有什么关系？

9. 当代 GIS 的发展特点是什么？其对空间分析有何影响？

10. 空间分析的研究内容主要包括哪些方面？

第 2 章　空间特征与空间问题

本质上讲，GIS 是研究如何在数字化环境下进行空间目标获取、表达、存储、管理、分析与应用服务的相关理论、技术与方法。以高性能计算、空间数据库、移动互联网、物联网、传感器网络、云计算和现代软件技术等为代表的新一代信息技术固然是推动 GIS 进步的重要因素，但"空间思维"对 GIS 的发展则更为关键。"空间"是地理信息科学的核心概念，也是 GIS 中贯穿始终的术语，GIS 相关的理论、技术和方法都是围绕空间及其特征来展开的，有什么样的空间认知，就会有什么样的 GIS，"空间素养"最终决定 GIS 的发展水平。随着科学技术的进步，人们对"空间"的认识在不断深入，因此，GIS 中的"空间"概念也将随之发生变化。空间及其特征描述始终是 GIS 领域中一个值得不断探索的重要科学问题。

本章首先简要介绍相关学科如哲学、物理学、数学和地理学对空间的认识与研究成果，以建立科学的时空观，在此基础上，阐述现阶段 GIS 中简化的空间模型及其数学表达；空间目标通过空间特征来描述，空间位置、空间形态、空间关系、时空尺度等空间特征是 GIS 空间分析与建模的依据；在 GIS 中，空间目标及其特征通过空间数据来表达，作为空间操作与分析的直接对象，空间数据的质量对空间分析及其结果有重要影响；解决空间问题是空间分析的目标，对纷繁复杂的客观世界的本质认识，把各种具体应用问题抽象为一般性的空间问题，是可靠与有效解决现实问题的途径。

2.1　空间与地理空间

2.1.1　时空观的科学由来

空间和时间，简称时空，是人类文明中最古老的概念，也是人类最基本的认知对象之一。远古时期的耕作、放牧需要丈量土地、顺应天时，产生了简单的空间和时间的概念及其度量方法。中国古代有"上下四方曰宇，往古来今曰宙"之说，这里的"宇"和"宙"指的就是空间和时间，即原始的三维空间和一维时间，并和宇宙概念密切联系起来。空间与时间是密不可分的一种物质客观存在形式，物与物的位置差异度量称为"空间"，位置的变化则由"时间"度量。

哲学、物理学、数学与地理学是四个系统思考时空问题的传统学科，这四门传统学科都各自阐述了时空的内涵，发展了各自的时空观。

哲学上，空间和时间的依存关系表达着事物的演化秩序。"时间"是抽象概念，表达事物的生灭排列，其内涵是无尽永前，其外延是一切事件过程长短和发生顺序的度量；"无尽"指时间没有起始和终结，"永前"指时间的增量总是正数。"空间"也是抽象概念，表达事物的生灭范围，其内涵是无界永在，其外延是一切事物占位大小和相对位置的度量；"无界"指空间里任一点都居中，"永在"指空间永现于当前时刻。

物理学中的空间和时间是指事物之间的一种次序。空间用以描述物体的位形；时间用以描述事件之间的顺序。空间和时间的物理性质主要通过它们与物体运动的各种联系而表现出来。在物理学中，对空间和时间的认识可以分为三个阶段：经典力学阶段、狭义相对论阶段及广义相对论阶段。在经典力学中，空间和时间的本性被认为是与任何物体及运动无关的，存在着绝对空间和绝对时间，时间和空间是完全独立的。牛顿在《自然哲学的数学原理》中说："绝对空间，就其本性来说，与任何外在的情况无关。始终保持着相似和不变"，"绝对的、纯粹的数学的时间，就其本性来说，均匀地流逝而与任何外在的情况无关"。在牛顿的绝对空间和绝对时间中，为确定一物体的大小，要知其形状和尺寸。例如，对于长方体，知其长、宽和高，利用欧几里得几何公式就可计算其体积。为了确定一个可忽略大小的物体的位置，只要知道它相对于另一个可忽略大小的静止参照物的上下、左右和前后距离，同样利用欧几里得几何就足够了。20 世纪初，爱因斯坦提出了狭义相对论，发展了牛顿的绝对空间和绝对时间，并通过光速不变原理把一维时间和三维空间联系起来，成为相互联系的四维时间–空间。相对时空观认为，尺的长度和时间间隔（即钟的快慢）都不是不变的：高速运动的尺相对于静止的尺变短，高速运动的钟相对于静止的钟变慢。同时性也不再是不变的（或绝对的）：某一个惯性参照系同时发生的两个事件，在另一个高速运动的惯性参照系就不是同时发生的；时间–空间间隔（简称时空间隔）是不变量，除了时间平移和空间平移不变性之外，还存在时间–空间平移不变性。随后，爱因斯坦提出描述引力作用的广义相对论，再一次变革了物理学的时间–空间观念。存在引力场的时空，不再平直，是四维弯曲时空，其几何性质由四维黎曼几何描述。时空的弯曲程度由在其中的物质（物体或场）及其运动的能量–动量张量通过爱因斯坦引力场方程来确定。相对论改变了空间和时间的观念，否定了绝对空间和绝对时间。广义相对论揭示存在空间–时间客体，指出空间–时间的性质与物体运动相联系。

数学主要通过公式等方法表达时空，为时空概念的描述、操作和分析提供了强有力的工具。在试图精确描述、阐明和解决与地理环境相关问题（空间问题）的过程中，人们很早就知道借助数学知识，如起源于古埃及的计算几何等。几何学、拓扑和三角法等是表达和分析空间常见的一些数学工具，仿射空间、拓扑空间、欧氏空间、闵可夫斯基空间、希尔伯特空间等是众多数学空间表达中的例子。

地理学则用地理尺度来表达时空的客观存在，这门古老的学科经过几千年的实践，获得了成熟的关于空间与空间实体、空间实体与空间实体之间可能存在的关系、空间实体的变化及在不同的时间尺度下可能发生的变化等知识。地理学的时空观至今仍然是 GIS 对空间表达与分析的理论源泉。

由此可见，相关学科特别是物理学的发展在不断更新时空观，引导人们对客观世界及其规律进行正确的认识，同时也将深刻地影响 GIS 对客观世界的表达与建模。

2.1.2　空间及其数学表达

当前的 GIS 深受地理学对空间的理解与表达方法的传统影响，其概念建立在牛顿的绝对空间和绝对时间的理论假设基础上，简单来说，就是将客观世界简化为一个三维空间和一维时间模型。这个简化的时空模型尽管与现代物理学的研究成果格格不入，但由于现阶段人们的生产活动基本上还局限在地球表层这一特定的时空中，因此，在一定程度上能够有效地表达客观世界。随着人类活动空间的不断扩展和应用需求的提高，这个简化的时空模型对于客观世界描述的局限性将会日益凸显。当然，GIS 采用这一时空模型，还与 GIS 起源于计算机地图制图有很大关系，地图对空间的表达方式深刻地影响着 GIS 对空间的描述。

空间和时间是不可分的，离开时间来讨论空间，不仅有悖于现代科学特别是物理学对时空的基本认识，还在一定程度上限制了 GIS 对现实世界的准确表达与分析能力。因此，科学地认知空间对象，开发新一代时空数据模型，精准、有效地描述现实世界及其本质特征，建立满足时空数据分析的计算模型，是 GIS 及其空间分析发展面临的迫切任务。如何更好地表达时间和空间，已经直接或间接地成为了 GIS 发展的主要挑战之一。从应用的角度看，要求更好的时空集成方法和地理空间实体表达方法，要求建立信息时代挑战绝对物理空间的基础，建立表达空间实体的通用框架。

如前所述，空间知识的本质问题是一个古老的研究领域，哲学家、地理学家、物理学家和数学家对空间的论述众说纷纭。从中世纪开始，在自然哲学和自然科学中"空间"取得了一个更抽象的意义，它是指包容一切事物的无限的维度。布鲁诺将空间作为一种持续延伸的三维自然属性。牛顿认为空间是一个可以由数学方法量测的对象，如欧氏几何所描述的空间。牛顿的追随者多把空间作为一种客观存在物——物体或物质。莱布尼茨则强调空间是一个关系概念，表示事物之间共有的数学关系，是各种关系的总和，没有物体就没有空间，如拓扑几何学和图论描述的就是空间结点之间的关系。康德则从主观方面界定空间，认为空间不是一个从外部经验得来的经验概念，而是人类感觉的一种形式，由于空间才能将人类对外部事物的各种感觉统一起来。

空间是一个复杂的概念，具有多义性，既有与时间对应的含义，也有"宇宙空间"的含义。空间可以定义为一系列结构化物体及其相互间联系的集合。从感观角度看，空间是目标或物体所存在的容器或框架，因此空间更倾向于理解为物理空间。不同的学科对空间的解释各不相同，天文学认为空间是时空连续体系的一部分；物理学认为空间为宇宙在三个相互垂直的方向上所具有的广延性；在数学中空间概念的范围很广，一般指某种对象（现象、状况、图形、函数等）的任意集合，其中要求说明"距离"或"邻域"的概念；从地理学的意义上讲，空间是客观存在的物质空间，是人类赖以生存的地球表层具有一定厚度的连续空间域。

GIS 中的空间是对客观世界的一种抽象，是人们感兴趣和需要研究探索的客观世界，具有可度量、可描述等基本特性。在 GIS 中对空间进行表达与描述，首先需要借助数学方法对空间进行建模。

1. 欧氏空间

GIS 是客观世界的数字模型，实质上就是一个关于空间的数学模型。按照牛顿的绝对时空观，空间就是人们生活在其中的三维空间。从数学上讲，这个三维的欧氏空间的基本特点有两点：第一，该空间由许多（实际上是无穷多个）位置点组成，点与点之间存在相对的关系，并可以定义长度、面积和角度等几何参数；第二，该空间容纳和支持在其中发生符合规则的运动（变换）。

欧氏空间是对现实世界（物理空间）的一种数学理解与表达，是 GIS 中常用的一种空间描述方法，主要用于描述空间的几何特征，如位置、长度、面积和方位等。欧氏空间是欧氏几何所研究的空间，是对现实空间简单而确切的近似描述，分为平面和立体两种，可以看做是描述空间的坐标模型。

其中，平面是通过一个简单的二维模型把空间特征转变成实数元组特征，该二维模型建立在包括一个固定原点和相交于原点的两条坐标轴的平面直角坐标框架下，对点、线、面特征的描述均有相关规定。

1）点目标

在欧氏空间中，点用一组唯一的实数对 (x, y) 标识，x、y 分别为其纵、横坐标值，所有这样点的集合就是一个笛卡儿平面，记为 R^2。笛卡儿平面内的点被看做向量，向量表示从原点到点 (x, y) 的线段，并可以对其进行加、减、乘、求模等运算。

$$\begin{aligned} \text{相加：} & \quad (x_1, y_1) + (x_2, y_2) = (x_1 + x_2, y_1 + y_2) \\ \text{相减：} & \quad (x_1, y_1) - (x_2, y_2) = (x_1 - x_2, y_1 - y_2) \\ \text{求模：} & \quad \|x\| = \sqrt{x^2 + y^2} \\ \text{乘常数：} & \quad k(x, y) = (kx, ky) \end{aligned} \tag{2.1}$$

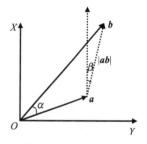

如图 2.1 所示，在笛卡儿平面内，假定有向量 $\boldsymbol{a}$、$\boldsymbol{b}$，其坐标分别为（a_1, a_2）和（b_1, b_2），则 $\boldsymbol{a}$、$\boldsymbol{b}$ 间的距离为

$$|\boldsymbol{ab}| = \sqrt{(b_1 - a_1)^2 + (b_2 - a_2)^2} \tag{2.2}$$

向量 $\boldsymbol{a}$ 和 $\boldsymbol{b}$ 之间的角度 α 可以用三角公式来计算：

$$\cos \alpha = (a_1 b_1 + a_2 b_2) / (\|\boldsymbol{a}\| \cdot \|\boldsymbol{b}\|) \tag{2.3}$$

从 $\boldsymbol{a}$ 到 $\boldsymbol{b}$ 间的角 β（0°～360°的角度），可用以下公式计算：

$$\begin{aligned} \sin \beta &= (b_1 - a_1) / |\boldsymbol{ab}| \\ \cos \beta &= (b_2 - a_2) / |\boldsymbol{ab}| \end{aligned} \tag{2.4}$$

图 2.1　笛卡儿空间

2）线目标

在笛卡儿平面中，线目标被定义为点集合。例如，点 A 和点 B 为两个不同的点：

在 R^2 平面中过点 A 和点 B 的直线可以定义为点集合 $\{\lambda a + (1 - \lambda) b \,|\, \lambda \in R^2\}$；

在 R^2 平面中在点 A 和点 B 之间的线段可以定义为点集合 $\{\lambda a + (1 - \lambda) b \,|\, \lambda \in R^2\}$；

在 R^2 平面中以点 B 为顶点，过点 A 的射线可以定义为点集合 $\{\lambda a + (1 - \lambda) b \,|\, \lambda \geqslant 0\}$。

根据线目标形状的不同，变量 λ 在特定的范围内变化。给定不同的参变量时，组成线物体的点集合也就被定义了，即定义了不同形式的线。

直线还可以用一个简单的二维公式 $ax + by = k$ 来描述，而 $ax^2 + bxy + cy^2 = k$ 则可以描述更加复杂的线目标，如圆、椭圆、多边形的边界等。

3）面目标

在笛卡儿平面中的面目标也称为多边形。多边形可分为三类：凸多边形、凹多边形及含内环的多边形。凸多边形是指任意两顶点间的连线均在多边形内，即从凸多边形内部的任何一个点看其他各点都是可见的；凹多边形是指任意两顶点间的连线不全都在多边形内，也称为星多边形，星多边形的特点是从多边形的任何一个点来看至少有一个点不可见；含内环的多边形则是指多边形内再套有多边形，多边形内的多边形也叫做内环，内环之间不能相交。

4）欧氏平面的变换

在 GIS 中，为了突出或压缩目标某一方面的特征信息，往往需要进行变换，在改变对象某些性质的同时保留对象的另外一些性质，最终实现对空间对象某些性质或某方面信息的压缩或扩大。欧氏平面的基本变换类型为：

（1）全等变换。保持空间对象的形状和尺寸不变，进行平移或旋转变换。平移只将整个平面的所有点都向某个方向移动，如平面内的点（x, y）经平移后的坐标变为（$x+a, y+b$），这里 a 和 b 是常数。对欧氏平面的所有点以原点为中心，以一定角度 θ 进行旋转，则对任一属于该平面的点（x, y），旋转后其坐标为（$x\cos\theta - y\sin\theta, x\sin\theta + y\cos\theta$），这种变换也没有改变空间对象的大小和形状。

（2）相似变换。保持空间对象的形状不变，大小发生变化。从某种意义上说，全等变换为相似变换的特殊情况。按照一定比例进行缩放是相似变换的典型情况。对于平面内任一点（x, y），经缩放转换后坐标变为（ax, by），a、b 为变换比例。

（3）仿射变换。保持空间目标的相似性不变，如平行的空间目标经过仿射转换后仍然保持平行。仿射是将欧氏平面中的所有点以通过原点且与 x 轴成 θ 角度的直线为中心进行翻转，原来欧氏平面中的任一点（x, y）经过仿射后的坐标为（$x\cos2\theta + y\sin2\theta, x\sin2\theta - y\cos2\theta$）。

（4）投影变换。保持空间目标投影性质的变换。其基本思想是在一个灯光源上将一幅图投影到一个屏幕上。经过投影，圆可能变成椭圆。

（5）拓扑变换。保留空间对象的拓扑特征不变的变换。

2. 拓扑空间

拓扑空间是另一种理解和描述现实世界（物理空间）的数学方法，也是 GIS 中常用的数学空间。如果说欧氏空间擅长空间目标的空间位置、空间方位与规模的表达，拓扑空间则是描述空间目标宏观分布或目标之间相互关系的有效工具。

"拓扑"一词取自希腊文，原意为"形状的研究"。拓扑学是几何学的一个分支，研究图形在拓扑变化时不变的性质，对 GIS 处理的几何对象及空间关系给出了严格的数学描述，为 GIS 中空间点、线、面之间的包含、覆盖、分离和连接等空间关系的描述提供了直接的理论依据。拓扑空间是距离空间的拓展，从更广泛的意义来看，拓扑空间是一组任意要素集，是一个连续的概念，并在位置关系基础上进行定义。区域、边界、连通等几何对象及几何对象的空间关系在拓扑空间中均有定义。在拓扑空间中，欧氏平面可以想象成由理想弹性模型做成的平面，它可以任意延伸和收缩，但不允许折叠和撕裂。若空间目标间的关联、相邻与连通等几何属性不随空间目标的平移、旋转、缩放等变换而改变，这些保持不变的性质称为拓扑属性，变化的称为非拓扑属性。例如，一个多边形及多边形内的一点，无论怎样延伸或收缩，该点仍会在多边形内，而多边形的面积发生变化，这里点的"内置"是拓扑属性，面积则为非拓扑属性。拓扑关系（topological relation）是不考虑距离和方向的空间目标之间的关系，包括相邻（adjacent）、邻接（connection）、关联（conjunction）和包含（inclusion）等。GIS 中利用拓扑可以有效减少数据存储量。在空间分析中利用拓扑可以高效地管理要素间的共同边界、定义并维护数据的一致性法则，进行空间特征的检索查询、叠加、缓冲等分析；在数据处理中可以有效地协助数据的空间和属性特征的重新组织等。拓扑关系也可以用于检测数据质量或生成新数据集。

2.1.3　地理空间

空间是对客观世界的一种抽象，它通过空间参考系及一系列特征来描述。当描述空间的坐标模型是地理空间参考系统时，这种空间就称为地理空间。地理空间是地理信息系统表达与分析的对象，基于欧氏几何的地理空间参考系统定义了地理空间的地理位置及其几何特征。地理空间参考系统是空间位置的度量衡，是确定空间位置、空间距离、空间方位、空间关系等特征信息的必要工具，是空间分析的基础和前提。

　　除了采用地理空间参考系统之外，地理空间还可以从它的空间范围来定义。地球表面上的一切地理现象、地理事件、地理效应、地理过程统统发生在以地理空间为背景的基础之上。在地理学中，地理空间是指物质、能量、信息的存在形式在形态、结构、过程、功能关系上的分布方式、格局及其在时间上的延续。地理空间是上至大气电离层、下至地幔莫霍面的区域内物质与能量发生转化的时空载体，是宇宙过程对地球影响最大的区域，是具有地理空间参考信息的地理实体或地理现象发生的时空位置集。地理空间十分复杂，其各组成部分之间存在内在联系，形成一个不可分割的统一整体。地理空间具有等级差别，同等级地理空间之间也存在差异。

　　GIS 中的地理空间是指经过投影变换后，在笛卡儿坐标系中的地球表层特征空间。它是地理空间的抽象表达，是信息世界层面的地理空间。地理空间由地理空间定位框架及其所连接的地理空间特征组成。其中地理空间定位框架即大地测量控制，为建立所有地理数据的坐标位置提供通用参考系统，将所有地理要素同平面及高程坐标系连接。地理空间特征实体则为具有几何、属性和时序性的空间对象。地理空间的数学描述可以表达为：$S = \{\Omega, R\}$，其中设 $\Omega = \{E_1, E_2, \cdots, E_n\}$，表示地理空间中各组成部分的集合，$E_1, E_2, \cdots, E_n$ 为 n 个不同类的地理空间实体；R 表示地理空间实体间的相互联系、相互制约关系。也就是说，可以简单地将地理空间理解为一个空间目标组合排列集，其每个目标都有具体位置、属性和时间信息，以及与其他对象的拓扑关系和语义关系。

　　GIS 中地理空间一般被定义为绝对空间和相对空间两种形式。绝对空间是具有属性描述的空间几何位置的集合，由一系列不同位置的空间坐标组成；相对空间是具有空间属性特征的实体集合，由不同实体之间的空间关系构成。具体来说，绝对空间来源于地理位置的唯一性，有其欧氏空间基础，即相对于地球坐标系的绝对位置；相对空间则是根据实体之间的空间关系及其推理机制定义的。通过地理空间和欧氏空间的统一，将地理现象的相对特性（宏观的空间关系）和绝对特性（空间位置的精确特征）紧密有机地联系在一起。

　　地理空间是多维的。长期以来，将地理空间简化为二维投影的概念模型一直是二维制图和 GIS 的普遍做法。随着应用的深入和实践的需要，二维简化空间的缺陷越来越明显，需要加强研究地理空间三维本质特征及在三维空间概念模型下的一系列处理方法。从三维 GIS 的角度来看，地理空间应具有不同于二维空间的三维特征：①几何坐标上增加第三维信息（垂向坐标信息）；②垂向坐标信息的增加导致空间拓扑关系的复杂化，无论零维、一维、二维还是三维对象，在垂向上都具有复杂的空间拓扑关系；③二维拓扑关系是在平面上呈圆状发散伸展，而三维拓扑关系则是在三维空间中呈球状向无穷维方向伸展；④三维地理空间中的三维对象具有丰富的内部信息（包括属性分布、结构形式等）。

　　地理空间具有可分性（divisibility）。任何一个空间域都可以分成若干个子区域，这些分割可以是镶嵌分割（tesselation）或循环分割（recursive subdivision）。前者如著名的泰森多边形（Thiessen polygons）和 Delaunay 三角形，而后者是 GIS 中数据模型 TIN 的原型，常用的一个循环分割法如四叉树，这种以正方形为基础的循环划分方法可以推广到以点、矩形和三角形为基础的划分方法。

地理空间具有尺度特征。从理论上讲，地理空间是无限可分的，但对于地理空间的描述必须建立在一定的尺度基础上，在地理学上尺度一般都表述为比例尺。同一对象在不同尺度空间的描述是不同的，如在大比例尺地图上一条河流为面状对象，而在小比例尺地图上该对象可能是线状对象。在研究地理空间时，尺度性必须加以考虑。

GIS 以一种数字化的、简化的方式描述现实世界，本质上是对客观地理世界的近似模拟。它采用高度抽象的方法将空间地物或现象抽象成几种基本类型——点、线、面和复合对象，而空间目标之间的关系采用空间拓扑关系来描述，根据一定的方案建立数据模型对现实世界的数据进行组织。用 GIS 语言对现实地理世界的表达要求尽可能真实地模拟现实世界，易于理解，并便于在计算机上实现，这是一个从现实世界—概念世界—数字世界的认知、描述和转换的复杂过程，可以理解为对地理空间的多级抽象。

概念化描述的纷繁复杂的现实世界是人类认识现实世界，建立数字化地理空间的第一步。概念是人们对现实世界的认知与理解，主要使用自然语言表达空间信息。通过建立地理空间概念模型形成概念世界，是 GIS 采用数字化数据对现实世界进行表达和分析的桥梁。概念模型是从现实世界到人的大脑世界的映射，是地理空间中实体与现象的抽象概念集，也可以看作地理数据的语义解释。它不依赖于具体的计算机硬件和软件，是人们对客观地理空间世界的抽象组织和表达。

将概念模型形式化，实现地理空间从概念世界到数字世界的表达是对地理空间的再次抽象，最终使客观世界能够存储在计算机中并可以对其进行一系列相应的处理、管理、分析和模拟。从抽象层次而言，需要依次构建逻辑数据模型（logical data model）和物理数据模型（physical data model）。逻辑数据模型是 GIS 对地理数据表达的逻辑结构，由概念模型转换而来，是用户通过 GIS 看到的地理空间世界，也是用户从 GIS 数据库所看到的数据模型。它是系统抽象的中间层，既面向用户建模，也面向系统建模。建立逻辑数据模型既要考虑用户易于理解，又要考虑便于物理实现，易于转换成物理数据模型。物理数据模型面向具体的 GIS 数据库和硬件，是计算机内部具体的存储形式和操作机制，与具体的数据库、操作系统和硬件有关，是系统抽象的最底层。

2.2 地理空间特征

特征是对一个或一组客体特性的抽象。任何一个或一组客体都具有众多特性，根据客体所共有的特性抽象出一个或多个概念，该概念便成为了特征。同样，地理空间特征是根据地理空间目标所共有的特性提炼出来的一系列概念，这些概念的集合即为地理空间特征。地理空间特征是 GIS 空间表达、度量、计算与分析的基础与依据。地理空间特征一般包括空间位置、空间形态、空间关系和时空尺度等基本概念。

2.2.1 空间位置

空间位置是最基本也是最重要的地理空间特征，是其他一切空间特征存在与产生的根源，包括绝对位置和相对位置。绝对位置通常利用纬度和经度来确定，另外，一个参照点或坐标系中坐标原点确定的位置，也是一种绝对位置，如对一幅地图进行数字化时首先必须确定控制点的位置，并以此为参照来确定其他点的位置。相对位置是空间中一目标物相对于其他目标物的方位。在 GIS 分析中相对位置的量测具有重要的实用意义。

为了精确描述空间目标的空间位置，通常借助数学方法，建立坐标系来描述目标的位置。描述直线位置或运动，可以建立一维坐标系；描述平面位置或运动，需要建立二维坐标系；描述立体空间的位置或运动，需要建立三维坐标系。地理空间坐标系统是描述地理空间目标位置的度量衡，也是定义空间及其特征的数学基础。

地点、属性、空间实体和场是与空间位置密切相关的几个概念。

1. 地点

地点是空间分析的核心概念，也是地理学的中心概念。它可以是一个点，也可以是一个区域或其他形式。"在哪儿"是空间分析首先需要关注和明确的问题，一般采用空间坐标系统来精确地定义地点。

2. 属性

属性是地点的特性表达，可通过一系列特性及其分析来回答"是什么"的问题。显而易见，地名是地点的一个特性，但其还有更多的特性，如高程、温度、降水、土壤类型、岩石类型、人口密度等，为空间分析提供丰富有用的信息。从空间分析的角度，可将属性分为四个量测尺度或级别，即命名量、次序量、间隔量和比率量，它们分别适用于不同的运算方法。

地点和属性密不可分，地点主要依据坐标系来标示空间目标位置，属性则通过特性来表明某一地点与其他地点的不同。

3. 空间实体和场

在 GIS 及其空间分析中，把感兴趣的地理对象抽象为空间实体。空间实体指具有确定位置的物体和现象，是现实世界中空间目标的最小抽象单位，主要包括点、线、面、体等四种类型。空间实体表达的是客观世界中感兴趣的对象，是一种离散的时空表达方法。与之相对，场则是一种连续的时空描述方法，表达的是同类空间对象的群体定位信息。

2.2.2　空间形态

"形态"一词来源于希腊语，指形式的构成逻辑。《辞海》（1979 年版）中的解释是："形态"即形状和神态，指事物在一定条件下的表现形式。空间形态是指空间目标的形状及其分布等特征。在空间分析中需要通过空间量测获取空间目标具体、量化的形态信息，以便反映客观事物的特征，更好地为空间决策服务。空间形态不仅指单个目标的几何形状，还包括同类目标或不同目标在一定区域上的分布状态。

1. 几何形状

几何形状是指空间目标的外部轮廓特点。不同的空间目标一般具有独特的几何形状，如河流、湖泊、农田、房屋、机场等；即使是相同的空间目标，其不同的发展阶段，几何形状也会不完全一样。几何形状是空间目标最明显、最重要的特征之一，也是区分不同目标最直接的依据之一。通过对形状的分析，不仅可以获得空间目标的一些量化指标，还可以得到有关空间目标起源、特性、演化阶段、稳定性、发展趋势等信息。

2. 密度

在一定意义上密度表达的是同类目标在空间中的分布形态，反映的是某一空间目标在区域上的总体形态特征，如人口密度。密度是空间分析中一个非常有用的概念，它在连续场和离散目标（空间实体）之间提供了一个有效的链接，因为密度一般是指单位面积离散目标的数量，而它本身又是一个连续场。

3. 空间分布

空间分布是指在一定区域内不同空间目标的分布特征，也称空间格局。空间分布主要揭示不同空间目标的空间联系，包括结构、趋势、对比等内容。

2.2.3　空间关系

空间关系是指分布于不同空间位置的多个对象间的相互作用。对地理空间要素之间的空间关系进行分析，可以反映各要素之间相互作用的性质、强度和方式，有助于从无序而复杂的空间要素格局中发现潜在的有序或规律；可以解释空间格局与空间过程相互作用的机理，进而阐明空间要素动态演化的方向、过程或扩展潜力；可以探索空间格局形成和发展的控制因素和基本驱动力，并揭示人类活动与空间环境可持续发展的联系。空间关系主要包括距离和方向、空间临近性、网络和空间相关性等概念。

1. 距离和方位

距离是描述两个空间目标或事物之间的远近或亲疏程度。它首先可以理解为一种相对位置，即某目标（地点）相对另一目标（地点）的距离，这是地理学及空间分析中经常采用的位置表达方式之一。在 GIS 中，距离包括点线距离、点面距离、线线距离、点点距离、线面距离和面面距离等多种情形，除了直线距离外，还有曲面距离、网络距离等。另外，可以把距离理解为目标之间的亲疏关系，地理空间距离强调地理空间上两个地理目标在空间上的相离程度。

方位是指在一定的方向参考系中从一个空间目标到另一个空间目标相对于基本参考方向的指向，常用角度来定量描述，或用东、西、南、北等术语定性描述。方位是两个空间目标之间位置关系的另一种度量。

距离与方位本质上揭示了不同空间位置上目标之间的作用关系。

2. 空间邻近性

空间邻近关系是一类重要的空间关系，一般是指两个空间目标的空间位置较为接近，并且在这两个空间目标之间不存在其他空间对象的情况下所保持的一种空间关系。从本质上讲，空间邻近关系是一种空间距离关系，但这种距离是一种定性距离。空间目标之间的空间邻近关系可分为直接邻近、侧向邻近、最邻近和位置邻近等几类。

3. 网络

网络是空间目标之间复杂关系的一种抽象，一般表达的是多对多的关系。网络可以是实体的，如道路网，也可以是虚拟的，如社交网络。在 GIS 中通过数学方法将地理网络抽象为加权有向图，由结点和连线构成，表示空间对象及其相互联系。网络中的空间对象可以是从某种相同类型的空间目标中抽象出来的模型，如管道系统、河流系统、交通系统等抽象为管网、河网和交通网络，也可以是从不同类型的空间目标中抽象出来的模型，如土壤、气候、植物、微生物等组成的自然生态系统网络。

4. 空间相关性

空间相关性是指地理空间中任何事物都不是孤立存在的，而是相互关联和制约的，正如

Tobler 提出的地理学第一法则所描述的那样，距离越近，相关程度就越强，距离越远，相关程度就越弱。空间相关性主要表现为地理空间的自相关性，以及特征之间在区域和时间上的相关性。

空间自相关表达的是一个区域单元上某种地理现象或某一属性值与邻近区域单元上同一现象或属性值的相关程度，空间依赖性和空间异质性从相似和相异的角度描述空间自相关。空间依赖性指当地理空间中某一点的值依赖于和它相邻的另一点的值时，于是在这一个地理空间中各个点的值都会影响相邻的其他点的值。空间异质性则主要强调地理现象或属性值在空间分布上的不均匀性及其复杂性，空间过程的非平稳和各向异性导致空间异质性，从而形成各地方的独特性质。

2.2.4　时空尺度

尺度是一个度量标准，时空尺度是指观测事物（或现象）特征与变化的时间和空间范围。地理空间不但空间范围大，演化时间长，而且结构和发生于其中的各种运动也极其复杂，因此，对地理空间的观测、描述和分析，无论时间方面还是空间方面都会受到约束，只能在特定的条件下，获取有关地理空间的部分特征。这种时空约束即时空尺度，具体来说，人们所观测、描述和分析的对象只能是在特定的时刻或时间段上，特定范围或结构层次上的地理空间，时空尺度规定了地理空间观测的广度与深度，同时也表明了对地理空间理解与描述的精度。地理空间的时空特征不可能被完整、准确地观测和描述，是地理空间的一个固有特性。时空尺度的产生，一方面源于地理空间的多维结构及其动态演化的复杂特征，另一方面受制于人们的认知能力和观测技术。与时空尺度相关的概念主要有比例尺和分辨率。

1. 比例尺

比例尺是指地图上一条线段的长度与地面相应线段的实际长度之比。比例尺有三种表示方法：数值比例尺、图示比例尺和文字比例尺。一般来讲，大比例尺地图，内容详细，几何精度高，可用于图上测量。小比例尺地图，内容概括性强，不宜于进行图上测量。需要注意的是，不能把比例尺概念简单地理解为空间目标的几何缩放比例，它本质上是观测与描述地理空间特征层级与精度的一种度量。

2. 分辨率

分辨率是遥感观测数据的一个重要性能指标。遥感系统在光谱、空间和时间尺度上都有分辨率的概念，它们都是由遥感系统自身的特点决定的。

2.3　空间数据质量对空间分析的影响

空间分析的有效性和可靠性，一方面与分析思想和方法有密切的关系；另一方面取决于空间数据的性质与质量。作为空间目标及其特征的符号化表达，地理空间数据代表了现实世界空间实体或现象在信息世界的映射，是地理空间及其特征抽象的数字描述和离散表达，它具备数据的一般特征，如客观存在性与抽象性、概括性与多态性、可存储性与可传输性、可度量性与近似性、可转换性与可扩充性、商品性与共享性等。作为地理信息的载体，地理空间数据不仅表达了地理空间中特定尺度上有关空间实体的一组事实，还具有其他独特的性质，主要包括时空特性、多维结构、多尺度性、非结构化特征、模糊性与不确定性、空间相关性和海量特性等，目前常用的 GIS 空间分析方法与工具多是针对这些特征建立起来的，本书后续各章将主要论述这些分析方法的原理与应用。空间数据的质量主要是指数据的精度、分辨率、一致性与完整性，它们对空间分析结果有重要影响。高质量的空间数据是保证地理信息分析准确性和辅助决策科学性的前提和基础。

空间数据的质量问题是一个相对概念，衡量数据质量的标准会随着具体应用的特点和要求而变化。

2.3.1　数据误差与空间分析

误差是指测量值与真实值之间的差异，它是一种常用的表达数据准确性的方式。空间数据的误差来源可分为源误差、处理误差和使用误差三种类型。解释、量测、数据输入、数据处理及数据表示等每一个过程都有可能产生误差，从而导致相当数量的误差积累。因此，空间数据的误差来源是多方面的，又是累积的。数据处理误差一般远远小于源误差，使用误差看起来不属于数据本身的误差，但是这些因素直接影响应用的效果，所以也应列为空间数据误差的范畴。

1. 源误差

源误差是数据固有误差和数据采集过程中产生的误差，包括遥感数据误差、地图本身的质量、扫描仪的分辨率和精度、数据采集过程中的量测误差等。操作人员的技能和认真程度及实体特征的密度和复杂性等对数据采集的精度影响较大。

1）遥感数据误差

遥感数据的质量问题主要来自遥感观测、遥感图像处理和解释过程，具体包括观测过程中的几何畸变和辐射误差、影像校正匹配及判读和分类等引入的误差和质量问题。这些误差将影响遥感数据的位置精度和属性精度。

2）地图数字化误差

地图数字化是获取 GIS 数据的重要来源。数字化方式主要有手工数字化和扫描数字化两种。由于扫描仪的分辨率和精度提高，扫描后屏幕矢量化逐渐成为更重要的地图数字化手段。影响数字化精度的主要因素是：地图原图的固有误差；图纸变形误差、地图要素本身的密度、宽度和复杂程度的影响；数字化仪或扫描仪的仪器误差；操作人员及其操作方式的影响等。

3）直接测量数据误差

测量是在一定条件下进行的，外界环境、观测者的技术水平和仪器本身构造的不完善等，都可能导致测量误差的产生。通常把测量仪器、观测者的技术水平和外界环境三个方面综合起来，称为观测条件。观测条件不理想和不断变化，是产生测量误差的根本原因。具体来说，测量误差主要来自以下四个方面：①外界条件，主要指观测环境中气温、气压、空气湿度和能见度、风力及大气折光等的不断变化，导致测量结果中带有误差。②仪器条件，仪器在加工和装配等工艺过程中，不能保证仪器的结构能满足各种几何关系，这样的仪器必然会给测量带来误差。③方法，理论公式的近似限制或测量方法的不完善。④观测者的自身条件，由于观测者感官鉴别能力所限及技术熟练程度不同，会在仪器使用过程中产生误差。

4）属性数据误差

属性数据是 GIS 的重要数据，其误差主要是由数据录入、数据库操作等引起的，属性组合的灵活性和属性数据的复杂性使得生产人员容易出错。

GIS 数据的误差会以某种方式传播，并对 GIS 可靠性和应用结果的质量产生影响。由于从数据来源、空间数据库建立到空间数据库的操作和使用都引入了各种误差因素，特别是空间数据集成与整合所引入的误差，因此空间数据库系统应用分析的最终结果中也包含了这些误差因素的影响。GIS 中存在多种数据误差传播方式，不仅有算术关系下的误差传播，还有逻辑关系下的误差传播和不精确推理关系下的误差传播等。

2. 处理误差

处理误差指数据录入后进行数据处理过程中产生的误差，包括计算机处理数据的数学模型和计算精度、处理影像的几何纠正方法、坐标变换和比例变换、投影变换、几何数据的编辑、属性数据的编辑、空间分析、数据压缩或去噪、数据格式转换等过程产生的误差。数据处理过程中引入的误差一般比较小，特别是与数据源误差相比。

1）坐标变换引起的误差

坐标变换包括影像的坐标与大地坐标的变化，以及两个不同大地坐标系的坐标变化，其误差包括计算机字长的表示精度和取整误差。在计算机字长不够的情况下进行许多大数据的运算时，会出现较大的舍入误差。

2）投影变换引起的误差

对空间实体的地理坐标进行椭球面到平面的投影变换，此变换本身就会给数据带来误差，在不同的投影形式下，实体的地理位置、面积和方向的表示也会有差异。

3）几何数据编辑的误差

几何数据编辑产生的误差主要有：几何数据的逻辑一致性、实体相互关系的合理性编辑产生的误差；在数据发生比例尺变换，对数据进行聚类、归并、合并等操作时产生的误差；数据在进行叠加运算（叠加时多边形的边界可能不完全重合）及数据更新时产生的误差；对来源不同、类型不同的各类数据集间进行相互操作过程中所产生的误差。

4）属性数据编辑的误差

属性数据编辑产生的误差主要有：数据叠加操作和更新时产生的误差，数据集成处理时产生的误差，数据的可视化表达产生的误差等。

5）空间数据内插的误差

数据采集时不可能采集每个点的数据值，只能采集一些特征点的数据，但实际使用时又需要用到其他点的数据，通常可采用某种内插的算法来解决，如最邻近法、双线性内插法、双三次卷积法等。空间内插误差产生的原因主要是采样点的密度和控制点的精度及内插算法等。

6）矢量、栅格数据结构转换引起的误差

矢量数据栅格化过程中产生的误差，可分为几何误差和属性误差两类。几何误差是指矢量数据转换成栅格数据后所引起的位置误差，以及由位置误差引起的长度、面积、拓扑匹配等误差。属性误差是指在矢量数据转化为栅格数据后，栅格数据中像元的属性值是像元内多种属性的一种概括。

栅格数据到矢量数据的转换也会引入误差。例如，将栅格数据转换为线数据时，首先要用一种称为"细化"处理的算法在密集型像元形成的"肥胖"线划中贯通一条细线，"细化"处理时产生的线包括比实际需要多的坐标对，还必须用"剔除"算法去掉，然后用人机交互式处理线划间断、重叠等问题，这个过程会丢失大量的信息，造成误差。

7）不同格式的空间数据转换引起的误差

不同格式的数据转换会产生三方面的误差：空间位置误差、空间关系误差、属性数据误差。实体数据的位置信息一般能够完整地进行转换，但是有一些软系统如 AutoCAD 和 Micro-Station，它们包含曲线，如圆、圆弧、光滑曲线等，而有的系统则没有这样的要素，如 MapInfo，所以在它们之间进行转换时，圆、光滑曲线等对象一般会被内插成折线，这样难免会损失精度。转换过程中最容易丢失的信息是空间位置信息和拓扑关系信息。对于属性数据，大部分的系统都能够进行转换。

3. 使用误差

使用误差是指空间数据在使用过程中，由于数据的完备程度、时效性、拓扑关系的正确性、缺乏数据的质量报告、应用模型精度等引起的误差。

在空间数据的使用过程中出现的误差，主要包括两个方面：一是对数据的解释过程；二是缺少文档。对同一种空间数据来说，不同的用户对它的内容的解释和理解可能不同，处理这类问题通常需要参考空间数据提供的各种相关的文档说明，如元数据。另外，缺少对某一地区不同来源的数据的说明，如缺少投影类型、数据定义等描述信息，这样往往导致用户对数据的随意性使用而使误差扩散。不同的产品格式也会造成误差，栅格数据如采用 Jpg 压缩格式，就会丢失颜色信息，从而造成误差。

4. 误差模型

在空间分析中，误差模型很重要，能够对真值落入给定的测量值范围的概率进行量化，从而有效减少由于数据误差而产生的空间分析误差。有效的误差模型能够对误差传播的影响进行探查，即能够对个别包含误差的算法或其他操作进行计算。误差模型包括独立误差模型和空间相关误差模型。

1）独立误差模型

独立和同态分布的正态模型 $N(\mu, \sigma^2)$，被广泛用作测量误差模型，其中 μ 表示均值，σ^2 表示该分布的方差。这是因为，在许多情况下产生的误差都是很多小的独立随机误差源的组合。假设一个被测量的量具有真值 X，每个误差源向上或向下的偏移量为 ε，并且正负偏移具有相同的概率，如果有 n 个误差源，那么测量值的范围应当是 $(X+n\varepsilon)\sim(X-n\varepsilon)$。如果这 n 个误差源中有 v 个正误差和 $(n-v)$ 个负误差，那么测量值将是 $[X+(2v-n)\varepsilon]$。用带参数 n 的二项式概率分布来设定 n 个误差源中 v 个正误差的概率，且 $p=1/2$。随着 n 的增加和 $\varepsilon\to 0$，这一分布收敛于正态分布的真值 X 处，倘若 $\varepsilon\downarrow 0$ 和 $n\uparrow\infty$ 以至于 $\varepsilon\sqrt{n}$ 固定不变，那么，正态分布的标准偏差可由 $\sigma=\sqrt{n}$ 给定。

2）空间相关误差模型

对于一个依赖正态测量误差的、包含 n 个位置的变量 X 的一般模型符合多元正态分布，$\mathrm{MVN}(\mu, \Sigma)\mu^{\mathrm{T}}=(\mu(1),\cdots,\mu(n))$ 代表每个位置测量偏差的均值向量，且

$$\Sigma=\begin{bmatrix} \sigma_1^2 & \sigma_{1,2} & \sigma_{1,3} & \cdots & \sigma_{1,n} \\ \sigma_{2,1} & \sigma_2^2 & \sigma_{2,3} & \cdots & \sigma_{2,n} \\ \vdots & \vdots & \vdots & & \vdots \\ \sigma_{n,1} & \sigma_{n,2} & \sigma_{n,3} & \cdots & \sigma_n^2 \end{bmatrix} \tag{2.5}$$

元素 σ_i^2 为测量误差在 i 处的方差；$\sigma_{i,j}$ 为 i 和 j 处误差的协方差。

当属性误差存在空间相关性时，假设误差处于一定范围内可能是合理的。所以，对任何位置 i，有

$$\sigma_{i,j} \begin{cases} \neq 0 & j \in N(i) \\ = 0 & j \notin N(i) \end{cases} \tag{2.6}$$

式中，$N(i)$ 为位置 i 处的一个低阶邻居，即区域 i 和 j 共享同一条边界，或者最多是一步可以去掉的边界。一个有效的协方差函数需要有多种满足这个要求的合适模型，同时也满足 $\boldsymbol{\Sigma}$ 的正定性条件。

但是，在进行空间分析时将会出现这样一种情况，当假设未必会被使用的数据所支持时，这就需要更一般的模型，即允许误差之间存在空间相关性，这将影响模型拟合的结果。

2.3.2　数据分辨率与空间分析

分辨率指最小的可分离单元或最小的可表达单元。对于栅格数据，指图像像元大小；对于矢量数据，指坐标点的密集程度。

对于栅格数据，分辨率越高，像素就越小，这就意味着每个度量单元具有较多的信息和潜在的细节；分辨率越低，就意味着像素越大，每个度量单元的细节就越少，信息密度越低。

对于矢量数字化地图，人们往往会忽视分辨率的问题，认为地图要素以坐标方式存储起来后，就能以任何比例输出。但实际上还是要区分比例的，如原始地图按 1∶10000 要求输入时，比 1m 还短的线一般要忽略，但是把数字化地图放大到 1∶500 输出时，用户肯定认为太粗糙。因此，矢量空间数据库的比例尺主要由分辨率和位置精度决定，必须在数据库设计阶段就定义好最小制图单位。在数据输入时，小于最小制图单位的元素（主要是线段长度太短）不存入数据库中；大于最小制图单位的元素则必须存入。在实践中，采用手工数字化输入地图时，图纸的比例尺稍大一些容易保证输入的精度和分辨率。

对于专题图来说，如土壤图、土地利用图及其他类型分类图，分解力是指所表达的最小物体的大小，称为最小制图单元。确定图中表达的最小物体单元，取决于地图的编辑过程、使用目的、可读性、原始数据精度、制图成本、信息的表达和存储要求等。

在 GIS 数据库中，地理数据可以以任意比例存储，为满足输出的比例要求，可以增加标志和其他地图细节描述。在这种意义上，GIS 地理数据库中的数据不能以特定的比例存储，因此，最小制图单元应当设置得非常小，甚至对于一个很大的图层也是如此。对于用作输出的地图上的内容细节应该根据输出的比例大小而选择。

对于给定的研究区域，空间数据分析的结果，在一定程度上取决于数据的分辨率。例如，占据小型分散地区的土地利用类型，如果数据分辨率太低，可能会丢失，而使它们的存在被低估，而在大型毗连地区出现的土地利用类型被高估。由此可见，选择合适的数据分辨率对于特定的空间表达与分析至关重要。数据分辨率对空间分析的影响非常复杂，将在第 7 章 "时空尺度分析" 中详细论述。

2.3.3　数据一致性与空间分析

空间数据的一致性是指空间数据所表达的空间实体在位置、属性和关系等方面与实际的

符合程度，若符合则称为一致，否则就是不一致。空间数据的一致性是度量空间数据质量的指标之一，是确保空间数据查询、分析和推理所得结果的正确性和可靠性的重要保证。

1. 空间数据库的数据一致性

现实世界中各种空间实体的位置、形态及它们之间的空间关系在 GIS 中都是通过空间数据直接或间接表示的。数据库中的数据应该是正确的、精确的、有效的和一致的。由于获得的空间数据在抽象、概括、量测等过程中必然含有不确定性，进而将导致空间实体位置、形态和空间关系的不一致性。

逻辑一致性是空间数据一致性的重要方面，涉及结构的逻辑规则和空间数据属性规则，以及与其他数据集中数据的兼容性。逻辑一致性规则不但应用于目标及其属性的表示，而且应用于目标之间的关系及关系的组合。数据库完整性子系统使用逻辑一致性规则进行一致性约束，防止对数据库的无效更新（在这些更新发生时采取行动）。只有数据库满足这些一致性约束（或规则），才能认为该数据库是一致的。

2. 多尺度表达的一致性

同一空间目标可以按多种尺度以不同的详细程度进行表达，如长江在不同比例尺的地图上表示的详细程度不同。因此，当不同尺度的数据在复合分析（如叠置分析）时，就可能因为原始空间数据的尺度不一致而产生不准确甚至不正确的结果。在空间数据获取和存储时，点、线、面数据可能需要存放在不同的图层，这时不但要求不同图层数据表达的逻辑一致性，而且图层之间空间目标的表达尺度也需要保持一致。此外，不同尺度的空间数据可能采用不同的地图投影，如我国 1∶10 万及更大比例尺的地图采用高斯-克吕格投影，而小于 1∶10 万的地图可采用圆锥或多圆锥投影。同一空间实体的几何位置在不同地图投影的空间数据上可能会不一致。

3. 多源数据集成的一致性

多源数据没有一个明确的定义，可以指不同手段获取的空间数据，如地图数字化的数据、实际观测数据、遥感数据、统计数据和转储的数据；也可以指来自不同部门、不同地方和不同系统的数据；还可以指不同数据格式（矢量格式、栅格格式和矢-栅混合格式）、不同数据模型（关系模型、层次模型、网络模型和面向对象模型）和不同数据结构的数据。

多源数据在集成或实现数据共享时，会面临各种问题，需要保证数据的一致性：①不同数据源的空间数据可能采用不同的数学基础（地图投影、坐标系、高程基准等）；②不同数据源的空间数据可能采用不同的采样方法，如地图数字化可采用点方式、流方式、扫描矢量化方式等，尤其是流方式的采样间隔对空间数据的一致性影响特别大；③当原图的边界高度相关时，专题数据与基础地理数据或者专题数据与专题数据叠置的结果会带来非常严重的、数量巨大的细小图斑或伪多边形；④不同数据源的空间数据可能定位精度不同，此时进行数据集成时会产生相对位置与实际情况不一致的问题，如 DEM 与矢量数据复合可能导致河流爬坡的现象，城市道路和地下管网数据复合会导致道路与管网的位置关系不正确等。

4. 空间数据不一致性的处理策略

空间数据不一致性产生的原因是多方面的，即使同一数据库或数据集内的空间数据质量很高，也不能保证空间数据多尺度表示或在与其他数据集成时不会产生不一致的问题。为了保证在数据共享和集成分析时不至于因为空间数据的不一致而影响空间数据的有效性和数据分析结果的正确性，可以考虑采取以下措施：①通过增加约束条件，确保空间数据的质量，包括完备性（无多余和遗漏）、逻辑一致性（概念一致性、值域一致性、格式一致性）、拓扑一致性、位置准确度（绝对或客观精度、相对或内在精度）、格网数据位置精度、时间准确度（时间量测准确度、时间一致性和时间有效性）、专题准确度（分类分级正确性、定性属性准确度、定量属性准确度）。②不同尺度的空间数据其几何位置很难保持一致，这是因为在尺度变换时采用了化简、合并等综合措施。为此，在使用时应尽量采用尺度相近的空间数据。③在空间数据集成或空间数据与专题数据集成时，应规定被集成的数据具备的条件，例如，在做空间分析时参加叠置的数据层，应保证它们所覆盖的地理范围相同、坐标系和地图投影相同、数据结构和数据格式相同。若不相同，则应通过坐标变换或投影变换、数据格式转换等方法，使它们满足集成所要具备的条件。④不同来源的空间数据的一致性具有相对性，因而有必要确定权威性数据。例如，基础地理信息部门、农业部门和国土资源部门都可能拥有土质植被数据，这就需要确定谁的数据最权威、最可靠。在选用数据时尽可能选择权威性高的数据，以减少数据的不一致性。⑤尽量采用标准化和规范化的空间数据。

数据的不一致性是数据误差的一种形式，但远比数据误差严重。不一致性有时是难以捉摸或严重的，但至少从理论上说，在对数据库进行数据操作之前和之后进行适当检查，是可以避免的。

2.3.4　数据完整性与空间分析

空间数据的完整性是指数据在范围、分层、分类、属性和名称等方面的完备程度，大多数的数据不完整是由属性不完整或录入错误造成的。数据不完整，即数据存在缺失，对空间分析的影响是显而易见的：一是数据不能完备地满足模型分析所需；二是分析结果的精度与可信度会降低。

1. 数据层完整性

数据层的完整性是指研究区域内可用的数据组成部分的完整性。这一方面是指可能存在研究区域的数据不能 100% 覆盖或属性不完整等问题；另一方面是指研究区内数据变化没有得到及时更新，造成数据的不完整。数据质量的完整性比较容易评估，首先是记录的完整性，一般使用统计的记录数和唯一值个数；完整性评估的另一方面，记录中某个字段的数据缺失，可以使用统计信息中空值（null）的个数进行审核。

2. 数据分类完整性

数据分类的完整性主要是指如何选择合适的分类体系才能完整表达数据。某些分类常常导致数据重复或缺项，如对岩石进行分类，由于资料是从不同角度、用不同方法获得的，分类后可能在空间上相互重叠或有空白区，受技术条件制约，常常无法肯定这些重叠区域或空白区域究竟属于哪一类岩石。

2.4　地理空间问题

GIS 是现实世界的数字模型，构建 GIS 的最终目标是通过其空间分析功能来认识和理解客观世界，以解决人类生存和发展所面临的资源、环境与灾害等方面的问题。现实世界极其复杂，需要解决的问题也复杂多样，这就需要在基于感知系统对现实世界认知的基础上，对纷繁复杂的地理现象和地学过程进行定义和分类，提炼问题的科学本质，抽象问题的一般形式，并针对其一般形式开发相应的分析方法和模型。可见，将客观现实问题抽象为一般地理空间问题，是 GIS 空间分析的前提，也是解决复杂客观问题的基本思路。GIS 具有模拟表达现实世界和综合处理时空信息的能力，能分析出地理空间数据中隐藏的模式、关系和趋势。利用不同功能层次的空间分析方法可以解决关于地理实体和地理现象的各类空间问题（图 2.2）。

　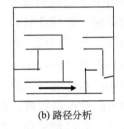　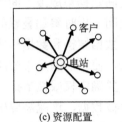

(a) 定位选址　　　　　　　　　(b) 路径分析　　　　　　　　　(c) 资源配置

图 2.2　地理空间问题实例

GIS 空间分析是地球科学的基本工具，用于分析和解释地理特征间的关系及空间模式。地球系统中各种地学问题通过空间抽象，可以归纳为空间分布和格局、资源配置与规划、空间关系与影响、空间动态过程等几类基本问题。

2.4.1　空间分布与格局

地理实体或现象的空间分布与格局是最基本的一类地学问题，是指从总体的、全局的角度来描述地理实体或现象的几何形态。地理实体或现象的空间分布与格局是地学过程机理的空间体现，是内在地学规律的外在反映，反过来又可以构成新一轮地学过程的边界和初始条件。因此，地学要素空间分布格局的描述、识别和统计对认识地学机理、因果关系有极大的帮助。

1. 空间分布类型

地理对象通常可以抽象为点目标、线目标、面目标三类（体目标可以看做是这三类目标的组合类型）。事实上，地理对象很少是点状的，只是为了表达上的形象和方便，将很多目标抽象为点，如城市实际上占据一定的空间范围，是面状目标，但在大尺度研究中通常将其抽象为点。各类监测站、车站等地理对象通常也被表示成点状，研究诸如疾病、自然灾害等的分布时，也通常将它们抽象为点。

点、线、面目标可以是线状分布，也可以是面域分布，其分布方式分为离散和连续两种。因此，可以按照地理对象的类型、分布区域和分布方式对各类地理对象或地学现象的分布进行分类（图 2.3）。

2. 空间分布分析

典型的空间分布问题包括生物物种的空间分布、自然灾害的空间分布、犯罪的空间分布、疾病的空间分布等。在 GIS 中，通常采用分布密度、均值、分布中心（几何中心、分布重心）、离散度、空间集聚度及粗糙度等指标进行空间分布格局的描述；通过空间分布检验来确定地理对象的聚集、分散、均匀、随机等分布类型；用空间聚类分析方法反映分布的多中心特征并确定这些中心；通过趋势面分析反映现象的空间分布趋势等。

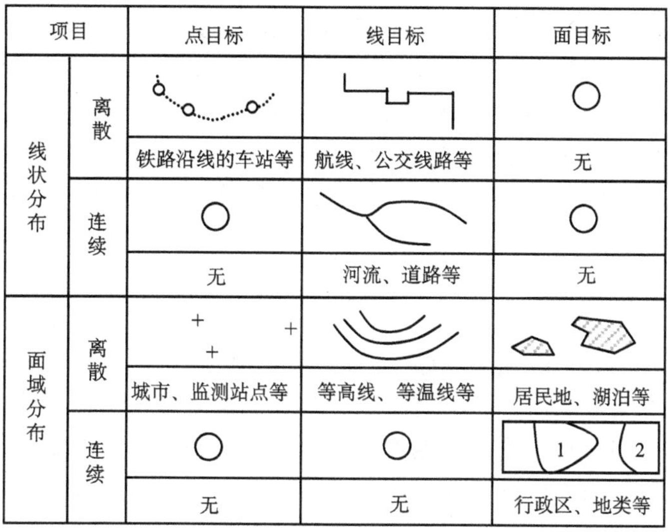

项目		点目标	线目标	面目标
线状分布	离散	铁路沿线的车站等	航线、公交线路等	无
	连续	无	河流、道路等	无
面域分布	离散	城市、监测站点等	等高线、等温线等	居民地、湖泊等
	连续	无	无	行政区、地类等

图 2.3　空间对象分布类型

2.4.2　资源配置与规划

　　各种资源的分布总是有限和非均质的。资源配置是在资源总量不足的背景条件下，将有限的资源重新进行时空分配，使稀缺资源的功效最大化，从而保证社会经济和生态效益最优化。水资源时空配置、污染物排放时空优化、城市发展规划及社会经济活动中诸如消防站点的分布、学校选址、商业服务设施分布、管网系统的布局、垃圾收集站点分布等很多问题都涉及对资源的配置和规划。如图 2.4 所示，某超市集团决定在 A 市扩大经营规模，拟定在该市新建服务网点，为节省资金投入，提高企业的回报率，在分析已有超市网点的分布情况基础上，利用 GIS 进行了服务网点选址的辅助决策。

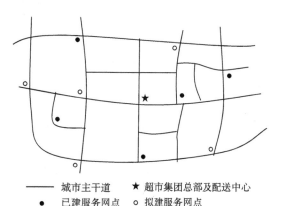

　　——— 城市主干道　★ 超市集团总部及配送中心
　　● 已建服务网点　○ 拟建服务网点

图 2.4　资源配置与规划实例图

　　定位-配置分析包括自由选址和布局模型，其中自由选址包括单设施选址和多设施选址；布局模型包括基于福利的选址（P-重心模型）和基于覆盖的选址（P-中心模型），它们可分别用于解决不同情况下的定位-配置问题。

2.4.3　空间关系与影响

　　空间关系和影响指分布于不同空间位置的多个对象间的相互作用。对地理要素之间的空间关系进行分析，可以反映各要素之间相互作用的性质、强度和方式，有助于从无序而复杂的空间要素格局中发现潜在的有序或规律；可以解释空间格局与空间过程相互作用的机理，进而阐明空间要素动态演替的方向、过程或扩展潜力；可以探索空间格局形成和发展的控制因素和基本驱动力，并揭示人类活动与空间环境可持续发展的联系，为制定科学的发展战略提供依据。

空间关系主要包括距离、方向、连通、拓扑和相关等类型。其中，拓扑关系研究得较多；距离的内容最为丰富；连通用于描述空间目标之间的通达性；方向反映物体的方位；空间相关关系主要描述目标的空间依赖性和异质性，分析方法一般基于空间统计学。

空间相互影响模型是利用状态变量和影响因素之间的关系类比建立数学模型，并用实测数据回归获得参数，然后进行分析预测。它一般应用于社会经济领域，如旅行分配问题、目的地流入总量问题等。

2.4.4　空间动态与过程

空间动态与过程是地学研究的主题之一。任何一种地理要素或现象，都伴随着复杂的时空过程，如景观空间格局演变、河道洪水、地震、森林生长动态、林火蔓延等都是典型的地表空间过程。人们常常需要在对地理实体及其空间关系的简化和抽象基础上，利用专业模型对地理现象的行为过程进行模拟，分析其驱动机制、重建其发展过程，并预测其发展变化趋势。

1. 空间动态与过程的研究内容

空间动态与过程分析的内容主要包括：时空数据的分类、时间量测、基于时间的平滑和综合、变化的统计分析、时空叠加、时间序列分析及预测分析等。

时空数据的分类是指对时空数据根据不同的分类体系进行重组，派生新的数据；时间量测是指计算并显示历史数据的时间；基于时间的空间数据的平滑和综合中的平滑是根据对象在不同时间的不同状态推测对象的中间状态，综合是根据一定的时间综合原则对空间数据进行合并；变化的统计分析是指根据时空数据对变化的速度、频率、范围等进行多种统计分析；时空叠加分析是将不同时间的空间对象叠加在一起，主要包括事件与事件的叠加、状态与状态的叠加、事件和状态的叠加；时间序列分析是指对一个对象根据时间序列进行空间上的排列，这种分析主要针对同一个对象不能同时在不同位置的现象；预测分析是一种基于多种数据运用数学模型根据某种目的进行推理的综合分析方法，如矿产资源的预测等。

2. 空间动态模型

空间动态模型是对空间现象从一个分布状态到另一个分布状态变化的抽象和概括，可以看做是现实世界中地球表面特定位置上的属性或状态随其驱动力的时间变化而变化的数学表达。空间动态模型通常被表达成状态、过程、关系或流组成的三元组，也有人提出将空间动态模型进一步细化为五个要素：初始状态集、动态输入状态集、动态过程序列、输出状态集和时间控制，其逻辑组成如图 2.5 所示。其中，动态输入状态集表示时间序列的动态输入变量，初始状态集确定模型的初始条件，动态过程序列集为动态计算过程中的中间变量，动态输出状态集为时间序列的动态输出变量，时间控制确定模型的起始时间、结束时间和时间步长，空间交互反馈是状态变量之间空间相互作用函数。

1）动力学方法与动力学过程模拟模型

过程研究的动力学方法假设系统运动的物理规律已知，根据过程物理规律可以建立过程模拟的数学模型，即动力学过程模拟模型。这些模型常常是在系统运动初始条件与边界条件约束下的一组偏微分方程组。

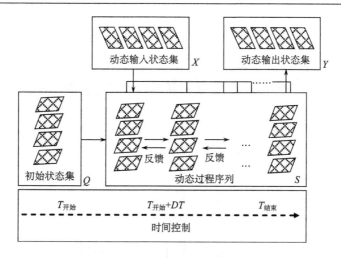

图 2.5　空间动态模型的逻辑组成

　　动力学过程模拟模型的建立与解算一般在非语义空间单元上进行（网格单元或不规则三角形单元）。模型的输入数据一部分作为模型操作数据直接操作，另一部分则用于计算模型控制参数。对这些数据的时间分辨率一般要求不高，只有当其变化已达到使过程模拟模型不能较好地代表系统行为时才需要更新，即重新计算控制参数并输入当前时刻的系统状态实测数据。但模型计算产生的数据集则常常是时间分辨率（计算步长）较高的数据层序列。这类模型常常涉及三维建模，如三维气候过程模拟模型、三维泥沙数学模型等。

　　2）随机过程方法与随机过程模拟模型

　　过程研究的随机过程方法一般用于事先不知道过程运动规律的那些过程，如土地利用变化等。因此，必须首先在不同的过程时间断面上进行状态观测，获得多时相的过程断面数据。然后，利用统计学与随机过程理论建立随机过程模型。随机过程模拟模型一般是不同时刻状态变量的联合分布函数，而且常常针对每个空间单元进行。计算模型控制参数所需数据集与模型操作数据集一般是相同的，模型输出数据是基于条件分布或其他统计分析方法产生的新的时间断面上的状态数据。这类模拟模型的操作单元常常是具有明确语义的区域。

复习思考题

1. 解释空间和地理空间的准确含义。

2. 何为空间特征？其包括哪些主要方面？

3. 空间数据质量涉及哪些方面？

4. 数据误差的来源有哪几种？如何评价？

5. 如何保证空间数据的一致性？

6. 基于空间特征的地理问题可以归纳为哪几类？

7. 简述空间格局与空间过程的关系。

第3章 空间量算与数据探测

空间量算是指对 GIS 数据库中各种空间目标的基本几何参数（如位置、距离、周长、面积等）进行量测，对空间目标的空间形态和空间分布进行计算和分析，以获取目标的基本空间特征，并为进一步的空间分析提供数据支持。探索性数据分析基于统计学原理，并结合数据可视化技术，探索隐含在数据中的模式和趋势等。空间量算和数据探测是空间分析的基本方法，同时也是复杂空间分析的前提。

3.1 基本几何参数量测

基本几何参数量测包括对点、线、面、体空间目标的位置、中心、重心、长度、面积、体积等的量测与计算。这些几何参数是了解空间对象特征，进行高级空间分析及应用研究的基础。

3.1.1 位置量测

空间位置是所有空间目标共有的描述参数，它通过地理空间坐标系来表达空间目标的定位信息，包括绝对位置和相对位置。

矢量 GIS 中包括点、线、面、体四类地理目标，地理目标的空间位置用其特征点的坐标表达和存储。点目标的位置在二维欧氏空间内用单独的一对 (x, y) 坐标表达，在三维欧氏空间中用 (x, y, z) 坐标表达；线目标的位置用坐标串表达，在二维空间中用一组离散化实数点对表示为 (x_1, y_1)，(x_2, y_2)，$\cdots$，(x_n, y_n)，在三维空间中表示为 (x_1, y_1, z_1)，(x_2, y_2, z_2)，$\cdots$，(x_n, y_n, z_n)，其中 n 是大于 1 的整数；面状目标的位置由组成它的线状目标的位置表达；体状目标的位置由组成它的线状目标和面状目标的位置表达。

以经纬网为参照确定的位置是一种绝对位置。通常利用角度量测系统，如赤道以北或以南的纬度，以及本初子午线以东或以西的经度就可以确定地球上任意点的绝对位置。另外，由一个参照点确定的位置，也是绝对位置。如对一幅地图进行数字化时首先必须确定控制点的位置，并以此为参照来确定其他点的位置，这样得到的地图中的各种空间对象才有与实际相符的准确位置。

空间对象的相对位置是指空间中一目标物相对于其他目标物的方位。相对位置的量测在 GIS 分析中具有重要的实用意义。例如，要在 A 城市外围的某地区修建一个机场（图 3.1），在考虑现有土地基础、不干扰市民正常生活且不花费乘客太多时间等各种综合因素的情况下，选择最佳的机场位置。这里，把市区的位置看作绝对位置，以市区为参照点来选取机场的相对位置，而不是在任意区域选择基础较好的地段。

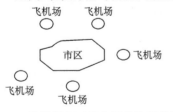

图 3.1 飞机场相对于市区的位置变化

相对位置的确定有很多种方法，如在笛卡儿坐标系中，利用两点间距离公式确定一目标物相对于另一目标物的相对位置，公式为

$$d = \sqrt{(x_2 - x_1)^2 + (y_2 - y_1)^2} \tag{3.1}$$

式中，d 是两点间的距离；$x_2 - x_1$ 为 x 方向两点间的坐标差；$y_2 - y_1$ 为 y 方向两点间的坐标差（图 3.2）。

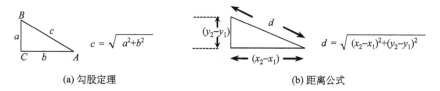

(a) 勾股定理   (b) 距离公式

图 3.2 计算平面距离

空间对象位置的量测涉及位置精度，GIS 数据的位置精度是指数据集（如地图）中空间目标的地理位置与其真实位置之间的差别。它是 GIS 数据质量评价的重要指标之一，常以数据的坐标精度表示。

3.1.2 中心量测

空间量测的中心多指几何中心，即一维、二维空间目标的几何中心（图 3.3），或由多个点组成的空间目标在空间上的分布中心。中心对空间对象的表达和其他参数的获取具有重要意义。例如，在一幅小比例尺中国地图中，城市的位置一般用点来表示，但是城市是面状对象，面是由无数个点构成的，用不同的内部点来表示

线状物体几何中心   平面物体几何中心

图 3.3 一维和二维目标物的几何中心

面会有不同的效果。如上海，它的最南端和最北端的直线距离约为 120 km，以最南端的点和以最北端的点代替这座城市，在地图上的位置就会相差约 120 km，如此大的误差将直接影响地图的精度。在这种以点表示面的情况中，为了精确表达的需要一般用几何中心来代替。

简单的、规则的空间目标的中心比较容易确定，如线状物体的中心就是该线状物体的中点；圆的几何中心是圆点；矩形中心是它对角线的交点。不规则面状目标的几何中心可利用以下公式求得。

$$C_x = \frac{\sum\limits_{i=1}^{n} x_i}{n} \tag{3.2}$$

$$C_y = \frac{\sum\limits_{i=1}^{n} y_i}{n} \tag{3.3}$$

式中，C_x、C_y 分别为不规则面状目标的几何中心的横、纵坐标。

多空间目标空间分布中心的确定可以先确定它的分布区域，将其分布中心的确定转换为单一空间目标中心的确定。

3.1.3　重心量测

重心是描述地理对象空间分布的一个重要指标。从重心移动的轨迹可以得到空间目标的变化情况和变化速度。重心量测经常用于宏观经济分析和市场区位选择，还可以跟踪某些空间分布的变化，如人口迁徙、土地类型变化等。

线状物体和规则面状物体的重心和中心是等同的，面状物体的重心可以理解为多边形的内部平衡点（图 3.4）。

面状物体的重心可以通过计算梯形重心的平均值得到，将多边形的各个顶点投影到 x 轴上，得到一系列梯形（图 3.5），所有梯形重心的联合就确定了整个多边形的重心。

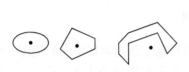

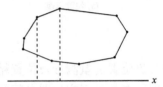

图 3.4　单一多边形的重心位置　　　　　图 3.5　按梯形计算重心位置

设多边形的顶点序列 (x_i, y_i) 按顺时针编码，则其重心 (X_G, Y_G) 的计算公式为

$$\begin{cases} X_G = \sum \bar{x_i} A_i \big/ \sum A_i \\ Y_G = \sum \bar{y_i} A_i \big/ \sum A_i \end{cases} \tag{3.4}$$

$$\begin{cases} A_i = (y_{i+1} + y_i)(x_i - x_{i+1})/2 \\ \overline{x_i} A_i = (x_{i+1}^2 + x_{i+1}x_i + x_i^2)(y_{i+1} - y_i)/6 \\ \overline{y_i} A_i = (y_{i+1}^2 + y_{i+1}y_i + y_i^2)(x_i - x_{i+1})/6 \end{cases} \tag{3.5}$$

式中，x_i 和 y_i 为第 i 个梯形的重心 x 坐标和 y 坐标；A_i 为梯形面积。

下面以人口分布为例介绍重心量测。假设人口所在区域为一同质平面，每个人都是平面上的一个质点，具有相同的重量，则人口重心应为区域中距离平方和最小的点，即一定空间平面上力矩达到平衡的一点。其计算方法为

$$x = \int x_i \mathrm{d}p \big/ p \tag{3.6}$$

$$y = \int y_i \mathrm{d}p \big/ p \tag{3.7}$$

式中，x、y 分别为人口重心的横坐标、纵坐标；x_i、y_i 分别为把这一地域划分为无限小的各区域的位置；p 为相应的人口数。

人口重心位置取决于人口分布状态，如果人口分布是均匀的，重心应处于该区域的几何重心，偏移均衡状态的人口分布将导致人口重心偏移。

3.1.4　长度量测

长度是空间量测的基本参数，它的数值可以代表点、线、面、体间的距离，也可以代表

线状对象的长度、面和体的周长等。长度参数在空间分析中的重要性，使其成为空间量测的重要内容之一。

1. 空间距离

在空间分析中，空间距离是一类非常重要的空间概念，可用于描述空间目标之间的相对位置、分布等情况，反映空间相邻目标间的接近程度和相似程度。从描述空间的角度来看，空间距离有物理距离（在现实空间）、认知距离（在认知空间）和视觉距离（在视觉空间）；从表达方式来看，空间距离又可以分为定量距离和定性距离；在计算上，根据 GIS 所采用的数据结构不同，空间距离度量分为欧氏空间的矢量距离和数字空间的栅格距离。根据 GIS 空间目标的形态不同，空间距离可分为点/点、点/线、点/面、线/线、线/面、面/面 6 类，此外还可包含点群、线群、面群间的距离度量。在矢量距离计算中，点/点之间的距离计算比较简单，常采用欧氏距离度量表达，而其他 5 类距离的计算则相对复杂，并且在不同的应用中对距离的定义和理解也有所不同。因此，各种扩展的空间距离被相继提出，如最近距离、最远距离、质心距离、Hausdorff 距离、边界 Hausdorff 距离等。在栅格距离计算中，栅格的几何形状不同（如三角形、矩形、正六边形等），距离的计算方法也不同。

1）空间目标基本单元距离

（1）矢量空间中点目标间距离。对于 R^m 中的两个点 $p_i(x_{i1}, x_{i2}, \cdots, x_{im})$ 和 $p_j(x_{j1}, x_{j2}, \cdots, x_{jm})$，度量距离的一般形式表达为

$$d_n(p_i, p_j) = \left[\sum_{k=1}^{m} |x_{ik} - x_{jk}|^n\right]^{\frac{1}{n}} \tag{3.8}$$

上式称为闵可夫斯基度量（Minkowshi metric），n 为变参数。当 $n=1$ 时，式（3.8）简化为

$$d_1(p_i, p_j) = |x_{i1} - x_{j1}| + |x_{i2} - x_{j2}| + \cdots + |x_{im} - x_{jm}| = \sum_{k=1}^{m} |x_{ik} - x_{jk}| \tag{3.9}$$

d_1 称为曼哈顿距离（Manhattan distance）。当 $n=2$ 时，式（3.8）简化为

$$d_2(p_i, p_j) = \left[\sum_{k=1}^{m} |x_{ik} - x_{jk}|^2\right]^{\frac{1}{2}} \tag{3.10}$$

d_2 称为欧氏距离。当 n 趋于无穷大时，式（3.8）可近似简化为

$$d_\infty(p_i, p_j) = \max(|x_{i1} - x_{j1}|, |x_{i2} - x_{j2}|, \cdots, |x_{im} - x_{jm}|) \tag{3.11}$$

式（3.11）称为切比雪夫距离。它们在二维平面中的几何解释如图 3.6 所示。

（2）栅格空间中像元间的距离。在栅格空间中，两个点 $P_1(i, j)$ 和 $P_2(m, n)$ 间的距离仍可以用欧氏距离来表达，即

$$d(P_1, P_2) = f(i, j, m, n) = \sqrt{(i - m)^2 + (j - n)^2} \tag{3.12}$$

式中，$d(P_1, P_2)$ 以栅格像元来计算。一些其他的栅格距离定义方法被相继提出，如棋盘距离（chessboard distance）、城市街区距离（city-block distance）等。图 3.7 以一个 5×5 的方格矩阵分别表达了不同类型的栅格距离。其中，图 3.7（a）为基于 8 邻域计算的棋盘距离，每个邻接像元距离为 1；图 3.7（b）为基于 4 邻域计算得到的城市街区距离；图 3.7（c）在水

平方向、垂直方向的邻接像元距离为 2，在对角线方向的邻接像元距离为 3；而图 3.7（e）的定义类似于图 3.7（d），在水平方向、垂直方向的邻接像元距离为 3，在对角线方向的邻接像元距离为 4。

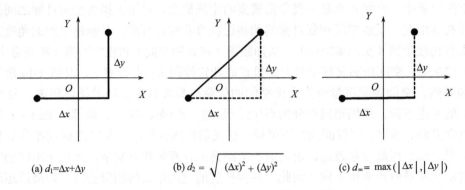

$$\text{(a) } d_1 = \Delta x + \Delta y \qquad \text{(b) } d_2 = \sqrt{(\Delta x)^2 + (\Delta y)^2} \qquad \text{(c) } d_\infty = \max(|\Delta x|, |\Delta y|)$$

图 3.6   二维平面中矢量距离度量的三种定义

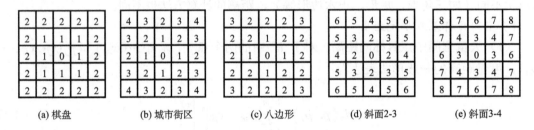

(a) 棋盘   (b) 城市街区   (c) 八边形   (d) 斜面2-3   (e) 斜面3-4

图 3.7   不同类型栅格距离定义

2）扩展距离

为描述各种类型目标（包括线、面）间的距离，一些扩展的距离表达方法被提出来，如最近（小）距离、最远（大）距离和重心距离等。

（1）点到面状目标的距离。由于面状物体在地理空间上表示一定的范围，由无数个点构成，因此点到面的距离可以看做是点到面中特征点的距离。点状物体 P 到面状物体 A 的距离大致包括的情况如图 3.8 所示：图 3.8（a）以点 P 到面 A 中一特定点 P_0（如重心）的距离表示点 P 与面 A 间的距离，称为中心距离；图 3.8（b）中，点 P 与面 A 中所有点之间最短的距离，称为最短距离；图 3.8（c）中，点 P 到面 A 中所有点之间最大的距离，称为最大距离。

(a) 中心距离   (b) 最短距离   (c) 最大距离

图 3.8   点到面状目标的距离

中心距离与点点距离一致，最小距离和最大距离也与点线距离的计算类似。点面间距离中的最小和最大距离可以适合不同情况，如在森林防火中，任何火源（点）距森林（面）的距离必须大于一个安全临界值，这个值只能用最小距离来描述；在无线电覆盖范围分析中，为了保证信号能被给定区域内任意点所接收，则必须使用最大距离。

（2）线状目标间的距离。两个线状物体 L_1、L_2 间的距离可以定义为 L_1 上的点 $P_1(x_1, y_1)$ 与 L_2 上的点 $P_2(x_2, y_2)$ 间距离的极小值，即

$$d = \min(d_{P_1}, d_{P_2} \,|\, \forall P_1 \in L_1, \forall P_2 \in L_2) \qquad (3.13)$$

在图 3.9 中，L_1、L_2 均表现为折线，因此对 d 的计算可以先计算出 L_1、L_2 中折线段对之间的距离，然后从中选出极小值。图 3.9 中表示出了垂足位于 L_1、L_2 两个端点之间的垂线，可以得到 7 条线段，则 L_1 和 L_2 之间的距离为

$$d_{12} = \min(\overline{AC}, \overline{AD}, \overline{Aa}, \overline{BC}, \overline{BD}, \overline{Bb}, \overline{Dd}) \qquad (3.14)$$

式中，$\overline{AC}$ 为线段 AC 的长度，其余类推。显然在这个例子中，$d_{12} = \overline{Aa}$，如果 L_1 和 L_2 相交，则 $d_{12} = 0$。

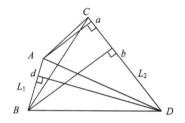

图 3.9　线状目标间的距离表达

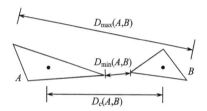

图 3.10　面状目标物间的距离

（3）面状目标物间的距离。空间两面状目标物间的距离有三种形式：最短距离、最大距离和重心距离。如图 3.10 所示，最短距离以两目标物最接近点的距离作为两目标物间的距离；最大距离以最远点的距离作为两目标物间的距离；重心距离是两目标物重心间的距离。它们可表达为

$$\text{最近距离：} \quad D_{\min}(A, B) = \min_{P_A \in A} \left\{ \min_{P_B \in B} \left\{ d(P_A, P_B) \right\} \right\} \qquad (3.15)$$

$$\text{最远距离：} \quad D_{\max}(A, B) = \max_{P_A \in A} \left\{ \max_{P_B \in B} \left\{ d(P_A, P_B) \right\} \right\} \qquad (3.16)$$

$$\text{质心距离：} \quad D_c(A, B) = d\left(\frac{1}{m} \sum_{i=1}^{m} v_{iA}, \frac{1}{n} \sum_{j=1}^{n} v_{jB} \right) \qquad (3.17)$$

式中，A 和 B 为两个空间目标；v_{iA} 和 v_{jB} 分别为目标 A 和 B 的顶点。

3）Hausdorff 距离

扩展距离并不完全满足距离度量的三个基本特性（非负性、对称性和三角不等式），并且由于这三种距离只考虑了两个空间目标的局部而非整体之间的关系，它们仅仅是空间距离分布的一个极值，即描述了空间距离分布的离散度信息，并不能描述分布的中心趋势。当两目标的形状、大小、相对位置关系发生变化时，这三种距离值可能保持不变，因此在实际应用中具有较大的局限性。为此，引入 Hausdorff 距离来度量 GIS 空间目标间的距离。

由于 GIS 空间目标是非空紧致集合（即有界闭集），于是有向 Hausdorff 距离简化为

$$\begin{cases} h(A,B) = \max_{P_a \in A}\left\{ \min_{P_b \in B}\left\{ d(P_a,P_b)\right\}\right\} \\ h(B,A) = \max_{P_b \in B}\left\{ \min_{P_a \in A}\left\{ d(P_a,P_b)\right\}\right\} \end{cases} \tag{3.18}$$

式中，$h(A,B)$ 和 $h(B,A)$ 分别为从 A 到 B 和从 B 到 A 的有向 Hausdorff 距离，也称为向前和向后距离。

相比于传统的扩展距离，Hausdorff 距离具有如下特性：①是一种基于目标整体而非局部之间的距离，如图 3.11（b）所示，目标 B 与 A 之间 Hausdorff 距离的大小就是平移距离，既非最小距离，也非最大距离。②是一种真正的距离度量，即满足距离度量的三个特性：

一是非负性，$h(A,B) \geqslant 0$，当且仅当 $A=B$ 时，$h(A,B)=0$。

二是对称性，$h(A,B)=h(B,A)$。

三是三角不等式，$h(A,B) \leqslant h(A,C)+h(C,B)$。

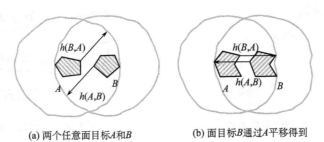

(a) 两个任意面目标 A 和 B　　　　　　(b) 面目标 B 通过 A 平移得到

图 3.11　Hausdorff 距离的表达与计算

4）函数距离

上述距离的量测都是绝对物理距离量测，中间不考虑任何障碍物的影响。然而，当度量空间为非均质时，用均质空间的简单距离的表达式不能计算，此时需要采用函数距离。函数距离不仅是表达式上的变化，还有研究区域上的变化。以旅行时间为例，如果从某一点出发，到另一点所耗费的时间只与两点之间的欧氏距离成正比，则从一固定点出发，旅行特定时间后所能到达的点必然组成一个等时圆。而现实生活中，旅行所耗费的时间不只与欧氏距离成正比，还与路况、运输工具性能等有关，从固定点出发，旅行特定时间后所能到达的点则在各个方向上是不同距离的、形成各向异性距离表面。事实上，两点间距离很多情况下不能走直线，两目标物间的距离要受很多因素制约，如受到障碍物的影响等。例如，城市中当病人需要紧急救援时，在其他条件相近的情况下需要选择最近的医院，以确保病人能够得到及时抢救，而病人所在地与医院间的距离并不是笛卡儿坐标中的两点间的距离，而是道路网上的最短距离，如图 3.12 所示。

图 3.12　病人与医院 A、医院 B
之间的相对距离

尽管病人离医院 A 的笛卡儿空间距离比医院 B 要更近一些，但是这对病人是没有意义的，病人不可能跨过建筑物沿直线到达医院 A，而必须沿着一定的道路网行进，因此更好的选择是道路网上的医院 B，这种情况属于曼哈顿距离问题。曼哈顿距离指两点在南北方向上的距

离加上在东西方向上的距离，即

$$d(i,j) = |x_i - x_j| + |y_i - y_j| \qquad (3.19)$$

对于具有正南正北、正东正西方向规则布局的城镇街道，从一点到达另外一点的距离正是在南北方向旅行的距离加上东西方向旅行的距离，因此曼哈顿距离又称为出租车距离。曼哈顿距离的度量性质与欧氏距离相似，都保持对称性和三角不等式成立；两者不同的是，在讨论空间邻近性时，不同点间距离的排序有很大差异。当坐标轴变动时，点对之间的距离就会不同，因此曼哈顿距离只适用于讨论具有规则布局的城市街道等相关问题。

障碍物分为绝对障碍物和相对障碍物，可以通过阻抗值来描述。若障碍物对空间目标物产生的阻抗值小于某一临界值，则为相对障碍物；若障碍物的阻抗值大于或等于这一特征值，则空间目标物的运动被完全阻止，障碍物变为绝对障碍物，如悬崖、禁区、湖泊等。在某一范围之内，相对障碍物限制但不阻止物体的运动，它可以减慢物体的运动，或者消耗额外的能量。例如，汽车行进过程中，在地图上显示的从一点到另一点的公路里程要比汽车里程表所显示的里程少，这是因为汽车在行进过程中受到地表高程的影响，车辆在行驶时经过的路线是起伏的地形表面。如图 3.13 所示，虚线 AB 为地图显示的距离，实线 A'B' 为汽车里程表所显示的距离。如果高程的变化基本上是线性的，那么额外增加的里数能用简单的三角公式计算。由于大部分的地表变化是非线性的，所以计算变得较复杂。

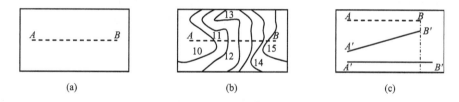

(a)　　　　　　　　　　　(b)　　　　　　　　　　　(c)

图 3.13　高程的变化与公路里程距离变化的关系

相对障碍物经常用于研究最短路径、最低成本距离等相关问题。例如，假定表面是真正的地形表面，在地形表面的顶端滴一滴水，确定它流到更低海拔处的最小阻力路径。在一个 5×5 的栅格矩阵中，为求出最小成本距离，从格网单元顶端开始查找最接近的 8 个格网单元，以此来评估哪个有最低的摩擦或阻抗值；被赋值的或作为指示器的格网单元表明它已被选定，然后在查找下一组 8 个相邻单元的过程中，它成为重复计算的起算点；这一过程将一直持续到数据库中最低海拔值被选定为止，然后选择从山顶到山底的路线，这条路线的消耗为最少。

2. 周长

多边形的周长可以通过围绕多边形相互连接的线段，即封闭绘图模型来计算。其中，第一条线段的起点坐标等于最后一条线段的终点坐标，其理论是利用欧几里得距离公式计算每一条线段长度，然后进行累加。周长的求取公式为

$$L = \sum_{i=1}^{n} d_i \qquad (3.20)$$

式中，L 为周长；d_i 为每一线段的长度。

多边形周长的量测可应用到许多实际问题中，例如，要在某城市的一个新建公园周围修建围墙，因为修筑围墙的成本与公园的外围周长成正比，所以用修建的围墙总长度乘以每单

位长度的成本就可以获得修建公园围墙所需的总成本。

3. 矢量 GIS 和栅格 GIS 长度量测的差异

在矢量 GIS 和栅格 GIS 中量测长度的方式与原理有所不同。对于栅格数据，计算线长是将格网单元长度逐个累加得到全长。例如，已知格网分辨率为 50 m，且线长包括 15 个格网单元，那么线的全长为 50×15 = 750 m。这种方法适合计算水平线，但是当线相当倾斜，线上的格网单元沿着一定角度互相连接时，需要使用简单的三角法，在格网单元的斜线上计算每个单元之间的斜距，斜线穿过一个正方形格网单元时产生一个直角三角形，它的直角边等于格网单元分辨率，它的斜边可以用勾股定理计算。因此，用 1.414 乘以每个斜向邻接的格网单元的分辨率可得到准确的长度，这种方法较简单，一些栅格计算 GIS 系统就能实现。此外，还可以使用等方向性表面来计算，当计算量大时，其优势明显强于点到点距离的简单计算。

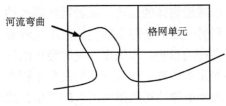

图 3.14　高度弯曲对象在栅格数据中的表现

虽然栅格数据结构长度的计算可以使用上述简单方法，但仍存在很大的局限性，如对高度弯曲的线性对象的量测，其误差要比矢量数据结构的大。以弯曲的河流为例（图 3.14），使用栅格数据结构表示河流距离时将会使距离缩短，产生较大的误差。然而，在矢量数据中，对于每条直线段，软件都将存储一组坐标对，每一坐标对之间的距离都能通过勾股定理计算出来，然后将线段长度累加，得到相对准确的线长，线段越多，由数据结构表现的线性对象就越精确，并且测定的线长将越准确。

3.1.5　面积量测

面积在二维欧氏平面上是指由一组闭合弧段所包围的空间区域，是面状地物最基本的参数之一。在矢量结构下，面状地物以其轮廓边界弧段构成的多边形表示。对于简单的图形，如长方形、三角形、圆、平行四边形和梯形，以及可以分解成这些简单图形的复合图形，面积的量测比较简单。GIS 中最常用的算法是计算每条多边形线段分割得到的梯形面积（图 3.15），梯形 $ABB'A'$ 的面积为两 x 坐标之差与 y 轴坐标平均值的乘积：

$$S_{ABB'A'} = (x_B - x_A)(y_B + y_A)/2 \qquad (3.21)$$

式中，x_B 的坐标大于 x_A，所得到的面积为正。当移到 B 和 C 两个顶点时，可用同样的方法得到 $BCC'B'$ 和 $CDD'C'$ 的面积，面积也都为正。而对于面 $DD'E'E$ 而言，E 的 x 轴坐标比 D 小，所计算出的面积为负值。下半部分所形成的三个梯形都存在类似面积为负值的情况。在这种情况下，可先计算大区域面积 $ABB'A'$、$BCC'B'$ 和 $CDD'C'$，再计算下半部所围成的三个梯形的面积：$DD'E'E$、$EE'F'F$ 和 $FF'A'A$，这三个梯形面积为负值，是从总的区域中被减去的面积。多边形 $ABCDEF$ 的面积即总的面积减去三个梯形的面积，其计算公式如下：

$$S_A = \sum_{i=1}^{n} (x_{i+1} - x_i)(y_{i+1} + y_i)/2 \qquad (3.22)$$

其中，(x_i, y_i) 为从第一个顶点 (x_1, y_1) 开始，沿顺时针方向的第 i 个顶点的坐标，这是数值积分的梯形准则，在封闭图形面积量算中比较常用。该算法在多边形有孔的条件下也适用，但不是对所有的多边形都适用，因为它不能处理多边形的边界自交叉。应该注意的一点是如果多边形坐标以逆时针序列存储,所得到的面积应该是负的,所以该方法依赖于特定的数据结构。

然而上述方法只能计算有存储顶点的多边形的面积。严格来说,这种方法计算的结果只是真实面积的一个估算值,其结果的准确性依赖于存储的顶点坐标是否能真正代表区域的轮廓,即取决于输入数据的分辨率。地理空间目标的形态通常不是简单的复合图形,如起伏的山体、形状不规则的湖泊等。

在栅格数据结构中,某一区域的面积为这一区域占据的像元数乘以像元的面积,如图3.16所示。

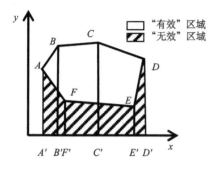

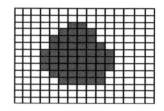

图 3.15　顶点坐标多边形面积量算　　　　图 3.16　栅格形式的面积表达

矢量数据结构中,图形的面积都是分为单个部分进行数字化计算得到的。数字化时,通常设定一个专用代码标识多边形或线。当每一组线段单元被数字化后,GIS 软件将决定该线段所产生的简单几何形状,接着计算这些形状的面积,最后计算所得到的面积总和即为最终多边形面积。

3.1.6　体积量测

体积通常是指空间曲面与一基准平面之间的容积,它的计算方法由于空间曲面的不同而不同。形状规则的空间实体体积量测较容易,如长方体、圆柱体、圆锥体等,一些能分解成简单形体的空间实体体积量测也较容易。以北方常见的平房为例,它的主体是一个长方体,房顶可以看做是一个三棱体,烟囱可以看做是圆柱体,然后将各部分的体积值求和就可以知道整座房屋的体积。若空间实体的形状复杂,体积的量测也相应地变得复杂,如复杂山体的体积计算可以采用等值线法,将空间中高程 Z 值相等的点连接起来组成一维弧段,多组不同的一维曲面划分为一系列按特定方向展布的剖面,多组剖面可以构成对三维曲面的完备描述。

除了利用等值线法外,还可以利用三维欧氏空间中表达的空间曲面,结合曲面高度的均值来计算体积。其基本思想为以基准面积(三角形或正方形等)乘以格网点曲面高度的均值,得到基本格网的体积,各个基本格网的体积累积之和就是区域总体积。例如,天文学家对落到地面上的陨石求体积值,陨石的外形一般都是不规则的,可人为划分基准面,然后基于正方形格网和三角形格网等计算其体积。

(1)基于三角形格网的体积算法。图3.17所示为基于三角形格网的体积算法,其基本格网的体积为

$$v = S_A(h_1 + h_2 + h_3)/3 \qquad (3.23)$$

式中，S_A 为基底三角形格网 A 的面积。

（2）基于正方形格网的体积算法。图 3.18 所示为基于正方形格网的体积算法，其基本格网的体积为

$$v = S_A(h_1 + h_2 + h_3 + h_4)/4 \tag{3.24}$$

式中，S_A 为基底正方形格网 A 的面积。

大多数情况下，基准面是一水平面，其高度不是固定的。当高度上升时，空间曲面的高度可能低于基准平面，此时出现负的体积。在对地形数据进行处理时，当体积为正时，工程上称为"挖方"；体积为负时，称为"填方"。

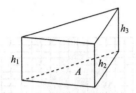

图 3.17　基于三角形格网的体积算法

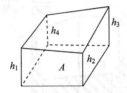

图 3.18　基于正方形格网的体积算法

3.2　地理空间形态量测

地理空间目标被抽象为点、线、面、体四大类，点状空间目标是零维空间体，没有任何空间形态；而线、面、体空间目标作为超零维的空间体，各自具有不同的几何形态，并且随着空间维数的增加其空间形态越加复杂。空间分析中需要通过空间量测获取空间目标具体、量化的形态信息，从而有效地反映空间目标的特征。

3.2.1　线状地物

很多地理空间目标以线状形态表现，其中有的是绝对线状，表现为面状目标物的轮廓线，如行政界限、事物边界线等；有的是非绝对线状，是线条形面状地物在小比例尺地图上的表现，如河流、铁路等。线状物体在形态上表现为直线和曲线两种，线状地物的形态主要指曲线的形态。

曲线的描述经常涉及两个参数，即曲率和弯曲度。曲率反映的是曲线的局部弯曲特征，线状地物的曲率定义为曲线切线方向角相对于弧长的转动率，设曲线的形式为 $y = f(x)$，则曲线上任意一点的曲率为

$$K = \frac{y''}{(1 + y'^2)^{3/2}} \tag{3.25}$$

为了反映曲线的整体弯曲特征，还需要计算曲线的平均曲率。曲率的应用不局限于抽象地描述曲线的弯曲程度，它还具有工程和管理等方面的意义，如河流的曲率将影响汛期河道的通畅状况，高速公路的修建需要一定的曲率，曲率的大小影响汽车的行驶速度和行程距离。

弯曲度（S）是描述曲线弯曲程度的另一个参数，是曲线长度（L）与曲线两端点线段长度（l）之比。用公式表示为

$$S = L/l \tag{3.26}$$

实际应用中，弯曲度 S 并不主要用来描述线状物体的弯曲程度，而是反映曲线的迂回特性。如在交通运输中，这种迂回特性不仅加大了运输成本，降低了运输效率，而且增加了运输系统的维护难度，因此，企业经济研究领域经常需要考虑这一参数。另外，在道路交通安全分析方面，曲线弯曲度的量测也具有重要意义。

3.2.2　面状地物

面状物体常见的规则形态有圆形、梯形、三角形、长方形等，但大多数空间面状物体表现为非规则的复杂形态，如湖泊的形状、城市的形状及山体的表面形状等，对于它们的描述需要从多个角度运用多种方法进行量测。

面状地物一般有二维形态，即其周边点之间的相对位置关系不随尺度的变化而变化。在地理学中其形态是许多感兴趣对象的基本属性，如冰丘、保护区、中央商业区等。面状地物形态在地理过程识别中有重要应用。在生态学中，特定栖息地的斑块形态对于识别在其周围所发生的事件有重要贡献。在城市研究中，传统的单中心城市形态特征与多中心扩张或当代世界的边缘城市的特征存在很大差异。

1. 简单的图形概括

复杂的面状物体有时需要用形状简单的图形对其概括描述，这些简单的图形包括最大内切圆、最小外接圆和最小凸包等。

栅格数据结构中，最大内切圆的计算要比在矢量数据结构中简单。计算的方法是先对多边形进行栅格化处理，然后通过欧氏距离的变换方法，对多边形进行变换，具有最大值的栅格即为最大内切圆的圆心，栅格的值为内切圆的半径。一般来说，内切圆并不一定唯一，如矩形区域的最大内切圆就有无穷多个。最大内切圆也可以通过以单位圆为结构元素的近似运算获得，但计算比较复杂。由于离散状态下单位圆的定义较困难，所以其计算结果不如距离变换方法精确。

最小外接圆可以应用于平面点集的分布形态分析。最小外接圆的算法，既可以用直接的计算方法，找出多边形的最小外接圆的圆心；也可以基于多边形的外凸壳，计算多边形的紧凑度、紧凑指数、凸度和凹度等指标。

图 3.19 表示了一个不规则的多边形的形态测量参数，如周长 P、面积 a、长轴 L_1、第二轴 L_2、最大内切圆半径 R_1 和最小外接圆半径 R_2。理论上，可以自由地把这些参数以任何合理的方式结合来描述地物的形态，虽然不是所有的组合都会产生一个好的指标。一个好的指标应该有一个已知值域范围且不依赖于所采用的测量单元，同时是无量纲的。

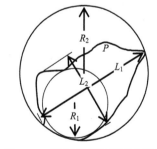

图 3.19　不规则多边形形态测量

一个类似的指标是紧凑率，用公式表示为

$$c = \sqrt{a / a_2} \qquad (3.27)$$

式中，a 为面状目标的面积；a_2 为具有相同周长（P）的圆形的面积。如果地理目标的形状是圆形，紧凑率 c 为 1.0。

2. 空间完整性

面状空间形态的复杂性有时候表现在面状目标的组合上，如在一片森林中有几小片灌木丛、大面积的玉米种植区内有几小块大豆种植区等。对这样的多边形形态进行量测时需要考虑两个方面：一是以空洞区域和碎片区域确定该区域的空间完整性；二是以多边形边界特征描述问题。

空间完整性是空洞区域内空洞数量的度量，通常使用欧拉函数量测。如前面提到的例子，整片玉米地中种植了一些大豆就形成了空洞区域，如果在这片区域内由于种植了大豆而使得玉米的种植区完全分离为小片，则称它为碎片区域。欧拉函数是关于碎片程度及空洞数量的一个数值量测法（图 3.20），用公式表示为

$$欧拉数＝空洞数－（碎片数－1）\tag{3.28}$$

对于图 3.20（a），欧拉数＝4－（1－1）或欧拉数＝4－0；对于图 3.20（b），欧拉数＝4－（2－1）＝3 或欧拉数＝4－1＝3；图 3.20（c）中，欧拉数＝5－（3－1）＝3。

(a) 欧拉数=4　　　　　(b) 欧拉数=3　　　　　(c) 欧拉数=3

图 3.20　欧拉数

3.3　空间分布计算与分析

在分析空间目标的特性时，除了将它们作为个体描述其几何形态和属性外，还要从宏观上把握它们在空间上的组合、排列和彼此间的相互关系等特征，即空间分布特征。空间分布研究主要涉及两个参数，即分布对象和分布区域。分布对象是指所研究的空间物体和对象，分布区域是指分布对象所占据的空间域和定义域。空间分布反映的是同类空间事物的群体定位信息，特定分布区域中的分布对象是单一性质的。空间分布是地理空间目标的一个重要特征，是许多应用研究必要的参数。

3.3.1　空间分布类型

由于划分依据与方法的不同，空间分布类型也有多种形式。Clark 和 Hosking 将空间分布划分为 7 个基本类型（表 3.1）。

表 3.1　Clark 和 Hosking 划分的空间分布的基本类型

	1	2	3	4	5	6	7
分布类型	沿线状要素的离散点	沿线状要素连续分布	面域上的离散点	线状分布	离散的面状分布	连续的面状分布	空间连续分布
举例	城市分布、火山分布	河流流速流量、高速公路车流量	城市分布	高速公路或河流沿线	草场分布、农田分布	人口普查区域、行政区划	地形、降水

郭仁忠在《空间分析》一书中，依据空间分布对象和空间分布区域的不同组合及分布对象在区域内分布方式的不同，将空间分布的类型概括为如表 3.2 所示的几种。

表 3.2　空间分布基本类型的划分

分布区域 ＼ 分布方式 ＼ 分布对象	点		线		面	
	离散	连续	离散	连续	离散	连续
线	江河里的船只、公路上的汽车、路旁分布的加油站	街道两旁的林荫树	河流上的防护堤坝、城市街道的林荫道、公汽路线	—	—	—
面	城镇的分布、火山的分布	降水	河网、交通网，地图上的边界线	污染的扩散、大气运动	湖泊的分布、居民区中楼房的分布	人口普查区域、行政区划

3.3.2　点模式的空间分布

点模式的空间分布是一种比较常见的现象，如不同区域内的人口、房屋、城市分布，油田区的油井分布等。通常，点模式中一系列点状目标的位置是其分析的重点。点模式的描述参数有分布密度、样方分析、分布中心、分布轴线和离散度等。描述点模式的最重要的方式之一是将其在地图上可视化。

1. 分布密度

分布密度是最简单、最常用的点模式空间分布描述方法。它是单位分布区域内分布对象的数量。粗略的点模式分布密度的计量可通过下式给出：

$$\hat{\lambda} = \frac{n}{a} = \frac{\#(S \in A)}{a}　　　　　　（3.29）$$

式中，$\hat{\lambda}$ 为估算的密度；$\#(S \in A)$ 为在研究区域 A 中以适当平方距离单位（如平方米或平方千米）发现的模式事件数量；n 为分布对象的计量；a 为分布区域的计量。一般对于分子的计算有这样几种可能：①分布对象发生频数的计算；②分布对象几何度量的计算，对点要素以频数计，对线和面分别以长度和面积计算；③分布对象的某种属性计算，如计算沿河流分布的城市人口数。作为分母的分布区域只能为线状和面状，分别计算其长度和面积。如图 3.21 所示，面积 a、4a、16a 和 64a 的分布对象数量分别为 2、2、5 和 10。如果 a 是单位面积（如 1km²），则其分布密度分别为 2.0、0.5、0.31 和 0.16。

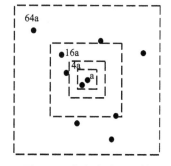

图 3.21　密度度量和计算

从分布密度中可以了解到点状空间对象的分布稀疏程度，如通过考察城市内不同区域中商业网点的分布密度，可以知道哪一区域是该城市的商业中心；通过获得某一区域内的蚁巢分布密度，可以知道该区域蚂蚁活跃程度及估算蚂蚁的数量。另外，对同一区域不同时期的点分布密度进行对比，可以掌握空间对象的分布变化和不同的分布机制。例如，在某一研究中发现随着城市经济的不断繁荣，城市人口密度或房屋密度将随时间的变化逐渐增大，而树木的密度将随树木老化、人为破坏及光照的降低而逐渐减小。

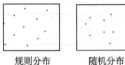

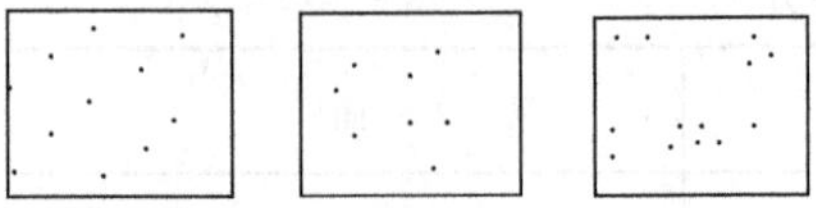

规则分布　　　随机分布　　　簇状分布

图 3.22　三种点模式分布类型

每种点模式都有特定的一套标准。如果某区域范围内每个较小子区域上的点密度都相等，称此模式为均匀分布模式；如果整个范围内的点都分布在等间隔的网格上，这种均匀分布模式称为规则分布模式；整个研究区内的点在随机位置上散布时，称为随机分布模式；当点成组地紧密排布时，称为簇状分布模式，如图 3.22 所示。

在这几种点模式分布类型中，均匀分布的研究没有太大意义，但对于不同均匀性程度的研究却有很大的意义，如在比较全国各省经济发展程度时，可能会用到特大城市、大城市、中等城市、小城市在各省城市数量中的密度。以密度值作为衡量各省经济发展程度的一个指标，有助于对各省经济发达程度作出恰当的评价。

2. 样方分析

样方分析是判断点模式分布类型的常用方法，其基本思想是通过空间上点分布密度的变化探索点空间分布模式。样方分析将研究区域划分为规则的正方形格网，每个格网单元称为研究区的样方，并假设每个样方存在的点数量大致相等。计算所有数据点数量与样方数量的比值，得到每个样方内平均点数量，如果它具备均匀分布特征，这个数值就是期望分布值。用 χ^2 数学检验法对这些数据进行估计，其公式表示为

$$\chi^2 = \sum (Q-E)^2 / E \tag{3.30}$$

式中，Q 为每个样方中实际点数量；E 为期望的分布值。χ^2 值越大，点均匀分布的可能性越小。

方差均值比率（variance-mean ratio，VMR）是一种根据样方进行分析的特定方法，是反映子区变化频率与每一样方内平均点数之间关系的指数，其值等于子区域中点数频率的方差除以子区域中的平均点数。若数值较大，表明呈簇状分布，也就是说，每个子区域中分布的点数与整个研究区中的子区域点数的平均值相差较大；若数值较小，说明呈均匀分布；数值适中则说明分布状态呈随机性。

3. 分布中心

在对地理事物空间分布的典型特征进行研究的过程中除了考虑密度、样方等分析方式外，分布中心也是一个重要参数，它可以概略表示点状分布对象的总体分布特征、中心位置、聚集程度等信息。例如，在区域经济特征分析中，分布中心对城镇、工业、商业的位置分析结果有深刻的影响，它在某种意义上代表了点状对象的空间位置。空间分布中心的研究对象可以是几何中心、加权平均中心、中位中心及极值中心等。点模式 S 的平均中心可通过下式给出：

$$\bar{s} = (\mu_x, \mu_y) = \left(\frac{\sum_{i=1}^{n} x_i}{n}, \frac{\sum_{i=1}^{n} y_i}{n} \right) \tag{3.31}$$

式中，$\bar{s}$ 为模式中所有点的相应坐标的平均中心点，该点与其模式的标准距离计算如下：

$$d = \sqrt{\frac{\sum_{i=1}^{n}\left(x_i - \mu_x\right)^2 + \left(y_i - \mu_y\right)^2}{n}} \qquad (3.32)$$

此距离与基本统计量中所定义的数据集的标准偏差是密切相关的。它提供了关于地理对象在其平均中心分散的衡量指标。地理事物的分布中心与其对应的距离构成点模式圆或椭圆，如图 3.23 所示。

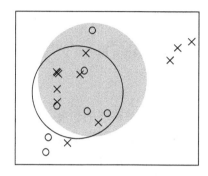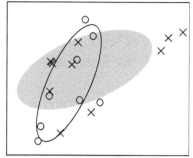

图 3.23 两种点模式下的分布圆

4. 分布轴线和离散度

离散点群在空间的分布趋势或走向可以用分布轴线来确定。分布轴线是一条拟合直线，描述了离散点群的总体走向，而点群相对于轴线的距离则反映了离散点群在点群走向上的离散程度。分布轴线的确定与点群相对于轴线的离散程度有关，点群相对于轴线的离散程度可以用三种不同的距离来度量：垂直距离 d_v、水平距离 d_h、直交距离 d_p（图 3.24）。

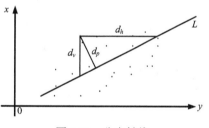

图 3.24 分布轴线

离散度是反映分布对象聚集程度的空间分布参数，它是分布中心和分布轴线的补充。在具有相同或相近的分布中心和分布密度的情况下，可以用不同的离散度来反映空间分布特性。离散度可以用平均距离、标准距离、极值距离、平均邻近距离来度量。当点群不集中分布于某一点（分布中心）时，如规则分布，或是随机分布，或是有几个分布中心，这样离散度的计算就失去意义。

3.3.3 线模式的空间分布

线要素在空间中的分布，有些是具体分布，有些是抽象分布，如常见的输电线路、供水管道、河流网、道路网等是具体的线体，而表示山体的等高线、表示温度变化的等温线等则是一种抽象的线体。由于线要素本身属于一维空间体，与点要素相比增加了长度和方向，因此其空间分布也较点状空间分布复杂，如图 3.25 所示。

1. 线密度

用某区域内线的长度之和除以该区域面积总和即可得到某一区域的线密度，单位可以是 m/m² 或 km/km² 等。GIS 空间分析中经常使用线密度，如对某一城市道路的发达程度进行分析时，需要知道道路网密度，即全市道路总长除以该市的面积；对某一地区的水域状况进行

图 3.25　线要素的空间表现

分支　　　　　　　　回路　　　　　　　　区划

分析时，需求出河网密度值等。在很多情况下，线密度值还用来与不同地区或相同地区不同时期的其他数值进行对比，得出所需的信息。

2. 最近邻分析

图 3.26　线要素的
最近邻距离

通常情况下，最近邻分析以线中点的位置来代替线，忽略线的长度，对各中心点进行最近邻统计。但是，线要素与点要素的区别在于线要素具有长度，若忽略长度进行分析就失去了线划要素的特有意义，不能反映线体本身的真实分布，因此对线要素可以采用线体随机取样分析，然后统计最近邻距离。具体方法为：①在地图每条线上选一个随机点；②用直线连接最近邻的两点，如图 3.26 所示；③量测这些连接线段的距离，计算出平均最近邻距离值；④进行检验以判断是否服从随机分布。

如果图层中的线十分弯曲，方向也不断变化，这种方法不适用。此外，应用这种方法的前提是线长度至少应是线间平均距离的 1.5 倍，如果图层中线划数目非常少，则用于最近邻分析中的密度估计值应乘上权重系数 $(n-1)/n$（n 是这种模式下的线划数目），因此该修正公式可以表示为

$$\text{密度估计值} = \frac{(n-1)L}{nA} \tag{3.33}$$

式中，L 为各线长度之和；A 为面积。修正后的线密度值提高了最近邻统计的精度。

3. 线状对象的定向

一维的线划要素具有方向性，分布在二维和三维空间上的线状对象同样具有方向性。如道路、冰川擦痕、防护林等都具有明显的方向性；对城市道路网进行规划的过程中除了考虑居民点作业区的分布、商业点的分布外，还要考虑人们的出行方向，才能更好地满足人们对道路的需求，尤其大城市的道路会有一些单行线，使道路的行驶成为不可逆状态，具有单向性，如图 3.27 所示。

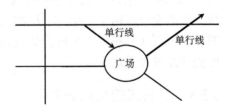

图 3.27　线状要素的方向

线状对象的方向一般用"风玫瑰图"分析，基本步骤为：①确定线划要素的分布中心；②以此中心为圆心画直线代表观测的线划要素；③进行矢量合成；④将合成矢量的坐标值除以线对象的总数。

4. 连通度

线状物体在空间中形成网络，因此研究线状物体之间的连通性极为重要。线状物体连通度是指线划要素在构成网络时的连接性及从一处到另一处的连通程度，它是对网络复杂性的

一种量度。例如，在一个旅游区中，从一个旅游景点到另一个旅游景点如不经过中转站就可直接到达，则该景区的连通度很高；反之，旅游区之间需经过很长的距离，且需经过多次中转，则该区域连通度相对较低。通常，使用 γ 指数和 α 指数来衡量线状物体的连通度。

γ 指数为给定空间网络结点连线数（L）与可能存在的所有连线数之比，即给定连线数与最大连线数的比值，用公式表示为

$$\gamma = \frac{L}{L_{\max}} \tag{3.34}$$

式中，γ 的取值范围为 0～1，当没有结点连接时为 0，当可能存在的所有结点连线实际都存在时为 1。该算法的关键是最大连线数的确定，在矢量 GIS 中容易实现，而在栅格 GIS 中实现较困难。

连通性并不能完全表征网络的特征，环路能提供结点之间可替代的路径，为从一点到另一点的路径提供了更多的选择。例如，要穿过一个城市，则该城市环城高速公路可能会避免交通堵塞。α 指数用于衡量环路性能，表示结点被交替路径连接的程度。其值为当前存在的环路数（L）与可能存在的最大环路数（$L_{\max}$）之比。用公式表示为

$$\alpha = \frac{L}{L_{\max}} \tag{3.35}$$

式中，α 的取值范围为 0～1，当网络中不存在环路时取 0，当实际环路数与最大环路数相等时为 1。α 指数是衡量连通性的一种替代。

α 指数与 γ 指数反映网络模式两个不同的方面，将 α 指数与 γ 指数结合起来可提供一个网络复杂性的综合度量值。这两个指数建立在拓扑结构基础上，因此在 GIS 中计算 α 值与 γ 值要求必须基于矢量 GIS 系统。

3.3.4　区域模式的空间分布

区域模式与点模式具有相似性，因此可利用点模式的一些研究方法来研究区域模式。如计算研究区域中多边形密度的方法：一种是与点模式完全相同的多边形数量密度；一种是与点模式稍微有差别的面积密度，它的方式是先求出多边形的面积，然后计算各类多边形的面积与研究区域总面积的比值，得出的结果是百分比而不是点模式的密度比。区域模式是一个二维空间分布，它具有零维和一维空间分布所不具有的信息，其分布模式主要包括离散区域分布和连续区域分布。

1. 离散区域分布模式

离散区域分布在地质地矿研究中比较常见，如金属矿、油气带分布等。离散区域分布，按照离散状态的不同分为簇状、分散状和随机状。扩展邻接法和洛伦兹曲线是研究离散区域分布的重要方法，本书重点介绍扩展邻接法。

扩展邻接法是连接边数的统计方法。由于二进制地图简单常用，且容易与其他类型地图进行转换，所以扩展邻接法主要分析二进制多边形地图，但该统计方法不局限于二进制地图。根据定义，一个连接边是指两个多边形共享的边或边界，通过计算多边形中连接边的数量并刻画每一个图层的连接结构，确定图形的分布状态。对于同质区，按二进制划分的多边形确定多边形的连接边数量；对于异质区，则分别按照同质、异质间的连接边数进

行统计，如果同质区多边形间的连接边数大于异质区多边形间的连接边数，则此分布为簇状分布。在矢量 GIS 中，每条公共边很容易被识别，也容易被统计，所以该方法在矢量 GIS 中容易实现。

连接边的期望模式、随机模式的获取和观测值的检验有两种方法：一种是自由取样法；一种是非自由取样法。在自由取样法中先假设能够确定同类中和两类间连接边的期望频率，然后把这些模式进行比较，观察它们的异同；非自由取样法则不需假设已知理论，也不以子区域与大区域连接边数的比较为基础，它是把连接边数与多边形随机模式连接边的估计值进行对比。

2. 连续区域分布模式

连续性意味着空间现象的分布与地面有紧密关联，连续区域分布在地图上常以等值线表示，在地形研究中常用岭、谷和坳等来表述。目前，连续区域分布已经涉及所有类型的等值线，如"人口密度面""土地价值面""降水量面"等。有些"面"并不是空间上连续的现象，但在空间分析时，可以用连续的等值线近似地模拟，以便从各种看起来杂乱的分布中寻找一般规律。

在连续区域分析中，高程曲线是一种常用的方法，它是一种积累曲线，以一个地区高于或低于不同高度的百分比表示，通常用于分析流域的空间分布状况。如图 3.28 所示的 Cocker Beck 和 Lathkill Dale 两个流域的等高线，按面积计算其在不同高度的百分比，并绘制成纵轴为绝对高度，横轴为累积百分比的统计图。从图 3.28 中可以看出，Lathkill Dale 有较大的高度，且该流域的绝大多数高度接近于最大高度；Cocker Beck 流域则居于无优势的高度。

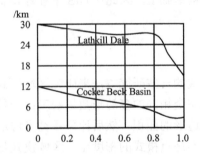
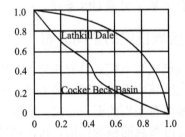

图 3.28　两个流域的高程曲线　　　　　图 3.29　相对高度的高程曲线

若把所有的高度都换算为相对高度（以流域最低点为基础），并把它们的值换算成与流域最大高度（绝对高度）的比值，使图中两条线的纵轴取等值，则更加便于比较。每条等高线的值由式（3.36）计算

$$l = (h - b) / (H - b) \qquad (3.36)$$

式中，h 为等高线的海拔高度；b 为流域中最低点的海拔高度（Lathkill Dale 是 153m）；H 为流域最高点的海拔高度（Lathkill Dale 是 305m）。因此，Lathkill Dale 244m 等高线表示为

$$(244 - 155) / (305 - 153) \approx 0.6$$

纵轴取值 0～1；横轴的比例尺是某一等高线以上的流域面积（a）与整个流域面积（A）之比，即 a / A，其取值范围也是 0～1（图 3.29）。

Cocker Beck 高程曲线近似一条直线，Lathkill Dale 则是一条外凸曲线。这并不是说后者的坡度都是凸坡，只不过 Lathkill Dale 流域地形与侵蚀基准面比较，没有达到 Cocker Beck 流域的发育程度。进一步，可以将每条高程曲线与坐标轴包围的面积作比较，这就是高程积分，通常以两坐标轴邻边所划分的小矩形面积之比来表示，每边长度为 10 单位，矩形面积为 100 平方单位。Lathkill Dale 曲线所占面积是 70 平方单位，Cocker Beck 曲线约占 50 平方单位，因此高程积分前者为 0.7，后者为 0.5。高程曲线与高程积分对描述流域综合状况非常有价值，也是对流域地形做比较的图像方法与数量指标。因此，高程曲线可以用来分析流域的发育阶段。

在其他连续区域分布现象分析中，如人口密度、地区平均产值等也经常用到高程曲线。另外，区域模式空间分布的度量包括隔离多边形的度量、多边形连通度的度量、多边形相互作用和多边形分散的度量等。

3.4　探索性空间数据分析

探索性空间数据分析（exploratory spatial data analysis，ESDA）是指利用统计学原理和图形图表相结合的方法对空间数据的性质进行分析、鉴别，探索数据结构和规律，用以引导确定性模型的结构和解法。探索性空间数据分析获得空间数据的基本特征，是进一步空间分析建模的前提。

3.4.1　探索性空间数据分析基本理论

1. 基本思想

探索性数据分析（exploratory data analysis，EDA）是 20 世纪后半叶在西方统计界兴起的一种统计分析方法，这种方法的基本思想是：①"让数据说话"，即先分析数据再建立模型；②不局限于方法的理论根据，不执著于一定要对方法的"不精确度"给一个数量的量度，而是以一种比较"松散"的、"非正式的"方式分析数据。探索性数据分析方法强调数据自身的价值，对数据自身的特点进行分析，加强数据的耐抗性。耐抗性是指数据基本不受数据中少部分异常数据的影响，分析的结果反映数据的本质内容。这一点是探索性数据分析与传统分析方法的重要区别。

探索性数据分析的整个操作步骤大体可以划分为两大阶段：探索阶段和证实阶段。探索性数据分析提供了各种详细考察一组数据的方法，它可以分离出数据的模式和特点，把它们有力地显示给分析者。通常分析者先对数据作探索性数据分析，然后才能有把握地选择结构分量或随机分量的模型。探索性数据分析还可以用来解释数据对于常见模型的意想不到的偏离。探索性方法的要点是灵活性，它既要灵活适应数据的结构，也要对后续分析步骤揭示的模式灵活反应。证实性数据分析评估观察到的模式或效应的再现性。传统的统计推断提供显著性或置信性陈述，证实性分析和它相近。但是，证实阶段通常还包括：①将其他与数据密切相关的信息结合进来；②通过收集和分析新数据确认结果。

2. 基本内容

探索性空间数据分析的内容包括以下几个方面：

（1）检查数据是否有错误：过大或过小的样点数据均有可能是异常值、影响点或错误数据。要找出这样的数据，并分析原因，然后决定是否从分析中删除这些数据。因为奇异值和影响点往往对分析的影响较大，不能真实地反映空间数据的总体特征。

（2）获得数据的分布特征：很多分析方法对数据分布有一定的要求，如很多检验就需要数据服从正态分布。因此检验数据是否符合正态分布，就决定了它们是否能用只对正态分布数据适用的分析方法。

（3）初步考察数据规律：初步观察获得数据的一些内部规律，如两个变量间是否线性相关等。

通过探索性空间数据分析，可以完成诸如观察数据的分布、寻找离群值、进行全局趋势分析，以及检测空间的自相关和方向变异等一系列任务。

3.4.2　探索性空间数据分析的可视化方法

探索性数据分析的重要特点是基于可视化，可视化即数据的各种图形表示。可视化是以图形的形式将数据特征展示给观察者，即使观察者对数据不熟悉。数据的可视化是数据与图形参数交互的过程，包括图形的构造和数据的拟合两方面。计算机技术的快速发展丰富了数据可视化的形式。即使不是统计学家、不具有学科领域知识也能够通过操作可视化的方法、分析可视化的结果来获得对数据深刻的理解。因此可视化在探索性数据方面非常重要。

数据可视化的第一步是决定图形中要显示的内容，特别是决定需要构建什么类型的地图；第二步是指为了探索数据，如何处理单个图及如何组织多个图，这取决于数据探索的任务。ESDA 中常用的图形有多种形式，对于单变量数据，可以用直方图、茎叶图、箱线图、Q-Q 图、半变异/协方差函数云图；对多变量数据则可以用散点图、符号图（复杂的符号）等。

1. 直方图

直方图是一种适用于对大量样点数据进行整理加工，找出其统计规律，即分析数据分布的形态，以便对其总体分布特征进行推断的方法。主要图形为直角坐标系中若干顺序排列的矩形，各矩形底边相等且作为数据区间，矩形的高为数据落入各相应区间的频数。直方图可以很方便地描述数据中单变量（一个变量）的特征，并可得到感兴趣数据集的频率分布特征及一些概括性的统计指标。

直方图方法中有两个重要的参数：频率分布和概括性的统计指标。频率分布是显示观测值落在一定区间中的频率的一种柱状图；概括性的统计指标则指某种分布的重要特征可以通过一些描述它的位置、分布和形状的统计指标来概括性地表达。位置指标提供该分布中心及其他部分的位置信息：均值是数据的算术平均值，反映该分布的中心位置；中值是描述分布中心的另一种数字特征，中值相当于累积比例的 1/2 倍，如果数据是按递增次序排列的，则50% 的值将小于中值，而另 50% 的值将大于中值。分布指标包括方差和标准差，数据的方差是所有观测值与均值的平方离差的均值；标准差是方差的平方根，它描述数据相对于均值的分布特征，其量度单位与原测量单位相同。方差越小，标准差也越小，表明数据相对于均值的分布越集中。形状指标可通过偏斜系数和峰度来刻画。偏斜系数（也称偏度）用来描述分布的对称性。对于对称分布来说，偏斜系数为 0；图 3.30 是一个正偏斜分布曲线。峰度是基于某种分布曲线的拖尾规模，用来描述这种分布产生离群值可能性大小的指标。正态分布的峰度为 3；具有相对肥尾的分布称为"尖顶峰度"分布，其峰度大于 3；具有相对瘦尾的分布称为"低峰态"分布，其峰度小于 3，如图 3.31 所示。

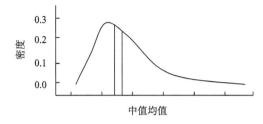

图 3.30 典型的正偏斜分布曲线

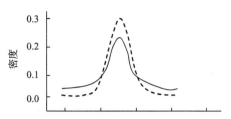

图 3.31 正态分布（实线）与尖顶峰度（虚线）分布曲线

2. 茎叶图

茎叶图和直方图都是表示数据分布的图形，在表达数据分布特征方面有许多共同点：数据分布的对称性、集中性、分散性，以及异常数据的存在性等。由于茎叶图使用的是数据值本身，而不是直方图那样的面积，因此茎叶图能够更为细致地表现出数据分布的结构。

茎叶图比较容易绘制，且其已完成了数据排序等工作，很容易求出中位数和其他总体统计量。茎叶图可以方便地获取数据在每个区间中的分布特征。但茎叶图没有固定的获取方式，具体的茎叶图是分析者和图形交互获得的，且选择区间的个数和区间长度等茎叶图的关键指标也是因人而异的。图 3.32 是茎叶图的一个例子。

在图 3.32 中，对于表中的每个数值，将其分为茎和叶两个部分，其中茎宽度为 1，叶宽度为 0.1（可以定义为其他大小），例如，第一个数值 1.2 就可以表示为 1|2，茎为 1，叶为 2。

数值	茎叶
1.2	1 | 2

数值		茎叶					
1.2	1.3	1	2	3			
2.1	3.9	2	1				
4.3	4.7	3	9				
4.8	6.1	4	3	7	8		
6.2	6.5	6	1	2	5	6	7
6.6	6.7	8	3				
8.3	9.0	9	0	4	5		
9.4	9.5						

图 3.32 茎叶图

3. 箱线图

箱线图是一种综合考虑数据中位数、分位数、极值、异常数据和极端数据的描述数据分布的技术。图 3.33 是箱线图的一个示例，可以看出箱线图主要由上下分位数、中位数、极差、异常数据和极端数据五部分组成。

分位数是一种利用数据为序描述数据特征的统计量，加入有 n 个为序的统计量，p 是 $0 \sim 1$ 的一个数值（$0 \leqslant p < 1$），则 p 分位数定义为

$$Q_p = \begin{cases} a_{([np]+1)} & np\text{不为整数} \\ \dfrac{1}{2}\left(a_{(np)} + a_{(np+1)}\right) & np\text{为整数} \end{cases} \qquad (3.37)$$

式中，$[np]$ 为 $n \cdot p$ 的整数部分；a 的下标表示位序。最常用的是四分之三分位数和四分之一分位数，又分别称为上、下四分位数。

中位数是将数据按照从小到大的顺序排列后位于中间位置的数，是分位数的特殊形式，即二分之一分位数。

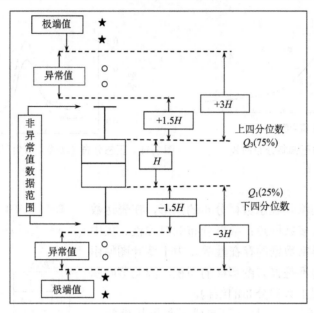

图 3.33　箱线图

$$M = \begin{cases} a_{\frac{n+1}{2}} & n为奇数 \\ \frac{1}{2}\left(a_{\frac{n}{2}} + a_{\frac{n}{2}+1}\right) & n为偶数 \end{cases} \tag{3.38}$$

中位数具有稳健性，虽然数据中的最大值或最小值能够影响均值，但是很少能影响中位数。中位数描述了数据的集中性。

上、下四分位数之间的差值称为半极差或四分位极差，记为 H：

$$H = Q_3 - Q_1 \tag{3.39}$$

极差是度量数据分散性的重要统计量，特别是对于具有异常值的数据，用它测度数据的分散性具有稳健性特征。

异常数据是产生均值不稳健的原因，判别一个数据列中的数据是否为异常值，需要一个标准，探索性数据分析技术给出了一种简单的判别方法。记 A_1、A_3 分别为异常数据的下、上截断点，则

$$A_1 = Q_1 - 1.5H, \quad A_3 = Q_3 + 1.5H$$

即非异常数据的分布区间为

$$(A_1, A_3) = (Q_1 - 1.5H, Q_3 + 1.5H)$$

数据列中的数据如果大于截断点都是异常数据。异常数据的分布区间分别为

$$(x_{min}, Q_1 - 1.5H), (x_{max}, Q_3 + 1.5H)$$

在异常数据中还可进一步地分离出极端数据，分布区间为

$$(x_{min}, Q_1 - 3H), (x_{max}, Q_3 + 3H)$$

4. 散点图

散点图是表示两个变量或者两个要素之间关系的统计图，也称为相关图，用于分析两个

变量之间的相关关系。散点图的绘制非常简单，就是将两个变量的坐标点对 (x, y) 画在坐标平面上，从而分析两个变量的相关关系，并且通过线性回归拟合建立两个变量之间的相关方程。因此，散点图在分析两个变量之间的关系、判断异常点及数据的分类等方面具有重要的作用。

散点图对于可视化地展示不同数据类型的差异非常有效。例如，几组 (x, y) 样本数量、均值、平方和、回归平方和、残差平方和、标准差、回归系数、回归方程等统计特征均基本一致的数据在散点图中却可能表现出很大的差异。

异常数据一般是数据中较少的、非典型的数据，在数据的分析中要特别关注，因为异常数据虽少却可能因此出现错误的结果或者判断。异常数据可能对线性方程的斜率和数据的相关系数产生重大影响，甚至导致虚假的关系。因此，在建立回归模型之前需要通过散点图特征对数据进行探索性分析，剔除异常数据，寻找更为合理的关系或模式。需要注意的是，如果样本的规模相对较小，是否包含异常数据不易被观察到，需要仔细判断数据是否异常，否则会影响分析结果。

5. Q-Q 图

Q-Q 概率图是根据变量分布的分位数对所指定的理论分布分位数绘制的图形。它是一种用来检验样点数据分布的统计图，如果被检验的样点数据符合所指定的分布，则代表样点的点簇在一条直线上。

Q-Q 概率图分为两种类型：正态概率图（normal probability plots）和反趋势正态概率图（detrended normal probability plots）。正态概率图（图 3.34）中的点由数据中的每一个样点数据（X 轴坐标值）与其正态分布的期望值（Y 轴坐标值）所组成。这些点落在斜线上的越多，则说明数据的分布就越接近正态。如果被检验变量值的分布与已知分布基本相同，那么在 Q-Q 概率图中的散点应该围绕在一条斜线的周围；如果两种分布完全相同，那么在 Q-Q 概率图中的点应该与斜线重合。反趋势正态概率图（图 3.35）纵轴表示的是差值，该图描述在正态概率图中各点偏离正态直线的偏差。如果数据呈现正态分布的特点，那么这些点应该随机地聚集在一条通过零点的水平直线周围。

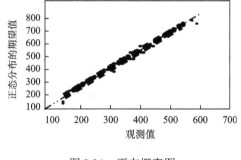

图 3.34　正态概率图

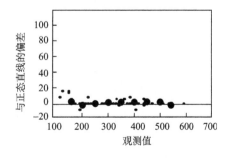

图 3.35　反趋势正态概率图

6. 半变异/协方差函数云图

半变异/协方差函数表示的是数据集中所有样点对的理论半变异值和协方差，把它们用两点间距离函数来表示，并以此函数作图，称为半变异/协方差函数云图（图 3.36）。

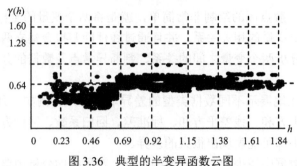

图 3.36　典型的半变异函数云图

引入半变异/协方差函数云图的目的是探索和量化空间相关性，也叫做空间自相关。空间自相关量化的假设条件是距离相近的事物比距离远的事物具有更大的相似性，那些距离较远的样点对将具有更大的相异性和较高的方差。

7. 正交协方差函数云图

正交协方差函数表示的是两个数据集中所有样点对的理论正交协方差，把它们用两点间距离的函数来表示，并以此函数作图，称为正交协方差函数云图。

正交协方差函数云图可用来检验两个数据集的空间关联性的局部特征，并可查找两个数据集间关联性的空间变化情况。正交协方差函数云图如图 3.37 所示。

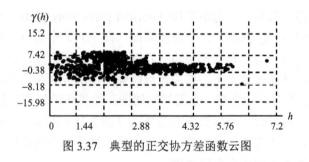

图 3.37　典型的正交协方差函数云图

8. 趋势分析三维散点图

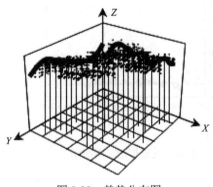

图 3.38　趋势分布图

样点的位置可以在 X、Y 平面上来表示，对于感兴趣的属性值，则可通过垂直方向上的 Z 轴来表示，构成三维视图（图 3.38）。在进行趋势分析时，将 Z 轴数据值分别投影到 X、Z 平面和 Y、Z 平面作散点图，这也可以被看做是三维数据的侧视图，然后用多项式来拟合投影平面上的散点图。如果经过投影后的曲线是平直的，表明没有趋势；如果多项式有确定的形式，如呈上升趋势的曲线模式，则表明数据中存在全局趋势。

为了分析数据中的全局趋势，检查在投影平面上是否有一条非平直的曲线。如果数据中存在着全局趋势，可以使用某种确定性内插方法（如全局多项式或局部多项式）来生成一个表面，或者通过半变异函数/协方差函数的克里金模型来剔除全局趋势。

如果能识别和量化全局趋势,那么就能对数据作更深入的了解,从而作出更好的决策。目前,先进的 GIS 系统软件所提供的探索性空间数据分析工具能很好地协助完成这个任务。

3.4.3　探索性空间数据分析的数学方法

1. 平滑方法

等值区域制图是对区域数据进行地图平滑的一种简单形式,区域数据的平滑度取决于对数据所划分的类别数量。等值区域图通过将数值划分为类别,压缩数据的变化,从而实现数据的平滑处理。这相当于减少了数据测度的等级数,由区间值或比率值降低为序数级别。

常用的平滑方法有简单均值和中值平滑、基于距离加权平滑等。

2. 聚类方法

空间聚类分析是依据某种数学方法或准则对空间数据对象集按照相似性或者差异性指标进行分类,同一类别中的对象之间具有较高的相似度,不同的子类之间差别较大。其基本思想是对进行分类的个体之间定义一种能够反映各个个体之间亲疏程度的度量,然后以这些度量为依据,将一些相似程度较大的个体聚为一类,将另一些相似程度大的个体聚为另一类,直到把所有的类别聚合起来,形成一个由小到大的分类系统。空间聚类分析方法是地理学中研究地理事物分类问题和地理分区问题的数量分析方法。

空间聚类分析是一个非监督分类的过程。根据聚类分析的基本思想,发展了许多聚类分析的方法,这些方法大致上可以归纳为三大类:①聚合法,先设各个点自成一类,然后将距离最近的逐步合并,使类别越来越少,达到一个适当的分类数目为止。②分解法,先将所有点合成一类,然后逐步分解,使类别越来越多,达到一个适当的分类数目为止。③判别法,先确定若干聚类中心,然后逐点比较以确定样本点的归宿。聚类分析在很多领域都有重要应用。除了地学领域,聚类分析在通信、医学、农业等领域也发挥着重要作用。

3. 主成分分析方法

随着数据采集技术的不断提高,数据来源不断增多,能够获取的空间数据越来越多,涉及的要素也越来越多,但是这些数据和要素之间往往是互相关联的,即具有空间相关性。例如,有 n 个要素,但是有效的要素量往往远小于 n,因为彼此靠近的要素或者数据点可能携带了重复或者相似的信息。因此有必要在尽量不丢失有效信息的前提下提取重要的要素、消除冗余信息,从而实现数据的压缩和信息的增强。主成分分析即是一种提炼数据重要分析的统计分析方法。主成分分析的基本思想是:对空间变量进行统计分析,寻找一个变换,将原来存在相关关系的一组变量变换成一组互不相关的变量,然后根据新变量方差的大小和在所有方差变量的综合中所占份额的大小,将变量分为第一主成分、第二主成分等,新生成的前三个主成分基本上包含了原变量集95%以上的信息量,根据所需要的信息删除一些变量,即以损失少量信息为代价换取变量个数的减少。

3.4.4　探索性空间数据分析的应用

探索性空间数据分析是一种图形化的数据分析方式。通过它可以完成诸如观察数据的分布、寻找离群值、进行全局趋势分析及检测空间自相关和方向变异等任务。

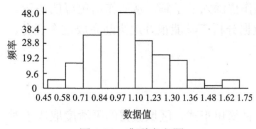

图 3.39 典型直方图

1. 检验数据分布

用直方图或 Q-Q 概率图可以很直观地检验数据分布的形状。在直方图中通过观察均值和中值，可以确定分布的中心。图 3.39 中直方图的形状像钟形，由于它的均值和中值非常接近，因此这个分布近似于正态分布。

如果数据高度偏斜，可以尝试数据变换后的结果，有探索性空间数据分析工具的 GIS 系统中提供了许多数据变换方法，如常见的幂变换、对数变换、反正弦变换等。

在数据分析过程中，偏离直线的那部分数据有可能就是感兴趣的数据。同样在分析研究过程中，可以引入各种数据变换，从而有利于数据规律的发现。

2. 寻找离群值

研究过程中，识别离群值是极为重要的，因为如果离群值是该现象的真实异常值，这个点可能就是研究和理解这个现象的最重要的点；而如果离群值是由数据输入的明显错误引起的，在生成预测表面之前，它们就需要改正或剔除，否则离群值可能引起多方面的有害影响，包括影响半变异建模和邻域的取值。

寻找离群值的方法有很多，实际工作中经常用到的有以下两种：用直方图查找离群值及用半变异／协方差函数云图识别离群值。

以用半变异／协方差函数云图识别离群值为例。如果数据集中有一个具有异常高值的离群值，与这个离群值形成的所有样点对，无论距离远近，在半变异函数云图中都具有很高的值。这可以在半变异函数云图中识别出来（图 3.40）。图中这些点分为两层，上面一层的点都由同一个离群值的样点对引起，而下面的一层则形成于其他各点。相同的数据特征，从直方图中也可以看出来（图 3.41），在直方图右侧尾部有一个高值，被识别为全局离群值。这样的值可能是输入错误引起的，应当剔除或修正。

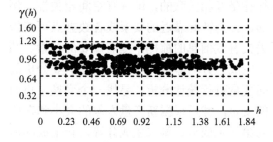

图 3.40 用半变异云图寻找全局离群值

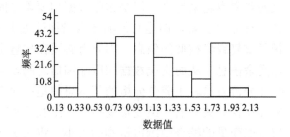

图 3.41 用直方图寻找全局离群值

如果存在一个局部离群值，那么这个值虽不会超出整个分布范围，但与周围的值相比将会有显著的不同。从图 3.42 中可以看出有一组点靠得很近且具有一个很高的半变异，那么这个点就有可能是局部离群值，需要结合实际情况对它作进一步的研究。

3. 全局趋势分析

预测表面主要由两部分组成，即确定的全局趋势和随机的短程变异。全局趋势有时也被看作确定的均值结构；随机短程变异有时也称为随机误差，由空间自相关和块金效应构成。

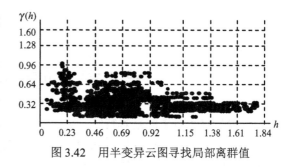

图 3.42　用半变异云图寻找局部离群值

一旦确定了数据中存在的全局趋势，就可以确定如何用模型来拟合它。如果仅是为了模拟全局趋势并生成一个光滑的表面，可以选用全局或局部多项式内插法来生成这个表面；如果希望用空间局部插值法分析并表达趋势，用模型模拟剩余的部分即短程随机变异，那么进行全局趋势分析就很重要了。在空间统计分析中剔除趋势的主要原因是满足平稳假设，如果在空间统计分析方法中剔除了全局趋势，用模型来模拟剩余的部分即短程随机变异，那么为了获得合理的预测结果，必须将全局趋势再还原回去。

如果将数据分解成全局趋势与短程变异，可以假设全局趋势是确定的，而短程变异是随机的。随机意味着不可预测，它也服从邻域相关-自相关性的概率原则。最终的预测表面是确定的和随机的表面总和。如果能识别和量化全局趋势，那么就能对数据作更深入的了解，从而作出更好的决策。

趋势分析工具能将研究区域平面图上的点转化为以感兴趣的属性值为高度的三维视图，然后将这些点按两个方向投影到与地图平面正交的平面上，每个方向用一个多项式曲线来拟合。如果通过投影点的曲线是平直的，表明没有趋势；如果多项式有确定的形式，如呈上升趋势的曲线模式，则表明数据中存在着全局趋势。

复习思考题

1. 如何描述空间对象的空间位置？矢量数据结构和栅格数据结构中的位置描述有何区别？

2. 举例说明空间对象中心和重心量测的意义。

3. 空间距离度量有哪些形式？举例说明不同的距离度量适用于哪些情况？

4. 简述矢量数据和栅格数据长度量测的差异。

5. 试述曲线形态描述在实际中的应用。

6. 面状地物形态描述的参数有哪些？试举例说明不同参数的应用。

7. 如何定义空间分布？空间分布的类型有哪些？分别有什么特点？

8. 点模式和线模式的描述参数有哪些？

9. 举例说明点模式空间分布现象。哪些方法可用于描述点模式空间分布特征？

10. 简述离散区域和连续区域的空间分布描述方法。

11. 什么是探索性空间数据分析？探索性空间数据分析有何意义？

12. 探索性空间数据分析常用的可视化方法包括哪些？需要注意和解决哪些问题？

13. 探索性空间数据分析的数学方法有哪些？这些方法的核心思想是什么？

第4章　位置与几何关系分析

位置是空间对象的基本特征，矢量叠加分析、地图代数、选址分析等经典 GIS 空间分析方法都是基于位置特征分析方法的代表。空间几何关系分析主要是对空间目标之间由位置、形状、方位、连通性和相似性等基本几何特征所引起或决定的关系进行研究。邻近分析用于描述地理空间中目标之间距离相近的程度，确定目标对其周围地物的影响范围。叠加分析通过空间目标的图形、属性叠加，揭示要素现象的内在联系和发展规律。地理空间网络的状态、各类资源在网络上的流动和分配状况可以通过网络分析进行模拟和评价，进而实现网络结构及其资源分配的优化。

4.1　邻　近　分　析

邻近分析主要表达地理空间中目标地物距离相近的程度，可用于查找设定距离或行程范围内的邻近要素，描述地理要素提供服务的范围或对周围环境产生影响的范围。例如，建造一条铁路，需考虑铁路的宽度及铁路两侧所保留的安全带，以计算铁路实际占用的空间；公共设施如商场、邮局、银行、医院、学校等需要根据其服务范围选址；对于一个有噪声污染的工厂，需要根据其污染影响范围确定选址及防护措施；任意地理位置的气象数据需要通过选取附近气象站数据来参考和替代。诸如此类的问题都需要度量地理要素与周围环境的距离关系，或者说都需要度量地理要素与其邻近地理要素之间的关系，皆属于邻近分析。

以距离关系为基础的邻近分析是 GIS 空间几何关系分析的一种重要方法。距离是空间几何关系中内容最丰富的一种关系，使用直线距离（如缓冲区分析），测量网络上的距离或成本（网络分析），计算通过地理表面上的成本，都是对空间目标邻近程度的表达与分析。GIS 中比较成熟的泰森多边形分析，也是利用不同的距离参数，完成对地理要素间的邻近分析。

4.1.1　距离变换

距离是空间的一种尺度。对地理要素之间距离的量测是邻近度分析的基础，也是描述空间几何关系的重要指标之一。两个地理要素之间的距离取决于其位置，也与两者之间的路径有关，并受交通工具和实际环境的影响。仅考虑地理要素之间空间位置差异的距离是自然距离，包括曼哈顿距离、欧氏距离、大地线距离等。若考虑路径结构、通行难度、环境因素，则还包括时间距离、成本距离、条件距离等，此类距离可统称为函数距离。

1. 距离的类型

1）欧氏距离

欧氏距离能够保持坐标轴平移或旋转后的不变性，二维空间的欧氏距离可用式（4.1）计算。

$$D_E=[(X_2-X_1)^2+(Y_2-Y_1)^2]^{1/2} \tag{4.1}$$

式中，D_E 为（X_1，Y_1）和（X_2，Y_2）两点间的欧氏距离。

2）曼哈顿距离

曼哈顿距离是指平面上两点 x 方向和 y 方向距离之和，如式（4.2）所示。曼哈顿距离也称为出租车距离，适用于描述城市中矩形街区的结构。

$$D_M=|X_2-X_1|+|Y_2-Y_1| \tag{4.2}$$

式中，D_M 为（X_1，Y_1）和（X_2，Y_2）两点间的曼哈顿距离。

3）棋盘距离

棋盘距离源自国际象棋中任一点的八方向均算作同样的一步。平面上两点间 x 方向距离与 y 方向距离较大者称为棋盘距离，如式（4.3）所示。

$$D_C=\max\{|X_2-X_1|,|Y_2-Y_1|\} \tag{4.3}$$

式中，D_C 为（X_1，Y_1）和（X_2，Y_2）两点间的棋盘距离。

4）时差距离

时差距离是平面上两点 x 方向距离，当 x 为经度时，该距离代表时差，如式（4.4）所示。

$$D_T=|X_2-X_1| \tag{4.4}$$

式中，D_T 为（X_1，Y_1）和（X_2，Y_2）两点间的时差距离。

5）大地线距离

大地线距离也称大圆距离，是指两个地理要素在旋转椭球面上的最短距离。大地线也称短程线或测地线，是椭球面上的一条三维曲线。而前文所述的曼哈顿距离、欧氏距离等均为二维距离。显然，两点之间投影后的欧氏距离与大地线距离存在一定的偏差。

6）栅格距离

栅格数据的距离是量测一个像元中心到另一个像元中心的距离，其测量精度受像元大小影响。栅格数据中距离的计算主要采用数学形态学和地图代数的方法。

2. 距离变换的基本问题

对地理要素进行距离分析通常用于解决以下两种基本问题。

1）邻近要素的查找问题

计算任一空间点或者全部空间点到最近地理要素的距离问题，可以用于分析两组地理要素间的邻近关系。例如，通过商业网点的位置（如快餐店、电影院、服装店等）与市容卫生问题出现的位置（如打碎的窗玻璃、果皮纸屑等丢弃物、墙面随意涂鸦等）之间的距离关系的计算，并汇总统计数字，可以获得商业类型与市容卫生问题之间的相关特征，从而提出市容卫生问题的解决策略。再如，利用家庭住址和医疗机构之间的点距离计算，可以评估医疗服务的地理可达性。

邻近要素的查找问题可以通过距离计算实现，距离计算包括最近距离、范围内距离两种。

最近距离是从源数据集中的点对象出发，根据设置的查询范围，计算查询范围内邻近对象与源对象之间的距离，并记录距离最近的一个或多个对象和距离值（图 4.1）。在进行最近距离计算时，可以设置距离计算的最小或最大距离值，单位与数据集单位一致。设置最小、最大距离后，只有与源数据集点对象距离大于（或等于）最小距离、小于（或等于）最大距离的邻近对象参与计算。在进行计算时，如果邻近数据中含有多个对象到源数据集点对象的距离相等，则会输出所有距离相同的对象。最近距离计算可以不设置最大最小范围，这种情形下，将计算整个数据集地理范围内所有的对象。范围内距离是从源数据集中的每一个点对象出发，计算每个邻近对象与源对象之间的距离，并根据设置的查询范围，输出距离在最大最小范围内的所有对象和距离值（图 4.2）。设定范围内距离计算需设置最小、最大距离值，单位与数据集单位一致。

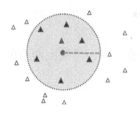

图 4.1　最近距离计算

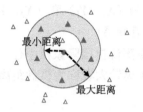

图 4.2　设定范围内的距离计算

● 源点；▲ 与源点距离最近的点；△ 未参与最近距离计算的点；　　　　● 源点；▲ 距离范围内的点对象；△ 未参与计算的邻近点

▲ 参与最近距离计算的点；- - - 搜索半径

　　将空间点要素扩展为线或面要素，邻近分析还可以用于查找与某一类地理要素最近的其他相关地理要素（点、线或面）。例如，分析河流邻近的垃圾清运站的分布情况（图 4.3），查找距离一组野生动物观测站最近的河流或距离旅游景区最近的公交车站。

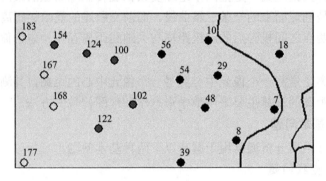

图 4.3　线要素的邻近分析

2）等距点的轨迹问题

　　等距点的轨迹问题在空间分析中广泛存在。缓冲区分析本质上就是等距点的轨迹问题。地理空间的点、线、面要素之间的等距点轨迹按照要素的影响范围划分了整个二维平面，这个影响范围就是 Voronoi 图。Voronoi 结构是空间要素集自身所具有的属性，是一种在自然界中普遍存在的描述空间要素间距离相互作用的结构，由俄国数学家 Voronoi 于 1908 年发现并命名。Voronoi 结构实现了对空间的无缝划分，给出了地理要素与空间之间的相互联系与作用。它既可以用于邻近关系的查询，也是障碍空间上的优良的广义内插方法。等距点轨迹也是地理要素的广义对称轴线，地理要素外部的等距点轨迹是地理要素间的对称轴，而地理要素内部的等距点轨迹则可以看做是内部构件的对称轴。

4.1.2　缓冲区分析

　　缓冲区分析是典型的以距离变换为基础的空间分析方法，通过围绕一组或一类地理要素建立一定范围的邻近多边形（称为缓冲区）描述地理要素的影响范围，并将缓冲区图层与其他要素图层进行叠加分析，从而分析不同地理特征的邻近性或空间影响度。例如，为了防止水土流失，要在河流两岸规划出一定的范围禁止砍伐树木（图 4.4）；为修建铁路，铁道沿线应划出一定范围的隔离带，不能修建任何建筑。

缓冲区本质上由地理要素以缓冲半径而形成的等距点轨迹围成，地理要素的缓冲区内部的点到空间对象本身的距离都小于等于缓冲区半径。缓冲区直观地表达了地理要素的影响范围，作为一个独立的数据层可以参与叠加分析和空间查询，常应用于道路、河流、居民点、工厂（污染源）等生产生活设施的空间影响分析，为解决道路修整、居民区拆迁、污染范围确定等实际问题提供了科学依据。例如，城市中对道路进行拓宽改造，运用缓冲区分析方法很容易知道哪些单位和居民为应搬迁的对象（图 4.5）。空间数据的结构化处理也需要递归地执行缓冲区操作，如河网树结构的自动建立、山脊线与谷底线的结构化等。结合不同的专业模型，缓冲区分析将发挥更大的作用。例如，利用缓冲区分析和相邻缓冲区的景观结构总体变异系数方法对自然保护区进行自然景观和人为影响景观的分割研究。在虚拟军事演练系统中，缓冲区分析方法是对雷达群的合成探测范围和干扰效果进行研究的一种非常有效的手段。

图 4.4 河流两岸的禁止砍伐区

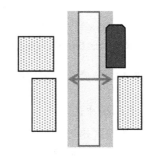

图 4.5 道路拓宽涉及拆迁的建筑

1. 缓冲区的概念

缓冲区是指为了识别某一地理要素或空间物体对其周围地物的影响度而在其周围建立的具有一定宽度的带状区域。新建立的带状区域（多边形）就称为缓冲区，应该注意的是，缓冲区并不包括原来的地理要素。

从数学的角度看，缓冲区就是给定一个空间对象或集合，由邻域半径 R 确定其邻域的大小，因此对象 O_i 的缓冲区定义为

$$B_i = \{x | d\,(x, O_i) \leqslant R\}, \tag{4.5}$$

式中，B_i 为距 O_i 的距离小于等于 R 的全部点的集合，也就是对象 O_i 的半径为 R 的缓冲区；d 为最小欧氏距离，但也可以为其他定义的距离，如网络距离、时间距离等。

对于对象集合 $O = \{O_i | i = 1, 2, \cdots, n\}$，其半径为 R 的缓冲区是各个对象缓冲区的并集，即

$$B = \bigcup_{i=1}^{n} B_i \tag{4.6}$$

2. 缓冲区的形态

缓冲区分析通常是指矢量数据的缓冲区分析，因此缓冲区的形态可以分为点、线和面三种基本形态。

1）点要素的缓冲区

点要素的缓冲区是以点要素为圆心，以缓冲距离 R 为半径的圆。当不同点要素的缓冲区出现重叠时，可以选择保留各要素独立的缓冲区或将重叠部分融合（图 4.6）。

2）线要素的缓冲区

线要素的缓冲区是以线要素为轴线，以缓冲距离 R 为平移量向两侧作平行曲（折）线，在轴线两端构造两个半圆弧最后形成圆头缓冲区，与点要素的缓冲区类似，也可能存在不同线要素的缓冲区有重合的情况，可以选择保留或融合处理，如图 4.7 所示。

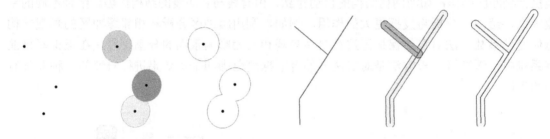

(a) 原始点　(b) 未融合的点缓冲区　(c) 融合后的点缓冲区　　(a) 原始线　(b) 未融合的线缓冲区　(c) 融合后的线缓冲区

图 4.6　点要素的缓冲区　　　　　　　　　　图 4.7　线要素的缓冲区

3）面要素的缓冲区

面要素的缓冲区是以面要素的边界线为轴线，以缓冲距离 R 为平移量向边界线的外侧或内侧作平行曲（折）线所形成的多边形，如图 4.8 所示。对于不同面要素缓冲区重合的情况，可以类似点要素和线要素进行融合处理。

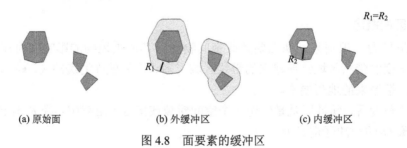

(a) 原始面　　　　　　　(b) 外缓冲区　　　　　　　(c) 内缓冲区

图 4.8　面要素的缓冲区

3. 缓冲区的类型

1）多级半径缓冲区

缓冲半径 R 是生成缓冲区的主要数量指标，可以是常数，也可以是变量。例如，沿河流干流可以用 200m 作为缓冲距离，而沿支流则用 100m，如图 4.9（a）所示。空间对象还可以生成多个缓冲带，如一个水电站可以分别用 10m、20m、30m 和 40m 作缓冲区，环绕该水电站形成多环带，如图 4.9（b）所示。针对自然保护区等面状区域，可以建立不同半径的多级保护范围，如图 4.9（c）所示。

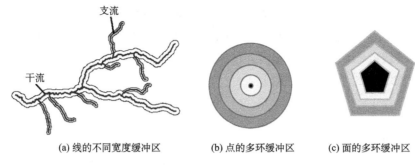

(a) 线的不同宽度缓冲区　　　　(b) 点的多环缓冲区　　　　(c) 面的多环缓冲区

图 4.9　不同形式的缓冲区

缓冲区可以有多种形式。例如，线状要素的缓冲带可以两侧对称，如果该线有拓扑关系，可以只在单侧（左侧或右侧）建立缓冲区，或生成两侧不对称缓冲区；面状要素可以生成内侧和外侧缓冲区；点状要素根据应用要求的不同可以生成三角形、矩形、圆形等特殊形态的缓冲区。对于面状要素，在进行缓冲区分析前最好先经过拓扑检查，排除面内自相交的情况。自相交的面对象可能存在无法准确判断内部外部区域的问题，导致缓冲分析结果异常。

2）均质与非均质缓冲区

根据研究对象影响力的特点，缓冲区可以分为均质与非均质两种。在均质缓冲区内，空间物体与邻近对象只呈现单一的距离关系，缓冲区内各点影响度相等，即不随距离空间物体的远近而有所改变（即均质性）。例如，对一军事要塞建立缓冲区并划定禁区的范围为 2km，则在该范围内闲杂人等不能随便出入。而在非均质的缓冲区内，空间物体对邻近对象的影响度随距离变化而呈不同强度的变化（即非均质性），如某火箭发射场对周围环境的噪声影响是随着距离的增大而逐渐减弱的（图 4.10）。

根据均质与非均质的特性，缓冲区可分为静态缓冲区和动态缓冲区，如图 4.11 所示，在静态缓冲区内的 $a=b$，在动态缓冲区内的 $a\neq b$，这里 a 和 b 指影响度。

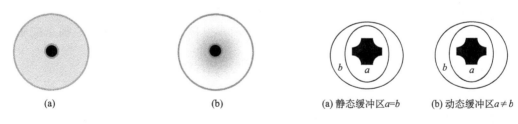

(a)　　　　　　　　　　(b)　　　　　　　(a) 静态缓冲区$a=b$　　(b) 动态缓冲区$a\neq b$

图 4.10　均质缓冲区（a）和非均质缓冲区（b）　　　　图 4.11　静态缓冲区和动态缓冲区

非均质缓冲区中影响度不随着距离变化而均匀变化的，这种缓冲区称为动态缓冲区。根据地理要素对周围环境影响度的变化性质，采用不同的分析模型来建立动态缓冲区：①当随着距离变化，缓冲区内各处影响度变化速率相等时，采用线性模型 $F_i=f_0(1-r_i)$；②当距离空间物体近的地方比距离空间物体远的地方影响度变化快时，采用二次模型 $F_i=f_0(1-r_i)^2$；③当距离空间物体近的地方比距离空间物体远的地方影响度以指数的形式极快地变化时，采用指数模型 $F_i=f_0\exp(1-r_i)$。其中，f_0 为参与缓冲区分析的一组空间实体的综合规模指数，一般需经最大值标准化后参与运算；$r_i=d_i/d_0$，d_0 为该实体的最大影响距离，d_i 为在该实体的最大影响距离之内的某点到该实体的实际距离，显然，$0\leq r_i\leq 1$。

在动态缓冲区生成模型中，影响度随距离的变化而连续变化，对每一个 d_i 都有一个不同的 F_i 与之对应，这在实际应用中难以实现，因此往往把影响度根据实际情况分成几个典型等级，在每一个等级取一个平均影响度，并根据影响度确定 d_i 的等级，即把连续变化的缓冲区转化成阶段性的缓冲区（多环缓冲区）。

4.1.3　泰森多边形分析

1. 泰森多边形的定义

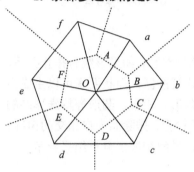

图 4.12　泰森多边形

为了能根据离散分布的气象站降水数据计算某地平均的降水量，荷兰气候学家 Thiessen 于 1911 年提出，将所有相邻气象站连成三角形，并作三角形各边的垂直平分线，每个气象站周围的若干垂直平分线便围成一个多边形，用这个多边形内所包含的唯一一个气象站的降水强度来表示这个多边形区域内的降水强度，该多边形称为泰森多边形（Thiessen polygons 或 Thiessen Tesselations，也称为 Voronoi 多边形或 Dirichlet 多边形），即图 4.12 中虚线所围成的多边形 ABCDEF。

泰森多边形的几何定义为：设平面上的一个离散点集 $P=\{P_1, P_2, \cdots, P_n\}$，其中任意两个点都不共位，即 $P_i \neq P_j$（$i \neq j$, $i \in [1, 2, \cdots, n]$, $j \in [1, 2, \cdots, n]$），且任意四点不共圆，则任意离散点 P_i 的泰森多边形的定义为

$$T_i = \left\{ x\colon\ d(x, P_i) < d(x, P_j) \,|\, P_i, P_j \in P, P_i \neq P_j \right\} \tag{4.7}$$

式中，d 为欧氏距离。

由上述定义可知，任意离散点 P_i 的泰森多边形是一个凸多边形，且在特殊情况下可以是一个具有无限边界的凸多边形。从空间划分的角度看，泰森多边形是实现对一个平面的划分，在泰森多边形 T_i 中，任意一个内点到该泰森多边形的发生点 P_i 的距离都小于该点到其他任何发生点 P_j 的距离。这些发生点 P_i（$i \in [1, 2, \cdots, n]$）也称为泰森多边形的控制点或质心（centroid）。

2. 泰森多边形的特性

泰森多边形因其生成过程的特殊性，具有以下一些特性：①每个泰森多边形内仅含有一个控制点数据；②泰森多边形内的点到相应控制点的距离最近；③位于泰森多边形边上的点到其两边控制点的距离相等；④在判断一个控制点与哪些控制点相邻时，可直接根据泰森多边形得出结论，即若泰森多边形是 n 边形，则与 n 个离散点相邻。

泰森多边形是一种由点内插生成面的方法，根据有限的采样点数据生成多个面区域，每个区域内只包含一个采样点，且各个面区域到其内采样点的距离小于任何到其他采样点的距离，那么该区域内其他未知点的最佳值就由该区域内的采样点决定，该方法也称为最近邻点法。GIS 和地理分析中经常采用泰森多边形进行快速赋值，其中一个隐含的假设是空间中的任何一个未知点的值都可以用距离它最近的已知采样点的值来代替。基于泰森多边形，离散点的性质可以用来描述多边形区域的性质，离散点的数据可以计算泰森多边形区域内的未知数据。实际上，除非是有足够多的采样点，否则该假设是不恰当的，不符合空间现象的实际

分布特征，如降水、气压、温度等现象是连续变化的，用泰森多边形插值方法得到的结果变化只发生在边界上，即产生的结果在边界上是突变的，在边界内部则是均质和无变化的，泰森多边形分析的这一缺陷使其较少进行单独的应用。

尽管泰森多边形产生于气候学领域，但其特别适合于专题数据的内插，适用于根据离散点的影响力划分空间范围的情况，以及在缺少连续数据的情况下做近似替代，可以生成专题与专题之间明显的边界而不会出现不同级别之间的中间现象。很多学者采用区域插值法将泰森多边形分析结果平滑化，使得泰森多边形边界模糊、内部分布从均匀向不均匀转换，整个区域属性值呈梯度变化，相邻区域值相差不是太大，符合空间自相关特性。实践表明，采用该方法进行大气质量评估、污染气体分布等应用研究的误差相对较小。

3. 泰森多边形的建立

泰森多边形建立的关键是如何连接已知点构成三角网，Delaunay三角测量方法是常用的方法之一。Delaunay三角网与泰森多边形是对偶关系，图 4.13 中虚线为泰森多边形，实线为 Delaunay 三角网。Delaunay三角网生成的通用算法是 Tsai 在 1993 年提出的凸包插值算法，是在 n 维欧拉空间中构造 Delaunay 三角网的一种通用算法，包括凸包的生成、凸包三角剖分和离散点内插三个主要步骤。

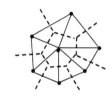

图 4.13　泰森多边形及其
对偶 Delaunay 三角网

基于矢量数据建立 Delaunay 三角网的实质是连接相邻三角形的外接圆圆心，即可得到泰森多边形。对于三角网边缘的泰森多边形，可作垂直平分线与图廓相交，与图廓一起构成泰森多边形。基于栅格数据的泰森多边形建立，一种算法是对栅格数据进行欧氏距离变换，得到灰度图像，而泰森多边形的边一定处于该灰度图像的脊线上，再通过相应的图像运算，提取灰度图像的这些脊线，就得到最终的泰森多边形；另一种算法是以发生点为中心点，同时向周围相邻八方向做栅格扩张运算（一种距离变换），两个相邻发生点扩张运算的交线即为泰森多边形的邻接边，三个相邻发生点扩张运算的交点即为泰森多边形的顶点。

4.2　矢量叠加分析

传统的地图分析中，为分析两个不同专题要素之间的空间关系，一般只能将两个要素在同一幅图中描绘出来，或者用透图桌将两幅图叠加，这对于研究多要素之间的关系是非常困难的。GIS 以图层的方式存储和管理不同专题的图形和属性数据，将分层存储的各种专题要素叠加相交，便可以得到包含所有原始图层的空间信息和相关属性信息的新图层，非常容易地实现了不同要素的空间关系分析。叠加过程的中间结果可根据用户的需要进行保存，原则上可实现无限制的叠加，从而方便地对更多的专题要素进行研究。

4.2.1　叠加分析概念

叠加分析是指将同一地区、同一比例尺、同一数学基础，不同信息表达的两组或多组专题要素的图形或属性数据进行叠加，根据各类要素位置、形态关系建立具有多重属性组合的新图层（图 4.14），对在结构和属性上既相互重叠，又相互联系的多种现象要素进行综合分析和评价；或者对反映不同时期同一地理现象进行多时相系列分析，从而深入揭示各种现象要素的内在联系及其发展规律的一种空间分析方法。

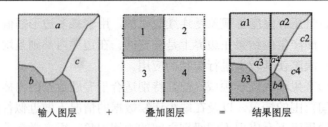

图 4.14   叠加分析的基本概念

地理空间数据分析的目的是获得空间潜在信息，叠加分析可以获得多层数据的空间关系特征和属性关系特征，分析多层专题数据间的联系和差异，是非常有效的提取隐含信息的工具之一。例如，将全国水文监测站分布图与政区图叠加，得到一个新的图层，既保留了水文监测站的点状图形及属性，又附加了行政分区的信息，据此可以查询水文站点属于哪个省区，或者查询某省区内共有多少个水文站点。又如，将某区域的土地利用类型图与土壤 pH 图、地下水埋深图、植被覆盖图等专题地图叠加，生成新的图层后按照湿地的定义形成属性判别标准，从而判断某区域是否为湿地。

4.2.2   不同几何类型的要素叠加

矢量数据模型以点、线、多边形等简单几何对象来表示空间要素，叠加分析时首先进行空间要素的几何图形关系处理，通过点、线、多边形空间位置的运算获得新的图形要素。图形叠加之后再将相应图层的属性表关联到一起，为新的图形要素分配属性。

空间要素的图形叠加首先应考虑要素类型。输入的图形要素可以是点、线或者多边形，叠加图层必须是多边形，输出图层具有与输入图层一致的要素类型。因此，矢量数据图形要素的叠加处理按要素类型可分为点与多边形的叠加、线与多边形的叠加和多边形与多边形的叠加三种。

1. 点与多边形的叠加

点与多边形的叠加通过计算点要素层中各点与多边形要素层中各多边形的拓扑包含关系，了解各点落入哪个多边形中，同时也分析各多边形中都包含哪些点。

在一般的 GIS 软件中，点与多边形进行叠加分析得到一个新的点图层，其属性表不仅保留了原点图层的属性，还含有各点落入的多边形要素的相关属性。例如，将水质监测井分布图（点）和水资源四级分区图（多边形）进行叠加分析，水资源四级分区的属性信息就添加到水质监测井的属性表中（图 4.15）。通过属性查询能够知道每个监测井属于哪个四级区，还可查询特定的分区内包含哪些水质监测井等信息。水资源分区的属性表中还有归属省区、面积大小等信息，监测井的属性表也可以与这些属性关联起来，便于相关信息的查询。

2. 线与多边形的叠加

将一个线图层作为输入图层叠加到一个多边形图层上，进行线段与多边形的空间关系判别，主要是比较线上坐标与多边形的坐标，判断线段是否落在多边形内。与点目标不同的是，一个线目标往往跨越多个多边形，需要计算线与多边形的交点，只要相交就会生成一个结点，多个交点将一个线目标分割成多条线段，同时多边形属性信息也会赋给落在它范围内的线段。

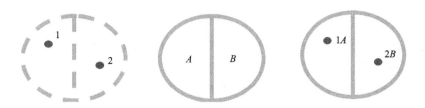

图 4.15　点与多边形的叠加

在一般的 GIS 软件中，线与多边形叠加分析的结果是产生一个新的线图层，该图层的属性表包括输入线图层和叠加多边形图层的全部属性字段，记录数量取决于线与多边形叠加过程中线与多边形的相交情况。叠加分析操作后既可确定每条线段落在哪个多边形内，也可查询指定多边形内指定线段穿过的长度（图 4.16）。例如，一个河流层（线）与行政分区层（多边形）叠加到一起，若河流穿越多个行政区，行政区分界线就会将河流分成多个弧段，可以查询任意行政区内河流的长度，计算河网密度；若线层是道路层，则可计算每个多边形内的道路总长度、道路网密度，以及查询道路跨越哪些省份等。

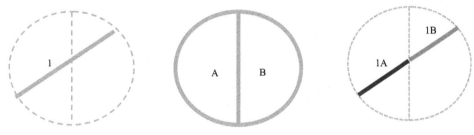

图 4.16　线与多边形叠加

3. 多边形与多边形的叠加

多边形与多边形的叠加要比前两种叠加复杂得多。首先两层多边形的边界要进行几何求交，原始多边形图层要素被切割成新的弧段，然后根据切割后的弧段要素重建拓扑关系，生成新的多边形图层，并综合原来两个叠加图层的属性信息（图 4.17）。

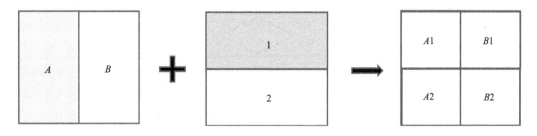

图 4.17　多边形与多边形叠加

叠加分析的几何求交过程首先求出所有多边形边界线的交点，再根据这些交点重新进行多边形拓扑运算，对新生成的拓扑多边形图层的每个对象赋予唯一的标识码，同时生成一个与新多边形图层一一对应的属性表。

4. 破碎多边形

受手扶跟踪数字化或扫描矢量化等的精度限制，两个多边形叠加时出现在不同的图层上的边界线等不能精确地重合，叠加后会产生大量的破碎多边形（伪多边形）（图 4.18）。源地图的误差、解译误差等其他因素也可能引起破碎多边形。

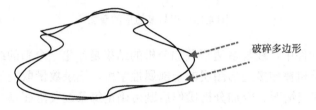

图 4.18　破碎（伪）多边形

消除破碎多边形的一种方法是规定聚合容限值。聚合容限强制把构成线的点捕捉到一起，如果容限值过小，剔除结果不尽合理；如果容限值过大就会把共同边界及在输入地图中不共用的线都捕捉到一起，在输出地图上便会产生扭曲的地图要素，滤除过程会产生信息错误或边界移位，导致新的误差。也可以应用最小制图单元方法去除破碎多边形。最小制图单元代表由政府机构或组织指定的最小面积单元。例如，国家林地采用 $1km^2$ 作为最小制图单元，小于 $1km^2$ 的任一破碎多边形将被并到其邻接多边形内而被消除。若精度要求较高，也可通过人机交互的方式将小多边形合并到大多边形中去。

4.2.3　要素图层间空间范围不同的处理

进行叠加分析的两个要素图层往往具有不同的地图范围，常用的 GIS 软件提供了三种类型的叠加分析操作，用于生成不同的空间范围特征的结果图层，分别是并（union）、叠和（identity）、交（intersect），如图 4.19 所示。

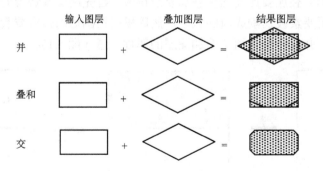

图 4.19　多边形的不同叠加方式

（1）并：保留两个叠加图层的空间图形和属性信息，往往输入图层的一个多边形被叠加图层中的多边形弧段分割成多个多边形，输出图层综合了两个图层的属性。

（2）叠和：以输入图层为界，保留边界内两个多边形的所有多边形，输入图层分割后的多边形也被赋予叠加图层的属性。

（3）交：只保留两个图层公共部分的空间图形，并综合两个叠加图层的属性。

叠加分析还涉及两个或多个数据集之间的空间逻辑运算，包括逻辑交、逻辑并、逻辑差、异或的运算。图 4.20 所示为布尔逻辑运算的交、差、并和异或。

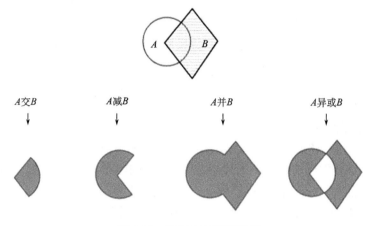

图 4.20　空间布尔逻辑运算

4.3　栅　格　计　算

栅格计算是对栅格数据的多层次分析，即包括使用单一栅格数据对独立像元、像元组或整个栅格数据层进行变换，以及基于两个或多个栅格数据进行不同专题特征间的关系分析与计算，其使用的计算方法既有数学函数，也有逻辑函数。随着卫星遥感技术的发展，GIS 中栅格数据更加丰富。由于栅格数据结构简单，算法高效，且适合表达空间上连续分布的地理现象，易于进行空间分析和模拟，因此栅格计算成为 GIS 空间分析的重要方法。

4.3.1　栅格计算的类型

基于不同的运算形式，栅格计算可以分为局部变换、邻域变换、分带变换及全局变换四种类型。

1. 局部变换

局部变换是像元与像元之间一一对应的运算，每一个像元都是基于自身的运算，不考虑与之相邻的其他像元。在局部变换的过程中，每一个像元经过局部变换后的输出值只与该像元位置的属性值有关，而与该像元位置周围的其他像元属性值无关。局部变换分为单层栅格的局部变换和多层栅格的局部变换。

1）单层栅格的局部变换

如果输入单层栅格，局部变换以输入格网像元值的函数计算输出格网的每个像元值。局部变换的过程很简单，如将像元值乘以常数后作为输出栅格中相应位置的像元值，如图 4.21（a）所示。单层栅格的局部变换不局限于基本的代数运算，其他如三角函数、指数、对数、幂等运算，包括分级函数都可用来定义局部变换的函数关系。局部变换也可以应用取整函数，如将浮点型像元值转换为整型。

应用分级函数进行局部变换的方法也称为重分类或再编码，通过分级函数可以对输入格网中的属性值进行重新赋值。例如，输入格网数据中像元值表示高程，将高程范围为 0～50m 的像元重新赋值为 1，将高程范围为 51～100m 的像元重新赋值为 2，就可以得到重分类后的输出格网。重分类通常能达到简化数据的目的，如将输入格网的像元值通过分级简化为类型值或顺序值，生成新的栅格数据。

重分类简单地说就是用输出的新栅格值替换原栅格输入值。输入的数据可以是任何所支持的栅格格式。重分类是局部变换中非常重要的一类应用，可在用户的交互控制下选择用于重新分类的单个栅格或一组栅格，应用重分类的目标概括如下。

（1）用新的信息替代旧的数据值。例如，某地区的植被分布发生了变化，需要用新的遥感卫星图像对原图像进行更新。

（2）将某些值进行组合。例如，将某些局部细分的地物类型进行概括。

（3）将数值重分类到一个统一的尺度下。在土壤潜力的评价上需要将各种有机质含量的栅格数据集转化到一个统一的评价尺度上，如 1 表示土壤潜力最差，10 表示土壤潜力最高。

（4）将特定的值设置为无值（no data）类型或者给无值类型的栅格设置成一个值。为了分析需要，有时需将栅格中的某些值移走。例如，某一土地利用类型有限制因素，需要对这些像元赋为无值，从而在后续分析中排除干扰。而在另一些情况下，可能需要将无值类型的栅格给定一个值，使其参与后续的计算以获取潜在信息。

2）多层栅格的局部变换

前述局部变换方法中作为乘数的常数可用相同地理范围的另一栅格层代替，进行多层栅格之间的运算，这就是多层格网的局部变换，如图 4.21（b）所示。多层栅格的局部变换与把空间和属性结合起来的矢量数据叠加类似，但效率更高。多层栅格可作更多的局部变换运算，输出栅格层的像元值可由多个输入栅格层的像元值或其频率的量测值得到，基本统计量（包括最大值、最小值、值域、总和、平均值、中值、标准差）等也可用于栅格像元的测度。例如，用最大值统计量的局部变换运算可以从代表 20 年降水变化的 20 个输入栅格层计算一个最大降水量数据，这 20 个输入栅格层中的每个像元都以年降水量作为其像元值。

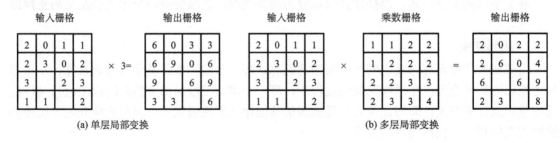

图 4.21　局部变换

多层栅格的局部变换可以看做是基于栅格数据的叠加分析，是栅格计算的核心，在植被覆盖变化研究、土壤流失、土壤侵蚀及其他生态环境问题中应用广泛。例如，通用土壤流失方程式为

$$A = f(R, K, L, S, C, P) \tag{4.8}$$

式中，R 为降水强度；K 为土壤侵蚀性；L 为坡长；S 为坡度；C 为耕作因素；P 为水土保持措施因素；A 为土壤平均流失量。若以每个因素为输入栅格层，通过局部变换运算即可得到

土壤平均流失量的输出栅格。

2. 邻域变换

邻域变换，也称焦点操作，是以某一像元为中心（称为焦点像元），对其周围像元的值进行计算，计算结果作为该像元的新值。也就是说，邻域变换输出栅格层的像元值与其相邻像元值有关。如果要计算某一像元的值，就将该像元看作一个中心点，一定范围内围绕它的像元可以看作它的辐射范围（邻域），这个中心像元的值取决于邻域的形状及采用何种计算方法将周围像元的值赋给中心像元，其中的邻域范围可自定义。若输入栅格在进行邻域求和变换时定义了每个像元周围 3×3 个像元的邻域，在边缘处的像元无法获得标准的邻域范围，邻域就减少为 2×2 个格网，如图 4.22 所示。那么，输出栅格的像元值就等于它本身与邻域内像元值之和。例如，左上角栅格的输出值就等于它和它周围像元值 2、0、2、3 之和 7；位于第二行、第二列的属性值为 3 的栅格，它周围相邻像元值分别为 2、0、1、0、2、0、3 和 2，则输出栅格层中该像元的值为以上 9 个数字之和 13。中心点的值除了可以通过求和得出之外，还可以取平均值、标准方差、最大值、最小值、极差频率等统计量。例如，统计中心像元邻域内有多少不同单元值并将其赋值给中心像元，得到的输出栅格则表示了某种要素（如植被类型、野生物种等）的种类数量。

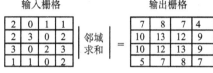

图 4.22 邻域变换

为了完成一个栅格层的邻域运算，中心点像元是从一个像元移到另一个像元，直至所有像元都被访问。邻域变换中的邻域一般都是规则的矩形范围，也可以是任意大小的圆形、环形和扇形。圆形邻域是以中心点像元为圆心，以指定半径延伸扩展；环形邻域是由一个小圆和一个大圆之间的环形区域组成；扇形邻域是指以中心点像元为圆心的圆的一部分（图 4.23）。

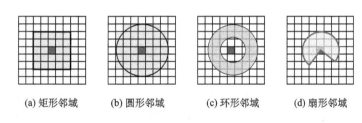

(a) 矩形邻域   (b) 圆形邻域   (c) 环形邻域   (d) 扇形邻域

图 4.23 邻域的形状

邻域变换的一个重要用途是平滑数据。例如，滑动平均法可用来减少输入栅格层中像元值的波动水平，该方法通常用 3×3 或 5×5 矩形作为邻域，随着邻域从一个中心像元移到另一个像元，计算出在邻域内的像元平均值并赋予该中心像元，滑动平均的输出栅格是对初始单元值的平滑化。地形分析是邻域变换的另一个重要应用，地形分析中所使用的坡度、坡向、表面曲率等的计算都依赖于高程网格的邻域变换。

3. 分带变换

将同一区域内具有相同值的像元看作一个整体进行分析运算，称为分带变换。区域内属性值相同的像元可能并不毗邻，一般都是通过一个分带栅格层来定义具有相同值的栅格。分带变换可对单层格网或两个格网进行处理，如果为单个输入栅格层，分带运算用于描述分带的几何形状，如面积、周长、厚度和矩心等（图 4.24）。

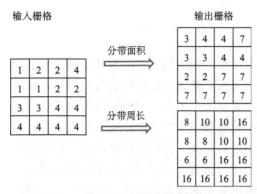

图 4.24　单层栅格的分带变换

面积为该地带内像元总数乘以像元大小；连续地带的周长就是其边界长度，由分离区域组成的地带，周长为每个区域的周长之和；厚度以每个地带内可画的最大圆的半径来计算；矩心决定了最近似于每个地带的椭圆参数，包括矩心、主轴和次轴。分带的这些几何形状测度在景观生态研究中尤为重要。

多层栅格的分带变换如图 4.25 所示，识别输入栅格层中具有相同值的像元在分带栅格层中的最大值，将这个最大值赋给输入层中这些像元，导出并存储到输出栅格层中。输入栅格层中有 4 个分带，值为 2 的像元共有 5 个，它们分布于不同的位置，在分带栅格层中，它们的值分别为 1、5、8、3 和 5，那么取最大值 8 赋给输入栅格层中像元值为 2 的格网，原来没有属性值的格网仍然保持无数据。分带变换可选取多种概要统计量进行运算，如平均值、最大值、最小值、总和、值域、标准差、中值、多数、少数和种类等。

图 4.25　多层栅格的分带变换

4. 全局变换

全局变换是基于区域内全部栅格的运算，包括距离分析和密度分析。

1）距离分析

栅格距离分析用于计算每个像元到源像元（感兴趣的对象）之间的距离，包括直线距离和耗费距离两种类型，并生成相应的方向栅格和分配栅格，其输出栅格中每一个像元值的运算都是基于全区域像元。此外，根据方向栅格和分配栅格，能够分析得到目标地到源的最短路径。栅格距离分析在城市规划、交通旅游、各类管网和线路的设计等领域中具有重要的应用价值。这里，直线距离也称欧氏距离，源则是指兴趣目标的位置。在全局变换中，源是指具有值的那些栅格像元，其他非源的像元没有值（no data）。

（1）欧氏距离分析。欧氏距离运算首先定义源像元，然后计算区域内各个像元到最近的源像元的距离。不同软件的距离量测机制可能不同。一些复杂的软件通常使用最大栅格距离量算，然后用勾股定理计算斜边的长度。如图 4.26（a）所示，像元到最近源的欧氏距离是两者间最大 X 距离和最大 Y 距离构成的直角三角形的斜边长度。如果计算的最短距离小于某种规定的最大距离，则将这一数值赋值给输出单元格。此外，斜边的计算数值一般都是有理数。一些简单的软件包使用单元格距离进行量算，在方形网格中，垂直或水平方向相邻的像元之间距离等于像元的尺寸大小或者等于两个像元质心之间的距离；如果对角线相邻，则像元距离约等于像元大小的 1.4 倍；如果相隔一个像元，那么它们之间的距离就等于像元大小的 2 倍。图 4.26（b）中，输入栅格有两组源数据，源数据 1 是第一组，共有三个栅格，源数据 2 为第二组，只有一个栅格。欧氏距离定义源像元为 0 值，而其他像元的输出值是到最近的源像元的距离。因此，如果默认像元大小为 1 个单位，输出栅格中的像元值就按照距离计算原则赋值为 0、1、1.4 或 2。

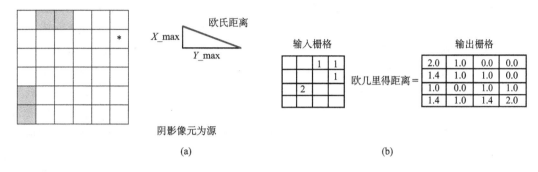

图 4.26　欧氏距离运算

根据欧氏距离量测原理，输出的距离栅格中像元值的空间分布呈以源为中心的多环缓冲区形状，栅格数据的直线距离量测与矢量数据中缓冲区的功能类似（图 4.27）。

距离分析中，除了可以为每个像元查找与它最近的源并计算欧氏距离外，还可以量测目标像元到最近源的方向。像元到最邻近的源的方向，通常按照顺时针方向进行 8 方位或 16 方位的编码。例如，在 8 方位中，0 代表 0°，1 代表 45°，2 代表 90°，以此类推（图 4.28）。每个像元如果被重新赋值为其最近的源的值，就可以再输出一个配置栅格（图 4.29）。配置栅格本质上是依据直线距离对源的控制或服务范围的划分。例如，在对学校、医院、邮局、商店等的布局分析中，常使用其配置栅格表达直线距离意义上的服务范围。

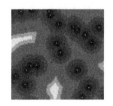　　　　

图 4.27　欧氏距离　　　　　图 4.28　欧氏距离方向　　　　　图 4.29　欧氏距离配置

（2）耗费距离分析。耗费距离分析与直线距离分析一样，可以得到距离、方向和配置栅格，但两者的距离计算方式不同。耗费距离也称为成本距离、加权距离等。

直线距离在很多类型的建模和分析中具有突出的作用，但是在实际应用中直线距离过于简化，不能满足研究和分析的需要。通常除了直线距离外，还必须考虑地形因素等阻力的影响，因此引入耗费距离的概念。这里的耗费距离是一个广义的概念，它可以反映累积的费用花费、时间花费等。在全局函数中设计的加权距离函数就属于这种类型，它计算的是从任意一个栅格到源的最小费用距离。计算过程中，需要一个栅格图层，一个描述成本或阻力的图层，以及一个描述方向的图层。

在距离量测中，像元间距离考虑全部的源数据，且要求像元间距离最短，但没有考虑其他因素，如运费等。通常情况下，卡车司机对穿越一条路径的时间和燃料成本比其自然距离更感兴趣。通过两个相邻像元（目标物）之间的费用与其他两个相邻像元之间的费用是不同的，这种用经由每个像元的成本或阻抗作为距离单位的距离量测属于成本距离量测运算。成本距离量测运算比直线距离量测运算要复杂得多，需要另一个栅格来定义经过每个像元的成本或阻抗。成本栅格中每个像元的成本经常是几种不同成本之和。例如，管线建设成本可能包括建设和运作成本，以及环境影响的潜在成本。给定一个成本栅格，横向或纵向垂直相邻的像元成本距离为所相邻像元的成本的平均数，斜向相邻像元的成本距离是平均成本乘以 1.4。成本距离量测运算的目标不再是计算每个像元与最近源像元的距离，而是寻找一条累积成本最小的路径。

对于交通运输栅格输出的像元值，应结合最近距离与费用值进行计算，使其达到最小，即达到最佳效益。在图 4.30 中，第一行、第二列的像元输出值等于穿越它本身和穿越距离它最近的源像元所需费用的一半，等于 3。针对左下角值为 2 的像元，有三种路径到达值为 b 的像元，即 2→a→b、2→c→b 和从 2 的质心直接到 b 的质心。前两者从距离角度看，其值是相同的，而第三种路径距离稍近；但与费用结合，其费用值就不同了。第一种路径费用值为 2.5，第二种路径费用值为 4，而第三种路径费用值为 2.1，那么第三种路径作为最佳路径，输出像元的值为 2.1。

输入栅格			
		1	1
			1
a	2		
b	c		

成本栅格			
2	2	4	4
4	4	3	3
2	1	4	1
2	5	3	3

输出栅格			
5.0	3.0	0.0	0.0
3.5	2.5	2.8	0.0
1.5	0.0	2.5	2.0
2.1	3.0	2.8	4.0

图 4.30　交通费用计算

（3）最短路径分析。最短路径是根据生成的距离栅格和方向栅格，计算每个目标点到最近源的最短路径。例如，将购物商场作为源，进行距离栅格分析，获得距离栅格和方向栅格；将居民小区作为目标区域，根据距离栅格和方向栅格进行最短路径分析，就可以得到各居民小区（目标区域）到最近购物商场（源）的最短路径。

两个栅格数据层间最短路径可以计算源数据集到目标区域的最短路径，也可以计算指定源和目标点之间的最短路径。最短路径有三种类型，分别为像元路径、区域路径和单一路径（图 4.31）。像元路径，每一个栅格单元都生成一条路径，即每个目标像元到最近源的距离。区域路径，每个栅格区域都生成一条路径，此处栅格区域指的是值相等的连续栅格，即每个目标区域到最近源的最短路径。单一路径，所有单元格只生成一条路径，即对于整个目标区域数据集来说所有路径中最短的那一条。

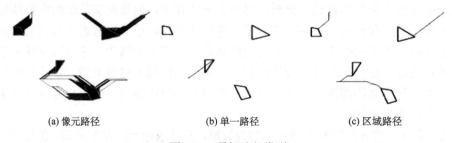

(a) 像元路径　　　　　　　　(b) 单一路径　　　　　　　　(c) 区域路径

图 4.31　最短路径类型

2）密度分析

密度分析是根据每个位置的观测值及位置的空间关系，将一些已知现象的观测量扩展到整个研究区域的分析方法。密度分析可以根据输入的空间对象及其测量值计算整个区域的数据聚集状况，从而生成一个连续的密度表面，可以直观展现和挖掘离散测量值在连续区域内的分布情况。例如，根据某街区每栋楼的入住人数，通过密度分析来计算街区各处的人口分布情况，进而应用于店铺选址决策、犯罪率估算等（图 4.32）。

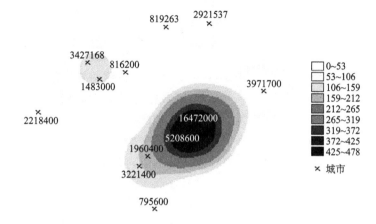

图 4.32　基于密度分析获得的人口密度表面

密度分析主要包括两种方法：简单密度计算和核密度分析。

（1）简单密度计算。简单密度计算是指点特征和线特征的密度计算。点密度计算是为每个输出栅格单元计算邻域内点特征的密度。计算方法为点的测量值除以指定邻域面积，点的邻域叠加处，其密度值也相加，每个输出栅格的密度均为叠加在栅格上的所有邻域密度值之和。

线密度计算是为每个输出栅格单元计算邻域内线特征的密度。计算方法是以输出单元为中心，以搜索半径定义一个圆，每条线落入圆内的部分，其长度乘上其代表的值，

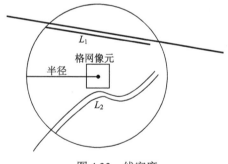

图 4.33　线密度

然后对所有的值求和，再除以圆的面积，得到线的密度（图 4.33）。

$$密度 = ((L_1 * V_1) + (L_2 * V_2)) / 圆的面积$$

式中，L_1、L_2 为落入圆的线的长度；V_1 和 V_2 是线代表的值。

（2）核密度分析。核密度分析使用核函数计算点或线邻域范围内的单位面积观测值，获得中间值大周边值小的光滑曲面，邻域边界处值为 0。

对于点对象，其核密度曲面与下方的平面所围成空间的体积近似于此点的测量值。对于线对象，其核密度曲面与下方的平面所围成空间的体积近似于此线的测量值与线长度的乘

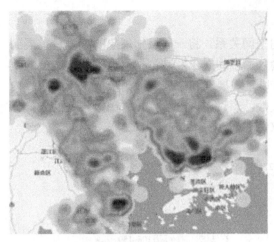

图 4.34　核密度

积。点或线的邻域叠加处，其密度值也相加。每个输出栅格的密度均为叠加在栅格上的所有核曲面值之和（图 4.34）。

4.3.2　地图代数

如前所述,栅格计算通过多种不同计算方法分析像元之间的和、差等关系。在栅格模型中，地理实体和现象类似于代数中的矩阵，代数学定义了一系列的矩阵运算规则，如矩阵的加法、减法、乘法、除法、比较和逻辑运算等，栅格计算将这些矩阵运算规则修正并适应空间数据的运算。栅格计算与代数中的矩阵运算非常相似，因此栅格数据的计算被称为地图代数。地图代数创建了代数学意义上的空间运算规则，并根据地理要素和现象运算的需求建立了很多类型的操作函数，同一般的计算机语言一样，地图代数也有着相应的变量、运算符、运算函数、控制结构等计算机语言所具备的基本要素。

地图代数不仅为栅格数据提供了各种基本的算术运算，还支持布尔运算、关系运算等逻辑运算。这些操作的运算符可以划分为算术运算符、累积运算符、关系运算符、布尔运算符等（表 4.1）。

表 4.1　运算符分类表

代数	算术	+	-	*	/	MOD
	累积	+=	-=	*=		
逻辑	关系	<	>	==	>=	<=
	布尔	AND	OR	NOT	XOR	

地图代数的基本运算分为代数运算和逻辑运算。

1. 代数运算

1）算术运算

地图代数能够实现对栅格图层像元的加、减、乘、除和取模（MOD）等最基本的运算，这些运算符均可应用于整型和浮点型数值。运算的结果依赖于输入栅格图层的数值类型。例如，两个整型数值的栅格图层相加仍然是整型数值图层，两个浮点型图层相加得到的输出图层仍然是浮点型数值图层。对于取模运算存在一些限制，MOD 运算符得到的结果总是整数，当 MOD 作用于有理数时，将截断小数位，返回整数。不管使用何种运算符，在栅格图层中若像元值为空，则相应像元的返回结果为 No Data。

（1）加法运算。栅格代数运算中的加法，是将输入的两个栅格数据集的对应的像元值相加。如果输入两个均为整数类型的栅格数据集，则输出整数类型的结果数据集；否则，输出浮点型的结果数据集（图 4.35）。

图 4.35 加法运算

（2）减法运算。栅格数据集的减法用于两个栅格数据集相减，逐个像元地从第一个栅格数据集的像元值中减去第二个数据集对应的像元值。使用减法运算时，输入栅格数据集的顺序很重要，顺序不同，结果通常也是不相同的。

如果输入两个均为整数类型的栅格数据集，则输出整数类型的结果数据集；否则，输出浮点型的结果数据集（图 4.36）。

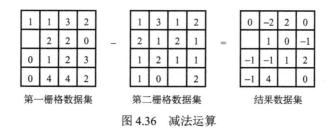

图 4.36 减法运算

（3）乘法运算。栅格乘法运算，是将输入的两个栅格数据集对应的像元值相乘的过程。如果输入两个均为整数类型的栅格数据集，则输出整数类型的结果数据集；否则，输出浮点型的结果数据集（图 4.37）。

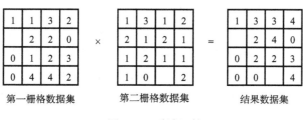

图 4.37 乘法运算

（4）除法运算。栅格除法运算，是将输入的两个栅格数据集对应的像元值相除的过程。如果输入两个均为整数类型的栅格数据集，则输出整数类型的结果数据集；否则，输出浮点型的结果数据集（图 4.38）。

图 4.38 除法运算

（5）浮点转换。栅格浮点转换，是将输入的栅格数据集的像元值转换成浮点型。如果输入的像元值为浮点型，进行浮点运算后的结果与输入像元值相同（图 4.39）。

（6）取整运算。栅格取整运算，用于对输入的栅格数据集的像元值进行取整运算。取整运算的结果是去除像元值的小数部分，只保留像元值的整数部分。如果输入像元值为整数类型，进行取整运算后的结果与输入像元值相同（图 4.40）。

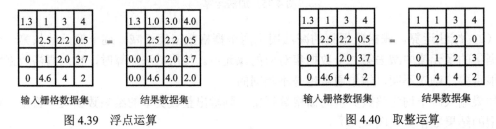

图 4.39　浮点运算　　　　　　　　　　　图 4.40　取整运算

2）累积运算

累积运算主要用于各种基于地表的分析。一般需要一个栅格图层作为输入图层，得到的结果是一个标量。例如，+=运算符的操作是从图层的左上角（起始点）开始进行逐行扫描累加，直到右下角的最后一个栅格单元，如此得到所有栅格单元的代数和。对于栅格图像中的 No Data 像元可以不作计入。

2. 逻辑运算

栅格数据中的像元值有时无法用数值型字符来表示，不同专题要素用统一的量化系统表示也比较困难，所以使用逻辑叠加更容易实现各个栅格层之间的运算。二值逻辑叠加是栅格叠加的一种方法，用 0 来表示假（不符合条件），1 表示真（符合条件）。描述现实世界中的多种状态仅用二值远远不够，使用二值逻辑叠加往往需要建立多个二值图，然后进行各个图层的布尔逻辑运算，最后生成叠加结果图。

1）关系运算

地图代数中的关系运算是根据给定的条件对单元格逐个进行比较运算，如果条件为真，相应的单元格返回值为 1，若条件为假，则返回 0，No Data 的栅格单元返回无数值。可以计算的条件包括>, >=, ==, <, <=。关系运算对整数和浮点数两种数值类型都能操作。

2）布尔运算

布尔运算是使用布尔逻辑的条件运算方式，当条件为真时，结果为 1；条件为假时，结果为 0。

图层之间的布尔逻辑运算包括与（AND）、或（OR）、非（NOT）、异或（XOR）等，表 4.2 为逻辑运算的法则与结果。

表 4.2　布尔逻辑运算示例

A	B	A AND B	A OR B	A NOT B	A XOR B
0	0	0	0	0	0
1	0	0	1	1	1
0	1	0	1	0	1
1	1	1	1	0	0

这里以垃圾场选址为例，阐述二值布尔逻辑模型的构建。根据是否考虑权重，该模型又分为二值非权重和二值权重布尔逻辑模型。

假设某市政府要在辖区范围内选择理想地点建立一个垃圾场，有关垃圾场的选址条件如下：①区域地表物质应具有低渗透率，以阻止可溶性物质快速渗入地下水中；②区域与现有市政区域范围保持一定距离；③区域不属于环境敏感区；④区域应属于农业区，而非市政区或工业区；⑤区域的地表平均坡度平稳，并小于某个极限值；⑥区域不发生洪水。

当然，对于垃圾处理场所的选择可能还有其他的条件，如是否位于风口、土地价格的高低等。这里仅列举以上条件来说明二值逻辑叠加模型的应用原理。

第一步是根据垃圾场选址条件组织有关图件资料，包括表土渗透性图、城区范围图、生态敏感度分布图、城乡区划图、地表坡度图和洪泛区分布图等。

第二步是建立垃圾场选址的模型。该模型将以上图层结合起来进行布尔逻辑运算，结果生成二值图，其中值为 1 的地点表示满足上述垃圾场选址的全部条件，值为 0 的地点表示不满足垃圾场选址的所有条件。

（1）将各个图层二值化[（TRUE，FALSE）或（1，0）]。根据每层图件的数据分类级别是否满足相应的布尔逻辑条件，将该层数据图转化成二值图，若图件数据的某分类级别满足相应的布尔逻辑条件，则该分类级别为 TRUE（=1），否则为 FALSE（=0）。本例中各层数据的布尔逻辑条件如下：

C_a=地表渗透性级别为低级；C_b=距离城区边界的距离>1km；C_c=生态敏感性为不敏感级别；C_d=土地利用类型为农业用地；C_e=地表坡度<2°；C_f=不属于洪泛区范围。

（2）对各输入数据层的布尔逻辑条件变量进行逻辑与运算，在区域某位置点上如果所有数据层的条件变量都是所要求的值，则结果变量 OUTPUT 为"1"，其他情况下为"0"。

$$OUTPUT = C_a \text{ AND } C_b \text{ AND } C_c \text{ AND } C_d \text{ AND } C_e \text{ AND } C_f$$

（3）生成二值图。满足条件的位置就是二值图中值为"1"的地点。

上例中，布尔集合值只包括两类，不是"1"就是"0"。但在实际应用中，很多布尔集合的值不是简单的"0"或"1"，而是介于"0"和"1"之间的其他值。另外，垃圾场选址应用的是二值非权重逻辑模型，在多层数据的布尔逻辑运算中，当各个数据层的影响程度存在差异时，依据各个数据层的影响程度需要赋予不同的权重级别，二值权重布尔逻辑模型对于每个二值图层都乘以一个权重因子，然后进行多个图层的二值图的布尔逻辑组合运算。

4.3.3　栅格计算常用函数

1. 统计函数

统计函数是最常用的一类函数，能够提供关于栅格数据集的很多有价值信息，是深入地分析定量和定性数据的基础。在多层局部变换中，统计函数可以用于对应位置的多层像元的属性值统计。在邻域变换中，统计函数用于邻域内像元属性值的统计计算。在分带计算中，统计函数可以用于不同分带的属性值统计。表 4.3 列出了常用统计函数的基本用途。

表 4.3　统计函数

统计函数	解释	意义
sum	和	数值的和
max	最大值	最大的数值
min	最小值	最小的数值
mean	平均值	算术平均值
std	标准差	数值的标准差
range	范围	最大值与最小值之差
median	中位数	数值按照大小排列后位于中间的数值
majority	众数	出现频率最高的数值
minority	频数最小值	出现频率最低的数值
variety	变异度/种类	不同数值的个数

2. 数学函数

栅格计算中能够应用的数学函数非常丰富，可以对一幅输入栅格地图的像元值进行初等函数计算，包括三角函数（sin、cos、tan、cot 等）、指数函数（exp 等）、对数函数（log 等）、幂函数（sqrt、pow 等）及数值处理函数（abs、rand、ceil、float 等）等。数学函数作用于单个栅格数据，即对像元逐个计算，但可以通过关系和逻辑运算符连接后进行复杂运算（表 4.4）。

表 4.4　数学函数

类别	函数	说明
算术函数	abs（x）	绝对值函数
	mod（x,y）	取模函数
	floor（x）	向下舍入函数
三角函数	sin（x）	正弦函数
	cos（x）	余弦函数
	tan（x）	正切函数
	cot（x）	余切函数
	asin（x）	反正弦函数
	acos（x）	反余弦函数
	atan（x）	反正切函数
	acot（x）	反余切函数
	sinh（x）	双曲正弦函数
	cosh（x）	双曲余弦函数
	tanh（x）	双曲正切函数
指数/对数函数	exp（x）	以自然对数 e 为幂的函数
	pow（x,y）	x 的 y 次方

续表

类别	函数	说明
指数/对数函数	sqrt（x）	对 x 开方
	ln（x）	取自然对数
	lg（x）	以 10 为底的对数
条件提取函数	Con（x,y,z）	x 为条件表达式（或值），y、z 为提取值。如果函数满足条件 x，则提取 y 值，否则提取 z 值
其他	Is Null（x）	用来指出表达式是否含无效值，如 x 为 Null 则返回值为 1，否则返回值为 0
选取函数	Pick（，，）	根据输入栅格值选取后续栅格值

3. 距离函数

作为空间建模的重要因子之一，距离是各种空间分析过程中关键的衡量对象。在栅格数据集中，距离的测度方法一般可以分为直线距离（欧氏距离）和成本距离（加权距离）两种。

4. 表面函数

栅格数据模型特别适合于连续现象的建模分析和表示。在地图代数中提供这种分析功能的是全局函数中的表面函数。表面函数大致分为两类：一类是根据离散采样点创建表面的函数，如反距离加权插值（inverse distance weighted，IDW）、克里金插值（Kriging）、趋势面插值（trendsurface）等方法；另一类主要是用于地形特征描述的坡度坡向计算函数，本书将分别在第五、第六章详细介绍这两类函数。

4.4　网　络　分　析

网络分析，也称网络图分析，是通过研究网络的状态及模拟和分析资源在网络上的流动和分配情况，对网络结构及其资源等的优化问题进行研究的一种空间分析方法。网络分析主要用来解决两大类问题：一类是研究由线状实体及连接线状实体的点状实体组成的地理网络的结构，涉及最优路径、路径遍历及连通分量等的求解问题；另一类是研究资源在网络系统中的定位与分配，主要包括资源分配范围或服务范围的确定、最大流与最小费用流等问题。

4.4.1　网络分析基础

1. 地理网络的基本结构

地理网络是 GIS 中一类独特的数据实体，是由若干线性实体相互连接形成的一个系统。现实世界中，资源由网络来传输，实体间的联络也由网络来实现。例如，城市公共汽车沿道路网运行形成公共交通网络，水流沿排水管流动形成排水管网络。构成网络的最基本元素是线性实体及这些实体的连接交汇点，前者称为链（link），后者称为结点（node）。

1）链

链是构成网络的骨架，是现实世界中各种线路的抽象和资源传输或通信联络的通道，可以代表公路、铁路、街道、航线、水管、煤气管、输电线、河流等。链包括图形信息和属性信息，链的属性信息包括阻碍强度和资源需求量。链的阻碍强度是指在通过一条链时所需要花费的时间或者费用等,如资源流动的时间、速度。链是有方向的,当资源沿着网络中的不同方向流动时,所受到的阻碍强度可能相同,也可能不同。例如,轮船在河道中沿顺流和逆流两个方向行船所受到的阻碍强度是不同的。链的资源需求量是指沿着网络链可以收集到的或者可以分配给一个中心的资源总量。网络中不同的链有不同的需求量,但一条链上只有一个资源需求量。例如,一条街道上居住了 10 个学生,那么这条街道对学校的资源需求量就是 10。

2)结点

结点是链的端点,又是链的汇合点,可以表示交叉路口、中转站、河流汇合点等,其状态属性除了包括阻碍强度和资源需求量等,还有下面几种特殊的类型。

(1)障碍(barrier):禁止资源在网络链上流动的点。

(2)拐点(turn):出现在网络链中的分割结点上,状态属性有阻碍强度,如拐弯的时间和限制(如在 8:00~18:00 不允许左拐等)。在地理网络中,拐点对资源的流动有很大影响,资源沿着某一条链流动到有关结点后,既可以原路返回,也可以流向与该结点相连的任意一条链,如果阻碍强度值为负数,则表示资源禁止流向特定的弧段。在一些 GIS 平台(如 ArcGIS、SuperMap)中,结点可以具有转角数据,可以更加细致地模拟资源流动时的转向特性。每个结点可以拥有一个转向表(turn table),每个转向表包括交叉的结点数、转向涉及的弧段数和阻碍强度。

(3)中心(center):网络中具有一定的容量,能够接受或分配资源的结点所在的位置,如水库、商业中心、电站、学校等,其状态属性包括资源容量(如总量)、阻碍强度(如中心到链的最大距离或时间限制)。资源容量决定了为中心服务的弧段的数量,分配给一个中心的弧段的资源需求量总和不能超过该中心的资源容量;中心的阻碍强度是指沿某一路径到达中心所经历的弧段总阻碍强度的最大值。资源沿某一路径流向中心或由中心分配出去的过程中,在各弧段和路径的各拐弯处所受到的阻碍强度的总和不能超过中心所能承受的阻碍强度,弧段按一定顺序分配给中心直至达到中心的阻碍强度,因而在这个过程中弧段可以一部分分配给中心。

(4)站点(stop):在路径选择中资源增减的结点,如库房、车站等,其状态属性有两种,即阻碍强度和资源需求量。阻碍强度代表相关的费用、时间等,如在某个库房装卸货物所用时间等;资源需求量指产品数量、学生数、乘客数等。站点的需求量为正值时,表示在该站上增加资源;若为负值,则表示在该站上减少资源。

2. 图论基础

GIS 中的地理网络作为一种复杂的地理目标,除具有一般网络的边、结点间的抽象拓扑意义之外,还具有空间定位上的地理意义和目标复合上的层次意义,而图论中"图"作为点和线的集合可以用来表达地理网络。

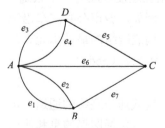

图论中的"图"是指由点集合 V 和 V 中点与点之间的连线的集合 E 构成的二元组 (V, E)。V 中的元素称为结点,E 中的元素称为边。设 $G=(V, E)$ 是一个图,$e=V_iV_j$ 是其中一条边,顶点 V_i 和顶点 V_j 分别是边 e 的起始结点和终止结点,也可以说顶点 V_i 和顶点 V_j 是相邻的,e 与 V_i、V_j 是关联的。如果两条边有公共的顶点,则称这两条边是相邻的。连接两个结点间的边可能不止一条,如图 4.41 所示。

图 4.41　图的结构

图论中所研究的图是由实际问题抽象出来的逻辑关系图，表达和记录网络中结点与线的连接关系，图中点和线的位置与取值无关紧要，点的多少和每条线连接哪些点才是关键。图 4.42 是简单网络的拓扑结构，所示的 3 个网络均有 7 个顶点，图中没有给边或链设置长度、成本等值，因此图 4.42 中（a）与（b）尽管平面位置明显不同，但两者是拓扑等价的。图 4.42（c）与前两个网络模型不同，它具有多个单向或"定向"的链接，且连接不同的模式。

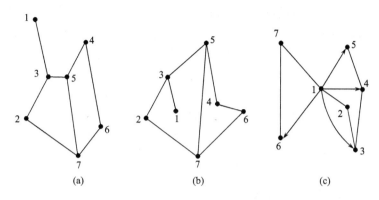

图 4.42 网络拓扑结构

网络分析中涉及的相关图论基本概念如下。

（1）顶点（vertex）：顶点是网络结点的位置。包括线的端点、线或折线间的交点，但折线的中间点不能称为顶点。

（2）边（edge）：把顶点直接连接起来的链称为边，可以是有向的，也可以是无向的。无向的边由无序的顶点对定义，如（3,8）和（8,3）是一样的。而对于有向边来说两者是不同的，（3,8）指的是从顶点 3 到顶点 8 的链。

（3）度（degree）：在无向图中，与顶点关联的边的数目称为该顶点的度。有向图中，顶点的度等于到达一个顶点的边数（入度）减去从该顶点出发的边数（出度）。

（4）图（graph）：顶点和边的集合构成的图。有向图形是包括一个或多个有向边的图形。如果所有的边都是有向的则称为有向图。

（5）路（path）与圈（cycle）：顶点相连的边序列称为路，起点和终点相同的路称为圈。

（6）连通图（connected graph）：若图中任何两个端点之间都有路相连，则称图是连通的。每个顶点直接连接到其他顶点时称为完全连通。

（7）树（tree）：无圈图称为森林，连通无圈图称为树。

3. 网络分析的关键概念

1）欧拉图和哈密尔顿图

给定图 G，若存在一条经过 G 中的每一条边和每一顶点的路，则该路称为欧拉路；若该路的起点和终点相同，则该路称为欧拉回路。存在欧拉回路的图称为欧拉图。有向图包含欧拉回路的条件是到达每一个顶点 I 的弧段数目必须与离开顶点 I 的弧段数目相同。欧拉路反映了图的连续性，即图中存在一条通过每条边的路。

给定图 G，若存在一条经过 G 中每个结点一次的路，则该路称为哈密尔顿路，若该路的起点和终点相同，则该路称为哈密尔顿回路。存在哈密尔顿回路的图称为哈密尔顿图。

2）生成树和最小生成树

生成树是给定一组固定的顶点，找到一组边使得每个顶点相互连接并在网络中没有循环。一个连通图的生成树是含有该连通图的全部顶点的一个极小连通子图，包含三个条件：①它是连通的；②包含原有连通图的全部结点；③不含任何回路。

给定一组可能会产生大量相互连接的顶点（结点），以产生顶点之间直接或间接连接的网络。最大限度地减少总长度的同时确保每一点都可以到达其他点的连接的集合称为最小生成树（minimum spanning tree，MST）。这里，长度通常可用权数代表，因此，一个连通图中所有生成树中，权数最小的生成树称为最小生成树。该算法的生长构造过程如下：①连接各点到其最邻近的点——这通常会形成不连接的子网的集合；②各个子网络与其最邻近的子网相连；③迭代步骤②，直到每个子网是相互连通的。图 4.43（b）中按顺序标示出每个阶段的最近邻连接。虽然 MST 提供所有顶点之间的最短连接，但是如果删除任何一个链接就很容易破坏整个网络（如链接失效、道路事故），导致整体连通性的损失。

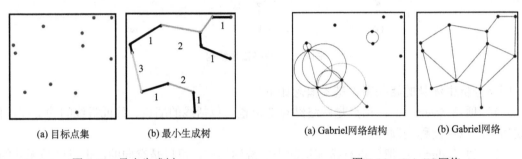

(a) 目标点集　　　　(b) 最小生成树　　　　　(a) Gabriel网络结构　　　　(b) Gabriel网络

图 4.43　最小生成树　　　　　　　　　　图 4.44　Gabriel 网络

3） Gabriel 网络

Gabriel 网络应用广泛，以其主要创始人 Gabriel 命名，Gabriel 网络是 MST 的超级集合。对于一个点集，如图 4.44（a）所示，当且仅当点集中没有其他点落在这两个点连线作为直径的圆的范围内的时候，给这两个点连线构成一条边。图中，两个点构成的最大圆包含了点集中的另外一个点，所以这两个点之间的连接不在最终的解决方案之内（也就是两点的连线）。这个过程一直持续到用这种方式遍历所有点对并对条件成立的所有点对进行连接，如图 4.44（b）所示。

Gabriel 网络包含了比最小生成树（MST）更多的连接，因此提供了更大的连通性，尤其是增加了非最近邻的附近点的连接。它是唯一确定邻近点集的一种方法，在两个连接的点之间不会出现其他点。Gabriel 对连通性的描述应用广泛，也可用于确定空间权重矩阵的自相关分析。

4）Steiner 树

Steiner 树本质上是对 MST 的一个优化，其实质是寻找网络中的中间点（Steiner 点），使通过 Steiner 点连接目的结点的代价减小。网络中不属于目的结点组（D）中的结点都可能成为 Steiner 点。选择 Steiner 点后，可通过启发式算法求解在该组 Steiner 点下的 Steiner 树。

Steiner 的基本思想是，为了获得最优的 MST，在网络中插入一些 Steiner 点，以改变原有的 MST 结构，最小化生成树的网络长度。当相交的两条边夹角小于 120°，并且相关的 3

个顶点均无权时，插入一个中间点（Steiner 点）可能会减少该 MST 的网络长度[图 4.45（a）]，中间点的最佳位置是将其插入后，该点与这 3 个相关顶点的连线均等分空间，即它们的夹角都是 120°[图 4.45（b）]。Steiner 最小生成树的拓扑结构是多样的，对 n 个顶点，通常插入的 Steiner 点 m 小于等于 $n-2$。当 $n=4$ 时，插入 2 个中间点就可获得 3 种不同拓扑结构的 Steiner 树，而当 $n=7$ 时，Steiner 树的拓扑结构将超过 60000 种。因此，尽管存在这样的有效算法，但 Steiner 树仍属于 NP（non-deterministic polynomial，多项式复杂程度的非确定性问题）难题，通常 GIS 软件中并不提供相应工具。

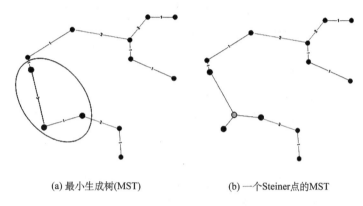

（a）最小生成树(MST)　　　　　　　　（b）一个Steiner点的MST

图 4.45　Steiner 最小生成树构建

4. 网络分析的测度与参数

（1）如何测度边或路径的"长度"？除欧几里得长度之外，还包括链接的距离、时间、花费等。

（2）路径的约束条件：是仅仅需要从点 s 到点 t，还是必须要经过这条路径或者圈的其他点或者其他区域？哪些类型的障碍物或者实体是需要在地图上进行详细说明的？

（3）维度：在运输网络中不可能只是平面维度。因此，需要确定分析是在二维空间，三维空间或者更高维的空间进行？

（4）移动目标的类型：是沿着路径移动的一个单独点，还是用来说明一些更复杂的几何体的运动？约束条件包括如移动目标的特殊尺寸、类型等。

（5）单次查询还是重复查询：许多网络问题涉及多次类似的查询，如决定一条路线（最好、第二和第三）。

（6）静态环境还是动态环境：是否允许网络中嵌入或者删除障碍物？是否允许障碍物沿着已知轨迹移动？流和事件的动态可能也是重要的注意事项。

（7）算法的精确程度：是否满意在小范围内确定最佳的方案？在许多案例中，更大、更复杂的问题通常是不能够在有限的时间内解决，理想的情形是，真实世界的问题应该在定义合适的子集问题范围内解决。

（8）网络的几何结构是预先已知的，还是通过某种传感器动态发现的？对于预先了解的几何网络，网络上的资源流动或实时事件仍然是未知的。

5. 网络分析的优化算法

最短路径问题、旅行商问题、车辆路径问题等网络分析本质上都属于组合优化问题，涉及复杂计算，在可接受的时间内找出问题的尽可能优的解，是网络分析的关键，也是当今计算机科学技术、人工智能等领域迫切需要解决的任务之一。

启发式算法（heuristic algorithm）是相对于最优化算法提出的。一个问题的最优算法是求得该问题每个实例的最优解，而启发式算法则是在处理速度和解决方案的质量之间做出权衡，它是基于直观或经验构造的，在可接受的成本（指计算时间和空间）下给出待解决组合优化问题中每一个实例的可行解，该可行解可能是最优解，但其与最优解的偏离程度一般难以预计。启发式算法允许对当前方案进行变动，或者说，启发式就定义为从当前方案到新方案（通常是改善方案）的一系列转换。对一个给定的问题，所有可能方案的空间称为搜索空间，将当前解决方案通过单一转换得到的方案空间称为邻域空间。

1）贪婪启发式和局部搜索

贪婪启发式是指在求解的每一个阶段，都做局部最优选择，但不一定能够得到全局最优解决方案。可以说，贪婪启发式就是局部搜索，也称为 LS 算法（local search）。

假设在平面上有一组点$\{V\}$，要创建一个边网络$\{E\}$，任何一个点都可通过网络从每个其他点访问，并且网络的整个长度最小。

2）交互启发式算法

交互启发式算法从一个问题的解决方案开始（典型的组合优化问题），系统地交换这个最初方案的成员，当前解决方案的成员要么是根据当前方案的另一部分元素形成，要么属于"非成员"集，如自动分区算法（automated zone procedure，AZP），用于分类单变量数据的自然间隔方法，以及适用于用欧氏距离度量的旅行商问题（traveling salesman problem，TSP）的标准化形式的 n-opt。

交互启发式算法获得问题最优解决方案时需要满足三个必要但不充分条件：对于分配给它们的需求点，所有的设施应满足最少旅行成本/距离中心；所有的需求点分配给它们最近的设施；从这个解决方案中移走设施，用其他候选点代替，总是会导致净增加或者目标函数值不变。要注意的是这个解决方案一般不是全局最优，不一定是唯一的，也不一定最接近全局最优。

3）元启发式算法

元启发式算法是一些典型的高层次策略，能够指导基本的、更具体的启发式方法，以提高该方法的性能。元启发式算法的主要目标是避免迭代改进的缺陷，尤其是通过允许多重下降使得局部搜索逃离局部最优。这是通过允许较差移动或以一种比随机产生初始解更智能的方式产生新的初始解来实现的。元启发式算法最初由 Glover 提出，现在成为寻求全局最优解的局部搜索（LS）程序，包括禁忌搜索、模拟退火法、蚂蚁系统和遗传算法。

4）禁忌搜索

禁忌搜索是对局部邻域搜索进行扩展的元启发式算法，该算法通过引入一个灵活的存储结构和相应的禁忌准则来避免迂回搜索，并使用特赦准则又称藐视准则来赦免一些被禁忌的优良状态，避免优于当前最优解的解被禁忌，进而保证多样化的有效探索以最终实现全局优化。

5）交叉熵方法

交叉熵方法广泛应用于最短路径和旅行商问题分析，其主要思想是将组合优化问题转化为关联随机优化问题。该方法通过适当的采样算法来随机逼近最优解。它包括两个阶段：①基于一个指定的随机数发生器（通常是一个蒙特卡洛过程）产生随机数据（轨迹、向量等）。②基于数据对随机数发生器的参数进行更新，在下一次迭代中产生一个"更好"的样本。

6）模拟退火法

模拟退火是一种扩展的局部搜索算法，通过以一定概率接受较差解来避免过早陷入局部最优。模拟退火算法根据金属和玻璃等固体晶体的加热与冷却过程启发而命名。在该过程中固体首先被熔化，然后缓慢地冷却，冷却过程在一个温度比较低的条件下进行，通过花费比较长的时间从而获得一个处于最小能量状态的完美的晶格结构。基于对该过程的模拟，模拟退火算法把问题的解集关联到物理系统的状态上，把目标函数对应固体的物理能量，而最优解则是最小能量状态。

7）蚂蚁系统和蚁群优化

蚂蚁系统的灵感来自蚂蚁寻找食物过程中使用信息素标记它们的足迹。成功的路径（如那些找到食物来源的路）因为被越来越多的蚂蚁使用而变得越来越强化（一种学习或集体记忆的形式）。蚁群优化是一个分布的随机搜索算法，以人工蚂蚁群体之间的间接通信为基础，以人工信息素为媒介，信息素可充当一个分布的数字信息，用于蚂蚁构建问题的解。蚂蚁通过在算法执行过程中修改信息素，来反映搜索过程的历史信息。

变异蚁群算法能够在可接受的性能水平下解决大的旅行商问题，也可以应用于有时间约束的车辆路径问题和动态路径问题。

4.4.2 交通网络分析

交通网络分析主要关注道路交通网络的路径生成与选择，经典问题包括最短路径问题、旅行商问题和物流配送分析等。

1. 最短路径问题

路径问题涉及的网络是固定的道路网络。最佳路径问题是在预先规划的道路网络上寻找一个结点到另外结点之间最近（或成本最低）的路径（图 4.46）。最佳路径分析也称最优路径分析，其一直是计算机科学、运筹学、交通工程学、地理信息科学等学科的研究热点。这里"最佳"包含很多含义，不仅指一般地理意义上的距离最短，还可以是成本最少、耗费时间最短、资源流量（容量）最大、线路

图 4.46 最佳路径分析

利用率最高等标准。很多网络相关问题，如最可靠路径问题、最大容量路径问题、易达性评价问题和各种路径分配问题均可纳入最佳路径问题的范畴之中。无论判断标准和实际问题中的约束条件如何变化，其核心实现方法都是最短路径算法。

地理网络因地理元素属性的不同而表现为同形不同性的网络形式，为了进行最佳路径分析，需要将网络转换成加权有向图，即给网络中的弧段赋以权值，权值要根据约束条件而确定。若一条弧段的权表示起始结点和终止结点之间的长度，那么任意两结点间的一条路径的长度即为这条路上所有边的长度之和。最短路径问题就是在两结点之间的所有路径中寻求长

度最短的路径。

最短路径问题的表达是比较简单的,从算法研究的角度看,最短路径问题通常可归纳为两大类:一类是所有点对之间的最短路径;另一类是单源点间的最短路径。

从一个单一的源到网络中所有或许多其他的顶点的最短路径分析,称为单源 SPAs 或单源查询。从一个单一的源产生的最短路径的集合被称为最短路径树(SPT)。

最短路径的确定可以被指定为一个线性规划问题。设 S 为源点,T 是目标顶点,$c_{ij}>0$ 作为链或边 (i, j) 的成本或距离,寻求最小值 z,如下:

$$z = \sum_i \sum_j c_{ij} x_{ij}$$

服从
$$\sum_j x_{ji} \cdot \sum_k x_{ik} = m \tag{4.9}$$

式中,当 $i \neq s$ 时,$m=0$;当 $i=t$ 时,$m=1$;当 $i=s$ 时,$m=-1$;$x_{ij} \in \{0,1\}$。

计算最短路径的典型算法有 Dantzig 和 Dijkstra 算法,这两者都是单源的 SPAs,适用于具有非负边权的网路,算法通常需要的时间是 $O(n^2)$,其中 n 是结点的数目。

1)Dantzig 算法

Dantzig 是一种具有离散动态规划形式的算法,图 4.47 所示为在具有正边权重的有向平面图(有向图)中从顶点 1 到 2,3,4 所有顶点的最短路径求解过程。

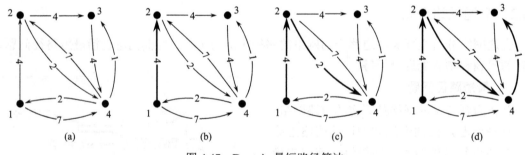

图 4.47 Dantzig 最短路径算法

Dantzig 算法的基本步骤如下:

(1)确定从顶点 1 开始的最短(最少的距离/成本/时间)边,本例中是从顶点 1 到顶点 2(成本=4)。添加顶点 2 和从 1 到 2 的边到标记集中。如果存在相同权重的情况,任意选择一条边。

(2)确定从顶点 2 开始并加上(1,2)边成本的最短(最少累计成本/时间)边,本例中是从顶点 2 到顶点 4(成本=6)。添加顶点 4 和 2 到 4 的边到标记集中。

(3)确定标记集中最短(最少的累积成本/时间)的边,本例是从顶点 1 到 2 到 4 再到 3(成本=7)。

(4)所有的顶点都到达的时候停止;重复从顶点 2、3 和 4 开始,计算从每一个顶点出发的所有的最短路径。

2)Dijkstra 算法

戴克斯徒拉(Dijkstra)算法是 Dijkstra 于 1959 年提出的一种按路径长度递增的次序产生

最短路径的算法，此算法被认为是解决单源点间最短路径问题经典且有效的算法。其基本思路是：假设每个点都有一对标号 $(d_j,\ p_j)$，其中，d_j 为从起源点 s 到点 j 的最短路径的长度（从顶点到其本身的最短路径是零路，即没有弧的路，其长度等于零）；p_j 则为从 s 到 j 的最短路径中 j 点的前一点。求解从起源点 s 到点 j 的最短路径算法也称标号法或染色法，其基本过程如下：

（1）初始化。起源点设置为 $d_s=0$，p_s 为空，并标记起源点 s，记 $k=s$，其他所有点设为未标记点。

（2）检验从所有已标记的点 k 到其直接连接的未标记的点 j 的距离，并设置

$$d_j=\min\left[d_j,\ d_k+l_{kj}\right]$$

式中，l_{kj} 为从点 k 到 j 的直接连接距离。

（3）选取下一个点。从所有未标记的结点中，选取 d_j 中最小的一个 i，有

$$d_i=\min\left[d_j,\ \text{所有未标记的点 } j\right]$$

式中，点 i 就被选为最短路径中的一点，并设为已标记的点。

（4）找到点 i 的前一点。从已标记的点中找到直接连接到点 i 的点 j^*，作为前一点，记为 $i=j^*$。

（5）标记点 i。如果所有点已标记，则算法完全退出，否则，记 $k=i$，重复步骤（2）～（4）。

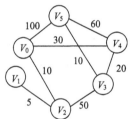

图 4.48 为一带权有向图，运用 Dijkstra 算法，则所得从 V_0 到其余各顶点的最短路径及运算过程中距离的变化情况，如表 4.5 所示。在求解从源点到某一特定终点的最短路径过程中还可得到源点到其他各点的最短路径，因此，这一计算过程的时间复杂度是 $O\ (n^2)$，其中 n 为网络中的结点数。

图 4.48　带权的有向图

表 4.5　Dijkstra 算法示例及计算过程

终点	从源点 V_0 到各终点的距离值和最短路径的求解过程				
	$i=1$	$i=2$	$i=3$	$i=4$	$i=5$
V_1	∞	∞	∞	∞	∞
V_2	10 $(V_0,\ V_2)$				
V_3	∞	60 $(V_0,\ V_2,\ V_3)$	50 $(V_0,\ V_4,\ V_3)$		
V_4	30 $(V_0,\ V_4)$	30 $(V_0,\ V_4)$			
V_5	100 $(V_0,\ V_5)$	100 $(V_0,\ V_5)$	90 $(V_0,\ V_4,\ V_5)$	60 $(V_0,\ V_4,\ V_3,\ V_5)$	
V_j	V_2	V_4	V_3	V_5	
S	$\{V_0,\ V_2\}$	$\{V_0,\ V_2,\ V_3\}$	$\{V_0,\ V_2,\ V_3,\ V_4\}$	$\{V_0,\ V_2,\ V_3,\ V_4,\ V_5\}$	

3）弗洛伊德算法

弗洛伊德（Floyd）算法能够求得每一对顶点之间的最短路径，其基本思想是：假设求从顶点 V_i 到 V_j 的最短路径。若从 V_i 到 V_j 有弧，则从 V_i 到 V_j 存在一条长度为 d_{ij} 的路径，该路径不一定是最短路径，需要进行 n 次试探。首先判别弧（V_i, V_1）和弧（V_1, V_j）是否存在[即考虑路径（V_i, V_1, V_j）是否存在]。如果存在，则比较（V_i, V_j）和（V_i, V_1, V_j）的路径长度，较短者为从 V_i 到 V_j 的中间顶点的序号不大于 1 的最短路径。假如在路径上再增加一个顶点 V_2，若路径（V_i, …, V_2）和路径（V_2, …, V_j）分别是当前找到的中间顶点的序号不大于 1 的最短路径，那么后来的路径（V_i, …, V_2, …, V_j）就有可能是从 V_i 到 V_j 的中间顶点的序号不大于 2 的最短路径。将它和已经得到的从 V_i 到 V_j 的中间顶点的序号不大于 1 的最短路径相比较，从中选出中间顶点的序号不大于 2 的最短路径，然后增加一个顶点 V_3，继续进行试探。依次类推，在经过 n 次比较之后，最后求得的必是从 V_i 到 V_j 的最短路径。按此方法，可同时求得各对顶点间的最短路径。算法共需 3 层循环，总的时间复杂度是 $O(n^3)$。

4）矩阵算法

该算法是利用矩阵来求出图的最短距离矩阵。假设 $A=(a_{i,j})_{n×n}$ 是带权无向图的邻接矩阵，则 $A^{[2]}=(a_{ij}^{[2]})_{n×n}$，其中，$a_{i,j}=\min\{a_{i1}+a_{1j},a_{i2}+a_{2j},…,a_{ik}+a_{kj}\}$，这里 $a_{i1}+a_{1j}$ 表示从结点 i 经过中间点 1 到结点 j 的路径长度，$a_{i2}+a_{2j}$ 表示从结点 i 经过中间点 2 到结点 j 的路径长度，其余各项的意义与此相同，都表示从结点 i 经过一个中间点到结点 j 的路径长度，a_{ij} 取它们中的最小值，其意义就是从结点 i 最多经过一个中间点到结点 j 的所有路径中长度最短的那条路径。同理可知，$A^{[k]}=(a_{ij}^{[k]})_{n×n}$ 中，$a_{i,j}^{[k]}$ 表示从结点 i 最多经过（$k-1$）个中间点到结点 j 的所有路径中长度最短的那条路径。图的阶数是 n，从 i 到 j 的简单路径最多经过 $n-2$ 个中间结点，所以只需要求到 $A^{[n-2]}$ 即可，然后比较 A, $A^{[2]}$, $A^{[3]}$, …, $A^{[n-2]}$，取其中最小的一项就是从结点 i 到结点 j 的所有路径中长度最小的那条路径。算法步骤可表示为：①已知图的邻接矩阵 A；②求出 A, $A^{[2]}$, $A^{[3]}$, …, $A^{[n-2]}$；③$D=AA^{[2]}A^{[3]}…A^{[n-2]}=(d_{i,j})_{n×n}$。

最终得到的 D 为图的最短距离矩阵。求出矩阵中的每个值需要进行 n 次计算，求出矩阵中的所有元素值需要进行 n^2 次计算，最后需要进行 n 次比较，所以该算法的时间复杂度是 $O(n^4)$。

应用最短路径分析可以实现最近设施的查找。很多 GIS 软件都提供了这一工具。最近设施查找是指在网络上给定一个事件点和一组设施点，为事件点查找以最小耗费能到达的一个或几个设施点，结果显示从事件点到设施点（或从设施点到事件点）的最佳路径、耗费及行驶方向。设施点如学校、超市、加油站等服务设施，事件点是需要服务设施的事件位置。例如一起交通事故，事件发生点要求查找在 10 分钟内能到达的最近医院，超过 10 分钟到达的都不予考虑（图 4.49）。可见，最近设施查找实际上是一种路径分析。此外，最短路径分析还可以设置障碍边和障碍点，这些障碍不能被穿越。

最短路径算法是许多空间分析问题的关键内容，主要应用在禁止转弯、限速、方向限制等不同约束条件下通过网络从一个位置转移到另一个位置的路径选择问题。除此基础功能外，还可拓展用于交通流，第二、第三或者第 k 条最短路径，旅行线路规划等所有由标准建筑街区形成的网络和定位优化问题的解决。

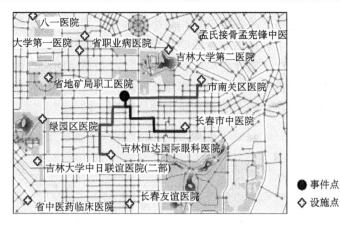

图 4.49　最近设施查找

最短路径分析方法还可以延伸应用到非网络空间环境中，如商场、机场或者公园里行人、电瓶车、或者自行车的路径计算问题。一种解决方法是栅格化，即在研究空间上覆盖栅格，连接相邻栅格的中点或边缘，形成一个高密度连接序列，用于选择路线，如到紧急出口的最短路线（不限于 2D 空间）。基于这一思想，根据必须与障碍（如凳子、桌子等）保持最小距离的约束条件，可以在办公环境中应用最短路径算法选择绕开障碍物的最短路径（图4.50）。

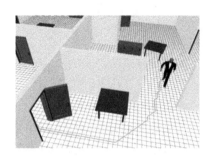

图 4.50　避免障碍的最短路径

还有很多其他方法可以解决办公环境中最短路径选择问题。基于计算几何的方法将问题中所有的元素看做是多面体对象，在该分隔空间中寻找最短路径。这些方法得到的最短路径都是比较平直的，而非通常栅格数据中的锯齿样路线。实际上，所有基于栅格的最短路径分析会产生有偏离的"最短"路线（方向和距离的偏离），实现方法是首先使用简单快速的算法解决问题，之后在满足约束条件的同时，尽量将最短路径校直以优化最终结果。最短路径算法还可以应用于网络图代表逻辑结构而非地理空间的抽象问题，如满足数据库中搜索某种类型数据或安排事务处理流程时最小化总的操作时间或成本的要求。

2. 旅行商问题

另一种路径分析方法是求解最佳游历方案，又分为弧段最佳游历方案求解和结点最佳游历方案求解两种。弧段最佳游历方案求解是给定一个边的集合和一个结点，使之由指定结点出发至少经过每条边一次并回到起始结点，图论中称为中国邮递员问题；结点最佳游历方案求解则是给定一个起始结点、一个终止结点和若干中间结点，求解最佳路径，使之由起点出发遍历（不重复）全部中间结点并到达终点，图论中称为旅行推销员问题（也称旅行商问题，TSP）。较好的近似解法有基于贪心策略的最近点连接法、最优插入法，基于启发式搜索策略的分支算法和基于局部搜索策略的对边交换调整法等。

1）旅行商分析

旅行商分析是查找经过指定的一系列点的路径，是无序的路径分析。旅行商可以自己决定访问结点的顺序，目标是旅行路线阻抗总和最小（或接近最小）。旅行商分析默认给定的旅行商经过点集合中的第一个点作为旅行商的起点，如果选择指定终点，则给定的经过点集合的最后一个点为终点，此时，旅行商从第一个点出发，到指定的终点结束，而其他经过点的访问次序由旅行商自己决定。如果不指定终点，则旅行商从起点出发，而其他点的访问次序由旅行商决定，即按照总花费最小的原则决定访问顺序（图 4.51）。

图 4.51　不指定终点和指定终点时的旅行商分析

2）多旅行商分析

多旅行商分析是指在网络数据集中，给定 M 个配送中心点和 N 个配送目的地（M，N 为大于零的整数），查找经济有效的配送路径，并给出相应的旅行路线。如何合理分配配送次序和送货路线，使配送总花费达到最小或每个配送中心的花费达到最小，是物流配送需要解决的问题。多旅行商分析的结果将给出每个配送中心所负责的配送目的地，以及这些配送目的地的经过顺序和相应的行走路线，从而使该配送中心的配送花费最少或者使得所有的配送中心的总花费最少。此外，配送中心点在完成其所负责的配送目的地的配送任务后，最终会回到配送中心点。

假定现在有 50 个报刊零售地（配送目的地）和 4 个报刊供应地（配送中心），现寻求这 4 个供应地向报刊零售地发送报纸的最优路线（图 4.52 和图 4.53）。

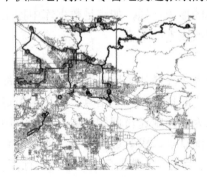
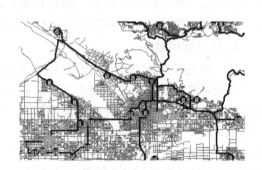

图 4.52　多旅行商分析结果示意图　　　　　图 4.53　2 号配送中心的配送方案

事实上，最短路径问题属于旅行商问题的子集。旅行商问题的应用非常广泛，包括销售人员拜访客户、收取垃圾的卡车服务居住区和商业物业、货物配送车服务零售网点、保安人员巡逻地点等。旅行商问题属于结点限制路径问题，本质上是要寻找一条连接所有结点（客户）的哈密尔顿回路，并且该回路的路径成本最小。

旅行商问题可以用公式表示：

$$1: \min\left\{\sum_{i=1}^{n}\sum_{j=1}^{n}c_{ij}x_{ij}\right\}, i \neq j \quad 服从$$

$$2: \sum_{\substack{i=1 \\ i \neq j}}^{n} x_{ij} = 1, j = 1, \cdots, n$$

$$3: \sum_{\substack{j=1 \\ j \neq i}}^{n} x_{ij} = 1, i = 1, \cdots, n \tag{4.10}$$

$$4: x_{ij} \in \{0,1\}$$

式中，C_{ij} 为从 i 到 j 旅行的成本（如成本加权距离）；如果在旅行中存在从 i 到 j 的直接连接，$x_{ij}=1$，否则为 0。这里 n 为在旅行中站点的个数，如 $i=1$ 是旅行起点（如停车场），$i=2,3,\cdots,$ n 是要访问的站点（如客户）。

4.4.3   位置与服务区分析

在许多应用中，都需要解决这样的问题：在网络中选定几个供应中心并将网络的各边和点分配给某一中心，使各中心所覆盖范围内每一点到中心的总的加权距离最小，实际上包括位置选择与服务区分配两个问题，也称定位与分配问题。定位是指已知需求源的分布，确定在哪里布设供应点最合适的问题；分配指的是已知供应点，确定其为哪些需求源提供服务的问题。定位与分配是常见的定位工具，也是网络设施布局、规划所需的一个优化的分析工具。

1. 选址问题（定位问题）

选址问题是为了确定一个或多个待建设施的最佳位置，使得设施可以用一种最经济有效的方式为需求方提供服务或者商品。如确定市郊商店区、消防站、工厂、飞机场、仓库等的最佳位置。网络分析中的选址问题一般限定设施必须位于某个结点或位于某条网线上，或在若干候选地点中选择位置。选址问题种类繁多，实现的方法和技巧也多种多样，不同的 GIS 系统在这方面各有特色，其中的"最佳位置"具有不同的解释，即用什么标准来衡量一个位置的优劣，对定位设施数量的要求也不同。定位问题不仅仅是一个选址过程，还要将需求点的需求分配到相应的新建设施的服务区中，因此也称为选址与分区。

与选址问题相关的几个概念如下：

资源供给中心：点数据，用来设置资源供给的相关信息（资源量、最大阻力值、资源供给中心类型、资源供给中心在网络中所处结点的 ID 等）。

资源量：表示资源供给中心能提供的最大服务量或商品数量。

最大阻力值：用来限制需求点到资源供给中心的花费。如果需求点（弧段或结点）到此资源供给中心的花费大于最大阻力值，则该需求点被过滤掉，即该资源供给中心不能服务此需求点。

资源供给中心包括固定中心、可选中心和非中心三个类型。固定中心是指网络中已经存在的、已建成的服务设施（扮演资源供给角色）；可选中心是指可以建立服务设施的资源供给中心，即待建服务设施将从这些可选中心中选址；非中心在分析时不予考虑，在实际中可能是不允许建立这项设施或者已经存在了其他设施。

举例来说，计划在某个区域内建立邮局，有 15 个待选地点，将在这些待选点中选择 7 个最佳地点建立邮局。最佳选址要满足：居民点中的居民步行去邮局办理业务的步行时间要在 30 分钟以内，同时每个邮局能够服务的居民总人数有限。在同时满足这两个条件的基础上，选址分区分析会给出一个最佳的选址位置，并且计算出每个邮局的服务区域（图 4.54）。

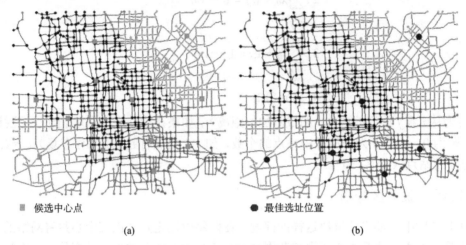

■ 候选中心点   ● 最佳选址位置

(a)   (b)

图 4.54　选址分区分析

2. 分配问题

分配问题在现实生活中体现为确定设施的服务范围及其资源的分配范围等问题，资源的分配能为城市中的每一条街道上的学生确定最近的学校，为水库提供其供水区等。

资源分配是模拟资源如何在中心（学校、消防站、水库等）和周围的网络边（街道、水路等）、结点（交叉路口、汽车中转站等）间流动。在计算设施的服务范围及其资源的分配范围时，网络各元素的属性也会对资源的实际分配有很大影响。主要属性包括中心的供应量和最大阻值、网络边和网络结点的需求量及最大阻值等，有时也用到拐角的属性。根据中心容量，以及网线和结点的需求将网线和结点分配给中心，分配沿最佳路径进行。当网络元素被分配给某个中心时，该中心拥有的资源量就依据网络元素的需求而缩减，当中心的资源耗尽时，分配停止，用户可以通过赋给中心的阻碍强度来控制分配的范围。

1）确定中心服务范围

实际生活中，许多行业和部门都涉及利用服务设施提供相关服务的问题，例如，①到服务设施或中心的最短距离不超过一定范围的覆盖区域，如一个供水站 50km 以内的区域，构成该供水站的供水区；②到服务设施或中心的最短时间不超过一定限制的覆盖区域，如一个消防站 10 分钟所能到达的范围是该消防站在 10 分钟的服务范围。中心服务范围分析作为基本网络分析功能，为评价服务中心的位置及其通达性提供了有利的工具。

地理网络的中心服务范围是指一个服务中心在给定的时间或范围内能够到达的区域。严格定义可表述如下：设 $D=(V,E,c)$ 为一给定的有中心的地理网络，V 表示地理网络结点的集合，E 表示地理网络边的集合，c 表示地理网络的一个中心。设中心的阻值为 c_w，w_{ij} 表示网络边 e_{ij} 的费用，r 表示地理网络上任何结点到中心（v_i,v_c）间的一条路径，r_{ic} 表示该路径的费用。在不考虑货源量和需求量的情况下，中心的服务范围定义为满足下列条件的网络边和网络结点的集合 F：

$$F = \{ v_i \mid r_{ic} \leqslant c_w, v_i \in r \} \cup \{ e_{ij} \mid r_{ic} + w_{ij} \leqslant c_w, v_i \in r \} \qquad (4.11)$$

中心的阻值 c_w 可理解为资源从中心沿某一路径分配的总成本最大值，在中心服务范围内从中心出发的任意路径费用不能超过中心的阻值。例如，要求学生到校的时间不超过 15 分钟，则学校的阻值是 15 分钟，中心的阻值针对不同的应用具有不同的含义。

确定中心服务范围的基本思想是依次求出服务成本不超过中心阻值的路径，组成这些路径的网络结点和边的集合构成了该中心的服务范围。具体处理时是运用广度优先搜索算法，将地理网络从中心开始，根据中心的阻值和网络边的费用，由近及远，依次访问与中心有路径相通且路径成本不超过中心阻值的结点，确定达到的最短路径，主要步骤为：①根据拓扑关系，计算地理网络的最大邻接结点数；②构造邻接结点矩阵和初始判断矩阵，描述地理网络结构；③应用广度优先搜索算法确定地理网络中心的服务范围。

确定中心服务范围还需要考虑以下情形。

多服务区互斥：若两个或多个相邻的服务区有交集，则将它们进行互斥处理。

是否从中心点开始分析：从中心点开始分析和不从中心点开始分析，体现了服务中心和需要该服务的需求地的关系模式。从中心点开始分析，是一个服务中心向服务需求地提供服务；而不从中心点开始分析，是一个服务需求地主动到服务中心获得服务。例如，某个奶站向各个居民点送牛奶，如果要对这个奶站进行服务区分析，看这个奶站在允许的条件下所能服务的范围，那么在实际分析过程中就应当使用从中心点开始分析的模式。另一个例子，如果想分析一个区域的某个学校在允许的条件下所能服务的区域时，在现实中，都是学生主动来到学校学习，接受学校提供的服务，那么在实际分析过程中就应当使用不从中心点开始分析的模式（图 4.55）。

许多 GIS 软件包中定义服务区域的相关工具也能定义行驶时间范围，通常以覆盖在网络上的一个多边形图层表示行驶时间或距离。图 4.56 显示了在盐湖城街道网络中围绕一个点构建的一系列带状区域。这些带状区域的边缘就是距离区间的上限。不同的软件进行区域构建的程序不同，大致包含三种选项：①凸边边界；②缓冲区；③分带系统。而选项和局部网络的复杂度会导致计算时间延长。

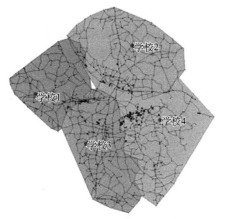

图 4.55　四个学校的学区划分

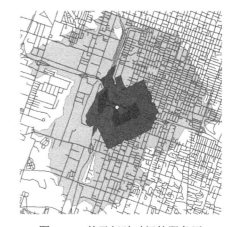

图 4.56　基于行驶时间的服务区

2）确定中心资源分配范围

资源分配反映了现实世界网络中资源的供需关系，"供"代表一定数量的资源或货物，位于中心的设施中；"需"指对资源的利用。通常用地理网络的中心模拟提供服务的设施如学校、消防站，被服务的一方用网络边和网络结点模拟如沿街道居住的学生等。供需关系导致在网络中必然存在资源的运输和流动，资源或者从供方送到需方，或者由需方到供方索取。供方和需方之间是多对多的关系，如一个学生可以到许多学校去上学、多个电站可以为同一区域的多个客户提供服务，都存在优化配置的问题。优选的目的在于：一方面，要求供方能够提供足够的资源给需方，如电站要有足够的电能提供给客户；另一方面，对于已建立供需关系的双方，要实现供需成本的最低。例如，在学生从家到学校时间最短的情况下，确定哪个学生到哪个学校上学。

资源分配是将地理网络的边或网络结点，按照中心的供应量及网络边和网络结点的需求量，分配给一个中心的过程。确定中心资源的分配范围就是确定地理网络中由哪些网络边和网络结点所组成的区域接受该中心的资源分配，处理时既要考虑网络边和网络结点的需求量，又要考虑中心的总需求量，即求出到中心费用不超过中心最大阻值，同时网络的总需求量不超过中心货源量的路径。组成这些路径的网络结点和边的集合就构成了该中心资源分配的范围。

资源的分配范围定义可以表述如下：设 $D=(V,E,c)$ 为一给定的带中心的地理网络，设中心的货源量为 c_s，中心的阻值为 c_w，d_{ij} 和 w_{ij} 分别表示网络边 e_{ij} 的需求量和费用。r 表示地理网络上任何结点到中心 (v_i,v_c) 间的最短路径，r_{ic} 为该路径的费用，m 为网络当前的总需求量。则资源的分配范围为满足下列条件的网络边和网络结点的集合 P。

$$P=\{v_i\mid r_{ic}\leqslant c_w,m\leqslant c_s,v_i\in r\}\cup\{e_{ij}\mid r_{ic}+w_{ij}\leqslant c_w,m+w_{ij}\leqslant c_s,v_i\in r\} \qquad(4.12)$$

具体求解中心资源的分配范围时与服务范围的搜索方法类似，算法的主要步骤如下。

（1）将中心所在的结点设为 V_0，放入已标记结点集 S 中，并初始化有关变量。

（2）如果整个网络都已被分配，则停止；否则，执行步骤（4）。

（3）如果总资源量都已被分配，则停止；否则，执行步骤（4）。

（4）在尚未分配的结点集 $\bar{S}$ 中，寻找距离中心 V_0 路径最短的结点 V_n，假设 V_n 的前一点是 V_m，将（V_m,V_n）作为当前处理的边。

（5）判断网络流在边（V_m,V_n）上的运行情况：①边接受的来自 V_m 点的流量：$LR_{mn}=\min\{LL_{mn},PO_m\}$；②边消耗的流量：$LF_{mn}=\min\{LD_{mn},LR_{mn}\}$；③由该边流向 V_n 的流量：$LO_{mn}=LR_{mn}-LF_{mn}$。其中，LD_{mn}、LL_{mn} 分别为（V_m,V_n）边的需求量和通行能力，PO_m 为 V_m 发出的流量。

（6）如果（V_m,V_n）边流向 V_n 点的流量为 0，则该边停止运输；如果（V_m,V_n）边流向 V_n 点的流量小于该边的需求量，则将该边的一部分分配给中心后，停止运输；如果（V_m,V_n）边流向 V_n 点的流量大于该边的需求量，则考察网络流在 V_n 点上的接受量 PR_n、消耗量 PF_n 和发出量 PO_n。

（7）判断网络流在结点上的运行情况，与网络流在边上的运行情况类似：①结点 V_n 接受的来自（V_m,V_n）的流量，$PR_n=\min\{PL_n,LO_{mn}\}$；②结点 V_n 消耗掉的流量，$PF_n=\min\{PD_n,PR_n\}$；③由结点 V_n 流向相邻边的流量，$PO_n=PR_n-PF_n$。其中，PD_n、PL_n 分别为结点 V_n 的

需求量和通行能力。

（8）如果 $PO_n \leqslant 0$，则该点停止运输；如果 $PO_n > 0$，则考察与结点 V_n 相邻的边。

（9）如果存在与 V_n 点相邻的边（V_n, V_r），该边尚未分配而该边的点 V_n 已经分配，则给该边分配它所需要的量 LD_{nr}，此时，从 V_n 点流向其他相邻的，且另一端点尚未分配的边的流量为 $PO_n = PO_n - LD_{nr}$。

（10）记录已分配的结点 V_m、边（V_m, V_n）或边（V_n, V_r），并从未分配的点、边集合 $\overline{S}$ 和 $\overline{Q}$ 中减去这些元素，将点 V_n 作为当前结点。

最后，计算全网络点或边的总消耗量 LET、PET，点或边的分配数 LNT、PNT 及总的消耗量 TF。

3. P 中心定位与分配问题

许多资源分配问题的供应点布设要求满足多种组合条件，如在选择供应点时不仅要求使总的加权距离最小，有时还要使总服务范围最大，有时又限定服务范围最大距离不能超过一定的限值等，这些问题都可以分解为多个单目标问题，利用单目标方程即最小目标值法来求解。目标方程是用数学方式表达满足所有需求点到供应点的加权距离最小的条件方程，也称 P 中心定位问题（P-median location problem），是定位与分配问题的基础。

P 中心定位与分配模型最初由 Hakimi 于 1964 年提出，在该模型中，供应点和候选点都位于网络的结点上，弧段则表示可到达供应点的通路或连接，使用的距离是网络上的路径长度，特定的优化条件可以是总距离最小、总时间最少或者总费用最少等。根据不同的优化条件，P 中心问题可分为不同的类型，其中总的加权距离最小的 P 中心问题是最基本的问题，其他问题可通过修改目标方程或约束条件在该模型基础上进行扩展。

P 中心定位与分配问题的目标是在 m 个候选点中选择 p 个供应点为 n 个需求点服务，使从服务中心到需求点的总距离（或时间、费用）最少，则 P 中心问题可以表述为

$$\min\left(\sum_{i=1}^{n}\sum_{j=1}^{m} w_i \cdot d_{ij} \cdot a_{ij}\right) \tag{4.13}$$

并且满足以下条件：$\sum_{j=1}^{m} a_{ij} = 1$，$i = 1, 2, \cdots, n$ 保证每个需求点 i 都被服务；$\sum_{j=1}^{m} a_{jj} = p$，将服务中心的数量限定为 p 个；$a_{jj} \geqslant a_{ij}$，$\forall i, j, i \neq j$，其中，i、n 分别为需求点的位置、数量；j、m 分别为候选点的位置、数量；p 为要确定的服务中心的数量；w_i 为需求点的需求量；d_{ij} 为需求点到服务点的最短距离；a_{ij} 为分配系数，如果需求点 i 受供应点 j 的服务，则 a_{ij} 的值为 1，否则为 0，即

$$a_{ij} = \begin{cases} 1 & i \text{ 由 } j \text{ 服务} \\ 0 & \text{其他} \end{cases} \tag{4.14}$$

上述约束条件是为了保证每个需求点仅受一个供应点的服务，且只有 P 个供应点。因此，所有 P 中心问题都具有如下基本特点：①从一组候选点中选取特定个点 P；②所有需求点都分配给与之最近的供应点；③供应点的供应量是一定的，每个供应点都位于其所服务的需求点的中央。

将上述 P 中心模型目标方程进行相应修改，可以引申求解其他类型的 P 中心定位与分配问题。

要求距离最小时，令 $M_{ij} = w_i \cdot d_{ij}$，则原目标方程转化为

$$\min(\sum_{i=1}^{n}\sum_{j=1}^{m} M_{ij} \cdot a_{ij}) \tag{4.15}$$

若希望所有的需求点在一给定的理想范围 S 内，则对 M_{ij} 作如下修改

$$M_{ij} = \begin{cases} w_i d_{ij} & d_{ij} \leqslant S \\ +\infty & d_{ij} > S \end{cases} \tag{4.16}$$

若要求所选的中心具有最大服务范围并且需求点在一给定的服务范围 S 内，则对 M_{ij} 作如下修改

$$M_{ij} = \begin{cases} 0 & d_{ij} \leqslant S \\ w_i & d_{ij} > S \end{cases} \tag{4.17}$$

若需要限制服务范围在一给定的最远距离 L 内，则对 M_{ij} 作如下修改

$$M_{ij} = \begin{cases} 0 & d_{ij} \leqslant S \\ w_i & S < d_{ij} \leqslant L \\ +\infty & d_{ij} > L \end{cases} \tag{4.18}$$

图 4.57 显示了上述三个模型的特征，其中图 4.57（a）表示总距离最短时中心的位置；图 4.57（b）表示总距离最短且需求点不超过一定距离时，中心从原来的位置移到当前的位置；图 4.57（c）表示中心位置移动后，中心最大的服务范围从 4 个需求点扩大到 9 个需求点；图 4.57（d）表示中心位置移动后，中心的最远服务范围可以覆盖所有的需求点。

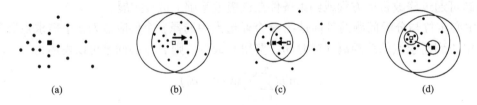

(a)   (b)   (c)   (d)

图 4.57 常见的 P 中心模型

常用启发式算法来逼近 P 中心问题的最佳结果，其中又以交换式算法使用最多，全局/区域性交换式算法（densham-rushton 算法）的步骤为：

（1）选 P 个候选点作为起始供应点集，并将所有需求点分配到最近的供应点，计算其目标方程值，即总的加权距离。

（2）作全局性调整：①检验所有选择的供应点，选定一个供应点准备删去，它的删去仅引起最小的目标方程值的增加；②从未选入的候选点中，寻找一个候选点来代替第①步中选中的供应点，这样可以最大限度地减少目标方程值；③如果第②步中选择的点所减少的目标方程值大于第①步中选择的点所增加的目标方程值，就用第②步中的点代替第①步中选择的点，并更新目标方程值，再回到第①步重复检验。否则，转入步骤（3）。

（3）对每一供应点依次作出区域性调整：①如果不是固定的供应点，就用它邻近的候选点来代替检验；②如果这一代替可以最大限度地减少目标方程值，则进行这一替换，直到 $P-1$ 个供应点都被检验，并无新的替换为止；③重复以上两步直到无新的替换为止，最后的

供应点集就是最终的结果。

该算法的区域性调整过程运用空间邻近相关性的特征，每个供应点只被其服务范围内的候选点进行替换检测，每个候选点只被检验一次，避免了很多不必要的计算，大大改善了算法的处理速度。由于启发式算法自身的局限性，此算法还存在一些不足：求得结果只能是非常接近最佳结果，无法保证其完全准确；算法实现过程中并不平衡供应点间的负担，也不限制供应点的容量；初始点集的不同会对最终结果产生一定的影响。

4.4.4　流分析

地理网络中不断进行着物质和能量的流动，形成了各种各样的流。人流、物流和能量流等在网络中的流动是有方向的，且这些资源的流量不能超过网络的最大流量。流分析就是根据网络元素的性质选择将目标经输送系统由一个地点运送至另一个地点的优化方案，网络元素的性质决定了优化的规则。寻找网络中从固定的出发点到终点的最大流量或成本最小流量及流向，对于交通运输方案的制订、物资紧急调运及管网路线的布设等具有重要意义。

流分析问题可以采用线性规划法来求解，但网络的线性规划方程一般都相当复杂，因此常用的求解方法是根据实际的网络，利用图的方法来解决问题，网络流理论为其基础理论。根据地理网络的特点，可以给出网络流的相关概念。

给定一个网络 $G(V, E)$，c_{ij} 为一个非负数，表示网络边 $\{v_i, v_j\}$ 的容量；c_j 为网络结点 j 的结点容量；w_{ij} 为网络边上输送单位流量所需费用；s 和 s' 分别为网络的发点（源）和收点（汇），网络中各边的方向表示允许的流向。

设 f 是该网络上的一个非负函数，对一切网络边 $e=(v_i, v_j) \in E$，$f(e)=f_{ij}$，对任意网络结点 $j \in V$，$f(j)=f_j$，如果函数满足下列条件：从 i 点到 j 点的函数值等于从 j 点到 i 点的函数值的相反数，即 $f_{ij}=-f_{ji}$，其中，i、j 为发点 s 到收点 s' 之间的任意结点；对应网络边的函数不超过网络边的容量，对应网络结点的函数不超过结点容量，即 $0 \leqslant f_{ij} \leqslant c_{ij}$，$0 \leqslant f_j \leqslant c_j$，那么就称 f 是网络上的一个可行流，f_{ij} 和 f_j 分别为 f 通过网络边 (v_i, v_j) 和网络结点 j 的流量，称 $v(f) = \sum\limits_{(v_i, v_j) \in E} f_{sj} - \sum\limits_{(v_j, v_s) \in E} f_{js}$ 为 f 的一个流值；若网络边和网络结点的函数值均为 0，即 $f_{ij}=0$，$(v_i, v_j) \in E$；$f_j=0$，$j \in V$，则 f 也是一个可行流，这个流称为网络的零流。

网络流的最优化问题一直是地理网络研究的一个重要问题，主要涉及两方面内容：网络最大流问题和最小费用流问题。最大流问题是指在一个网络中怎样安排网上的流，使从发点到收点的流量达到最大；在实际应用中，不仅要使网络上的流量达到最大，或达到要求的预定值，还要使运送流的费用或代价最小，即最小费用流问题。

1. 网络最大流问题

最大流问题是一类经典的组合优化问题，也可以看做是特殊的线性规划问题，在电力、交通、通信、计算机网络等工程领域和物理、化学等科学领域有着广泛的应用，许多其他的组合优化问题也可以通过最大流问题求解。

给定一个网络，s 和 s' 是网络的发点和收点，f 是该网络的一个可行流，求该网络的最大流就是求出所有可行流中流值最大的流。

设 D 是网络中一条链 (v_i, v_j)，规定正方向是从 i 到 j，则 D 上的弧分成两类：一类弧的方向与 D 的正方向相同，称为前向弧；一类弧的方向与 D 的正方向相反，称为后向弧。

设 f 是网络 G 的一个可行流，(v_i, v_j) 是 G 的一条弧，若 f 在弧 (v_i, v_j) 上的流量 $f_{ij}=0$，称 (v_i, v_j) 为 f 零流，否则称 (v_i, v_j) 为 f 正弧；若 f 在弧 (v_i, v_j) 上的流量 $f_{ij}=c_{ij}$，称 (v_i, v_j) 为 f 饱和弧，否则称 (v_i, v_j) 为 f 非饱和弧。

网络中从始点至终点的一条全部由正向弧构成的路称为正向路。当正向路上每条弧中的流量 f_{ij} 小于其容量 c_{ij} 时，则称其为正向增广路。当网络中不存在对于某可行流 f 的正向增广路时，则称可行流 f 为网络的饱和流。图 4.58（a）和（b）中的流为饱和流，而图 4.58（c）中的流为非饱和流，因为在 s-A-s' 路上还有可能增加两个单位流量。

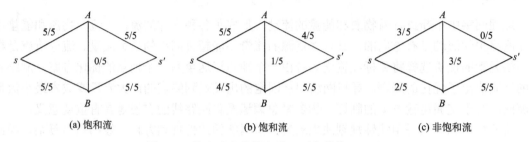

（a）饱和流　　　　　　　　　　　（b）饱和流　　　　　　　　　　　（c）非饱和流

图 4.58　饱和流和非饱和流（弧旁数值=f_{ij}/c_{ij}）

求解最大流的基本思想是：从带发点和收点的容量网络中的任何一个可行流开始，用流的增广算法寻找流的增广链。如果网络 G 中存在一条从发点 s 到收点 s' 的增广链 f_1，则对 f_1 进行增广得到一个流值增大的可行流 f_2，然后在网络中继续寻找 f_2 的增广链，对 f_2 进行增广，直到找不到流的增广链为止，此时的可行流就是 G 的最大流。

1）Ford-Fulkerson 算法

Ford-Fulkerson 算法，也称为标记法或 2F 算法，是利用图的深度优先搜索技术在剩余网络中寻找增广路，分为标记过程和增广过程。前一过程利用深度优先搜索技术通过标记结点来寻找一条可增广的路，后一过程则使沿可增广的路的流增加。2F 算法的运行时间为 $O(mf^*)$，其中，f^* 为最大流的流量。该算法不足之处在于：如果每一次找到的增广链只能增加一个单位的流量，则从零流开始计算需要进行增广过程的迭代次数将等于网络边的容量，而与网络的大小无关，实际应用中网络边的容量大小可以是任意的数字，运行时间将受此限制。另外，当网络边的容量不是整数时则不能保证该算法在有限步结束。选取增广链的任意性造成了这些不足，为实现应用中高效率搜索必须改进增广链的选取方法。

2）Dinic 算法

Dinic 算法的思想是减少增广次数，建立一个辅助网络，即分层网络。分层网络与原网络具有相同的结点数，但边上的容量有所不同，在分层网络上进行增广，将增广后的流值写到原网络上，再建立当前网络的辅助网络。如此反复，达到最大流。分层的目的是降低寻找增广路的代价，分层网络的建立使用了距离的概念，距离是指在一个可行流的剩余网络中，从每个结点到收点的最短有向路径的长度。距离相同的结点构成一个层次，分层网络中只保留从层次 $i+1$ 中的结点到层次 i 中结点的边。对任何剩余网络，可以采用广度优先搜索，构造出分层网络。在分层网络 D 中，如果可行流 f 使 D 中的任一路径的某一边的剩余容量为 0（即阻塞该边），则称可行流 f 为分层网络 D 中的阻塞流。对分层网络本身而言，阻塞流即为最大流。

Dinic 算法的终止条件是从发点到收点的距离 $l(s) \geqslant n$，这是因为任何网络中不存在长度超过 $n-1$ 的路径，此时剩余网络中不可能存在增广路，算法结束。一般来讲，该算法的运行时间为 $O(n^2m)$。事实上，Dinic 算法的每一个中间过程所求得的流可以认为是最大流的一个近似。

除此之外，国内外学者对最大流问题进行了广泛的研究，其中网络最大流的图单纯形解法是在研究网络堵塞流理论的基础上发现网络最大流是饱和流的一个特例，因而重新定义了网络最大流问题。在图上进行单纯形步骤求出最大流，该算法实质与 2F 算法相同，但其为规定寻找增广路的先后顺序提供了理论依据，弥补了 2F 算法计算量大的缺陷。网络最大流的矩阵算法利用网络的容量矩阵得出网络的最小割矩阵，即可得到网络的最大流，但该算法在数据量非常大的情况下非常烦琐，在实际求算过程中不可行。Edmonds 和 Karp 在 2F 算法的基础上提出根据最短路径来选择增广路，即在求增广链时，每次都找出最短增广链，在 $O(nm)$ 次增广后就一定能得到最大流，n 和 m 分别为容量网络的顶点数和边数。王家耀提出一种改进算法，首先用任意方法求出网络的一个整可行流，在寻找增广链的过程中，主要根据点-边拓扑关系算法寻找最短路径作为增广路，然后使增广路的流增加，依次往复循环直到找不到流的增广链为止，这种算法还可以应用于扩大的网络上，且由算法生成最大流的过程也将产生原有网络的最大流。

网络最大流问题在交通运输网络、邮政通信网络及各种与流量（容量）问题相关的各类网络管理中有非常重要的应用。这里以邮政问题为例，运用最大流算法，对邮政运输网络进行分析，达到优化邮政通信网，提高邮政经济效益和社会效益的目的。

图 4.59（a）中两个邮局 V_1 和 V_2 发往 t_1、t_2、t_3 三地的邮件需经 V_3 和 V_4 两个邮局作为中转站，其中圆圈中的数字为该局的最大处理能力，弧上所标的权值为该线路的最大运输能力。解决的问题是计算此邮运网的最大运输能力，并对结果进行分析，这属于多收点、多发点的网络最大流问题。

先将该问题转化为一个收点和一个发点的问题，不妨虚拟一发点 V_s 和一收点 V_t，如图 4.59（b）所示，其中，弧（V_s, V_1）的容量取所有以 V_1 为起始点的弧的容量之和（或任一大于这个数的值），这里等于 20；同样，弧（V_s, V_2）的容量取作 18+8=26，弧（t_1, V_t）、（t_2, V_t）、（t_3, V_t）的容量分别取为 12、22、17。由于 V_3 和 V_4 两中转局有处理能力的限制，这里将 V_3 点转换为 V_3' 和 V_3'' 两个没有任何处理能力的点，（V_3', V_3''）的容量为 30；同样转化 V_4，得到一个顶点无容量约束的网络，如图 4.59（c）所示。根据最大流量法，对图 4.59（c）进行标号，找出增广链，并调整，直至无法进行为止，得到结果如图 4.59（d）所示，该网络的最大通过能力为 40。

2. 网络的最小费用流问题

最小费用流问题的一般提法是：设 $D=(V, E, c, w)$ 是一个带发点 v_s 和收点 v_t 的容量-费用网络，对于任意（v_i,v_j）$\in E$，c_{ij} 为弧（v_i,v_j）上的容量；w_{ij} 为弧（v_i,v_j）上通过单位流量的费用；w_i 和 w_j 分别为结点 v_i 和 v_j 通过单位流量的费用。设 f 是该网络上的一个可行流，定义 f 的费用为

$$w(f) = \sum_{(v_i,v_j) \in E} w_{ij} f_{ij} + \sum_{v_i \in v} w_i f_i \qquad (4.19)$$

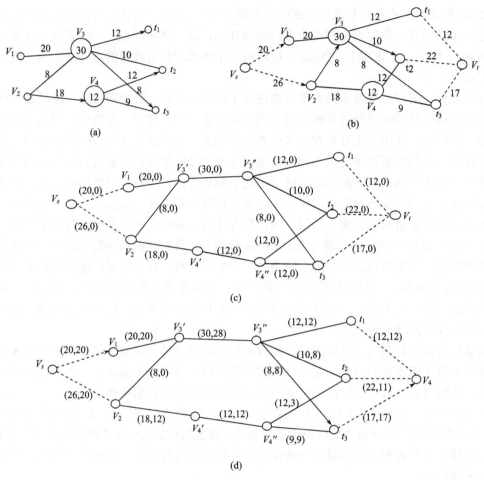

图 4.59　邮运网模拟图

　　设 v_0 是给定的非负数,最小费用流问题可以描述为在上述网络中求出一个流值为 v_0 的费用最小的可行流,也可以理解为如何制定运输方案使得从 v_s 到 v_t 恰好运送流值为 v_0 的流且总运费最小。

　　在网络中沿着最短路增广得到的可行流的费用为最小,确定最小费用流的过程实际上是一个多次迭代的过程,其基本思想是从零流为初始可行流开始,在每次迭代过程中对每条边赋予与容量、费用、现有流的流量有关的权数,形成一个赋权有向图,再用求最短路径的方法确定由发点到收点的费用最小的非饱和路径,沿着该路增加流量,得到相应的新流。经过多次迭代,直至达到指定流值的新流为止。该算法主要步骤如下:①取零流 f 作为初始可行流。②如果 $v(f)=v_0$,则 f 为网络 G 中流值为 v_0 的最小费用流,否则转到步骤③。③寻找增广链,在网络 G 中根据点-边拓扑关系算法,寻找当前可行流 f_k 的一条最短路 P。如果没有这样的路,则网络 G 中没有流值为 v_0 的可行流,结束;否则,将 P 作为当前可行流 f_k 的一条增广路,δ_p 表示 P 的容量,$v(f)$ 表示当前可行流 f_k 的流值,$\delta_p = \min\{c_{ij}, c_j \mid (v_i, v_j) \in P, c_j \notin (v_s, v_t)\}$。其中,$c_{ij}$、$c_i$ 和 c_j 分别为边 (v_i, v_j)、结点 v_i 和 v_j 的容量。④在网络 G 中,沿 P 将流增广为 f_{k+1},增加的流值为 θ,$\theta = \min\{\delta_p, v_0 - v(f)\}$,即对于 $(v_i, v_j) \in P$,$f_{ij} = f_{ij} + \theta$,$f_j = f_j + \theta$。⑤当 $c_{ij} = f_{ij}$ 或

$c_j=f_j$ 时，令 $d_{ij}=\infty$，$k=k+1$，重复上述步骤。对这一算法进行修改就可以得到其他约束条件的最大流问题的算法。

最小费用流理论为运输方案的制订、管网的布设等提供了进行优化的理论依据，这里以商业网点布局为例说明其应用。

（1）建立相应的地理网络。设定企业的购、运、销各类型结点，区别出商品的供应地、销售地、运输线路交点等，按照交通道路网用箭线把各结点连通成网络。在这个过程中要注意所有箭线都要遵循箭尾设在代表商品供应地的结点上，而箭头设在代表商品销售地的结点上的原则。另外，还要设出整个网络的总源和总汇，并且把总源点与供应点连通，箭线从源点指向供应点；把销售点与总汇连通，箭线从销售点指向总汇，同时采用一定的标注方式和原则对各弧进行标注。

（2）确定最佳购、运、销方案，利用标号法（Ford-Fulkerson 算法）寻求网络最大流 $f*$。①找出一个可行流 f_0（可设 f_0 是零流）。②寻找关于流 f_0 的一条增广链，若不存在关于 f_0 的增广链，则 f_0 就是最大流，若找到增广链 μ，则执行下一步。③沿 μ 确定调整量 θ，并按 θ 调整流 f_0，得到流量较 f_0 增大 θ 的新可行流 f_1。④返回第②步直到求得网络最大流 $f*$。

3. 设施网络的流分析

设施网络主要模拟市政水网、输电线、天然气管道、电信服务和水流水系等具有资源有向流动的网络结构，进行各类连通性分析和追踪分析。设施网络分析的特殊之处在于"流"的方向。网络中的流向取决于网络的拓扑结构、源和汇的网络位置。

1）设施网络的基本概念

设施网络是一组边和交汇点的组合，并通过一定的连通性规则来实现对真实世界网络设施的表达和建模。

边：一般由线对象组成，用来表示资源流通管道（如水管、电线、天然气管线等）。

交汇点：一般由点对象组成，用来表示两条及多条资源流通管道的交汇，如水网的泵站和阀门、电网的电闸、天然气网的供气点等。

源：指资源流出交汇点，如真实网络中的电站和水站等。

汇：指资源流入交汇点，如真实网络中的电网和水网用户接入点。

网络权重：每一个网络都可以与一组权重相关联，例如，在水网中可以存在一个水压权重，其和每段边的长度关联，表达的含义是水流每通过一段管道,水压会由于管道摩擦的存在而不断减少。一种网络权重可以与某一类对象的某一字段相关联，也可以和多种对象进行关联，且权重可以为 0，如孤立交汇点没有和任何字段关联的权重都为 0。

要素有效和失效：设施网络中的边和交汇点都可以因为某种原因而失效，失效的边或交汇点则变成了网络的障碍，有效和失效可以由一个字段进行表示。

在设施网络中，环路是指由两条或两条以上流向值为 2（即不确定流向）的弧段构成的闭合路径。图 4.60 是某设施网络的一部分，网络弧段的流向通过不同的符号进行表达。

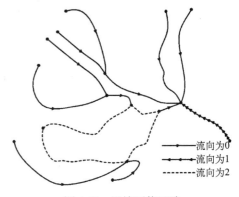

————流向为0
◆——◆流向为1
------流向为2

图 4.60　设施网络环路

2）设施网络的分析方法

（1）连通性分析。在现实世界中，点与点之间并不总是连通的。通过连通性分析，可以明确哪些点之间是连通的，哪些点之间不连通。连通性分析的最大特点是不需要考虑网络阻力值的大小（禁止通行除外），网络上的结点和弧段只有连通和不连通之分。禁止通行可以通过设置障碍点和障碍边实现，如图 4.61 所示。

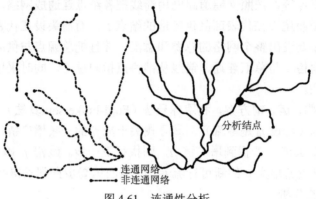

图 4.61　连通性分析

（2）查找源和汇。在设施网络中，网络的源和汇都以网络结点的形式存在。网络中的结点可以是源、汇，也可以是普通的结点，如管网中的阀门、三通连接头等，它们并不是资源流动的起点或终点。源和汇在网络流向上的意义非常明确，即资源总是从源流出，最终流入汇。网络中可以有多个源和汇，如图 4.62 和图 4.63 所示。

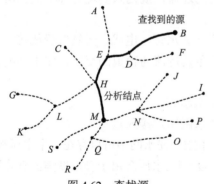

图 4.62　查找源

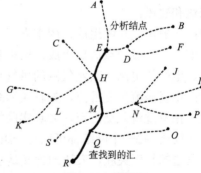

图 4.63　查找汇

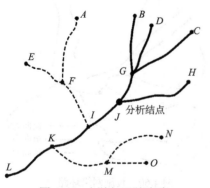

图 4.64　上游与下游追踪

（3）上游追踪和下游追踪。对于某个结点（或弧段）来说，网络中的资源最终流入该结点（或弧段）所经过的弧段和结点称为它的上游；从该结点（或弧段）流出最终流入汇点所经过的弧段和网络称为它的下游，如图 4.64 所示。

（4）共同上游与共同下游。共同上游是指多个结点（或弧段）的公共上游网络，即这些结点（或弧段）各自上游的交集部分，如图 4.65 所示。同样，共同下游是多个结点（或弧段）各自下游的交集部分，如图 4.66 所示。

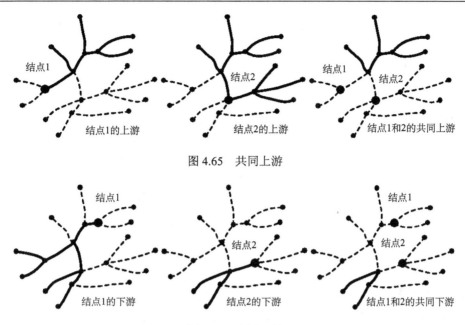

图 4.65　共同上游

图 4.66　共同下游

（5）路径追踪分析。路径追踪分析，是依据网络流向和网络权值，计算最小耗费路径的过程。耗费值依据指定的权值字段的值来计算。最小耗费路径的含义也是由权值字段的意义决定的。例如，如果权值均相等或不使用耗费（设置权值为 0），则查找的是弧段数最少的路径；如果使用弧段长度作为权值，则查找的是最短路径。

设施网络的路径追踪分析包括三方面内容：两结点（弧段）间的路径分析、上游路径分析和下游路径分析。两结点（或弧段）间的路径分析查找过程为：从给定的起始结点（或弧段）出发，根据流向查找到给定终止结点（或弧段）的所有路径，然后从其中找出耗费最小的一条，如图 4.67。起始和终止对象必须是同一类型，即都是结点或都是弧段。

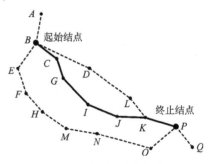

图 4.67　两结点间最小耗费路径

上游最小耗费路径的查找过程为：从给定结点（或弧段）出发，根据流向查找出该结点（或弧段）的所有上游路径，然后从其中找出耗费最小的一条，如图 4.68 所示。下游最小耗费路径的查找过程为：从给定结点（或弧段）出发，根据流向查找出该结点（或弧段）的所有下游路径，然后从其中找出耗费最小的一条，如图 4.69 所示。

4.4.5　动态分段

动态分段最早于 1987 年由美国威斯康星交通厅戴维·弗莱特提出，利用线性参考技术，根据属性数据的空间位置，实现属性数据在地图上动态显示、分析及输出等。动态分段可以在不改变线数据原有空间数据结构的前提下，建立线对象的任意部分与一个或多个属性之间的关联关系，极大地增强了线性特征的处理功能。动态分段技术可模拟与分析公路、铁路、河流、管线等具有线性特征的地物，广泛应用于公共交通管理、路面质量管理、航海线路模拟、通信网络管理、电网管理等诸多领域。

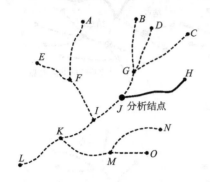 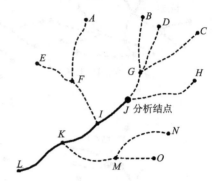

图 4.68　上游最小耗费路径　　　　　　　　　图 4.69　下游最小耗费路径

1. 线性参考技术

线性参考是一种采用具有测量值的线性要素的相对位置来描述和存储地理位置的方法，如点要素可以被描述为道路起点 10km 处、线要素可以被描述为沿道路 26～28km 等。其中，

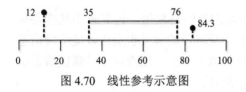

图 4.70　线性参考示意图

要素测量值的单位，可以是长度，也可以是时间、费用等。如图 4.70 所示，从左至右利用线性参考可分别描述为：距离线段起始位置 12 个单位的点，沿线段第 35 个单位开始至第 76 个单位结束的线段，沿线段第 84.3 个单位的点。传统 GIS 是使用精确的 X、Y 坐标定位，但实际上使用相对位置有时能够更有效地处理问题，不仅提高了数据制作效率和降低了数据存储空间，也降低了数据维护的复杂度。

2. 动态分段技术

动态分段技术基于线性参考技术发展起来，主要涉及两种数据结构：路由和事件。路由用来表达具有测量值的线对象,事件记录的是发生在路由的现象的位置和其他属性。如图 4.71 所示，动态分段的核心过程就是通过事件表中记录的标识值和相对位置信息，将事件表中的每一条记录对应到路由上，动态地生成点或者线对象。用户可以存储生成的点或线数据，也可以不存储，因为该数据在使用前可以通过事件表和路由快速地动态生成。

路由：使用唯一 ID 标识，并具有度量值的线对象。除有 X、Y 坐标外，每个结点还有一个用于度量的值（称为刻度值），是路由与一般线对象的根本区别。路由对象可以用来模拟现实世界中的公路、铁路、河流和管线等线性地物。

刻度值：路由的结点信息由（X、Y、M）表达，如图 4.72 所示。刻度值即 M 值，代表该结点到路由起点的度量值，该值可以是距离、时间或其他任何值。M 值独立于路由数据的坐标系统，其单位可以不与（X, Y）的坐标单位相同。M 值可以递增、递减或者保持不变。

事件：包含路由位置及相关属性的一条记录称为路由事件，简称事件，分为点事件和线事件。存储了路由事件集合的属性表称为事件表。点事件与线事件分别存储于点事件表和线事件表中。点事件发生在路由上的一个精确点位置上，如发生在公路上的交通事故、高速公路上的测速仪器、公交站点、管线上的阀门等。在点事件表中，每个点事件（一条记录）都

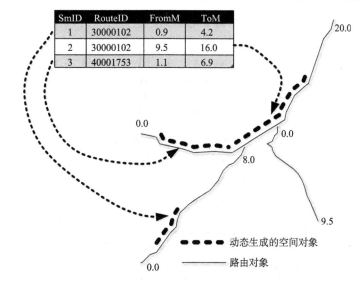

图 4.71　动态分段的核心过程

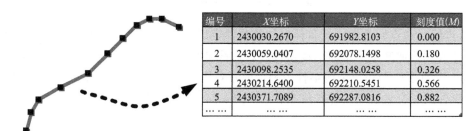

图 4.72　一条路由及其结点信息

对应一个路由 ID（路由标识字段），并使用一个字段来存储描述点事件位置，即刻度字段，用于存储点事件在对应路由上的 M 值。线事件发生在路由的一段上。如某段道路的铺设年份、交通拥堵状况、管线的管径等。在线事件表中，每个线事件（一条记录）都对应一个路由 ID（路由标识字段），并使用其他字段来存储描述线事件的刻度值。

3. 事件表的叠加与融合

1）事件表叠加

　　事件表叠加是将第一个事件表中的所有事件（称为输入事件）分别与另一事件表中的所有事件（称为叠加事件）进行求交或求并的操作，结果会生成一个新的事件表。叠加要求输入事件和叠加事件具有相同的路由 ID。事件表的叠加有两种方式，分别是事件求交集和事件求并集。事件求交集的叠加方式会将具有相同路由 ID 的事件交叠的部分输出到结果事件表中。事件求并集的叠加方式较为复杂，首先计算出事件的交集，这部分将写入结果事件表中，然后使用交集对所有事件（包括输入和叠加事件）进行分割，将处于交集范围外的事件写入结果事件表中。事件表的叠加模式包括线线叠加（两个线事件表进行叠加）、点线（线点）叠加（一个点事件与一个线事件叠加）和点点叠加（两个点事件叠加）。

　　（1）线线叠加。线线叠加的结果为一个新的线事件表。图 4.73 为线线叠加的示意图，在这里输入事件与叠加事件具有相同的路由 ID。需要注意，一个输入线事件与一个叠加线事件成首尾相连状态时（如图 4.73 中的事件 a 与 A），会产生一个零长度事件（aA）。

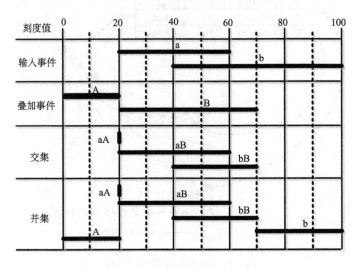

图 4.73　线线事件的叠加示意图

（2）点线（线点）叠加。点事件表与线事件表以求交方式叠加产生一个新的点事件表，而使用求并方式叠加产生一个新的线事件表。点线叠加与线点叠加的结果事件表类型相同。图 4.74 为一个点事件表和一个线事件表叠加的示意图。采用求并方式叠加时，点事件处和点事件与线事件的相交处会产生零长度事件，如图 4.74 中的点事件 2 与线事件 a 叠加产生零长度事件 2a。

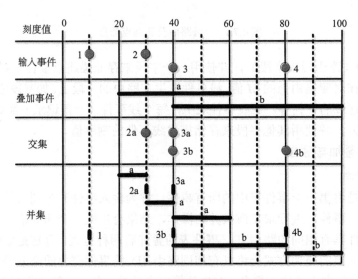

图 4.74　点线事件的叠加示意图

对事件表叠加的结果事件表进行分析，有助于解决一些传统空间分析技术不能解决的问题。例如，在一份交通事故数据中，有两个事件表分别记录了事故发生时的路面宽度和车速，将这两个事件表进行叠加求交，结果事件表中则同时记录了路宽和车速两个信息的交通事故事件。从结果事件表中，可以快速获知交通事故的综合信息，如发生在路面宽度小于 10m，且事故发生时车速大于 70km/h 的交通事故有哪些。如果是叠加求并，则可用于查找路面宽度小于 10m，或车速大于 70km/h，以及宽度小于 10m 且车速大于 70km/h 的交通事故。

　　2）事件表融合

　　事件表融合是指对一个事件表进行的操作，将具有相同路由 ID 和融合字段值的事件按照一定方式进行合并。事件表的融合有两种方式，分别是连接和交叠。连接是指将两个具有相同路由 ID 和融合字段值，并且首尾相连的事件合并为一个事件写入结果事件表中。交叠是指如果两个具有相同路由 ID 和融合字段值的事件有交叠部分，就将这两个事件合并为一个事件写入结果事件表中。事件表的融合支持点事件表融合和线事件表融合（图 4.75 和图 4.76）。

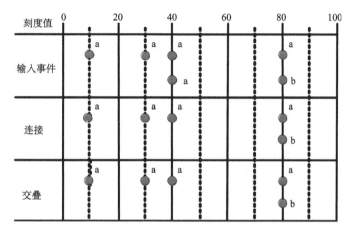

图 4.75　点事件表的融合

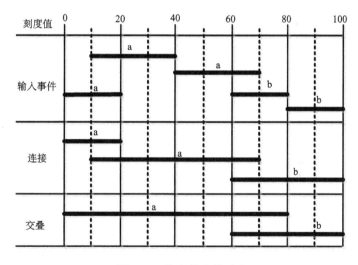

图 4.76　线事件表的融合

复习思考题

1. 距离量测与距离分析有何异同？

2. 什么是缓冲区分析？缓冲区可以分为哪几种类型？如果缓冲结果出现相互重叠，应当如何处理？

3. 泰森多边形分析可解决哪些实际问题？试举例详细阐述。

4. 什么是叠加分析？在叠加分析中如何处理图形和属性信息？

5. 举例说明栅格计算中局部运算和邻域运算的区别。

6. 什么是地图代数？地图代数支持哪些运算？

7. 密度分析有何意义？有哪几种类型？

8. 举例说明网络分析的应用问题有哪几类？

9. 进行网络分析时应考虑哪些问题？

10. 分别解释网络分析中的"链""结点"和"中心"的含义。

11. 什么是生成树和最小生成树？

12. 网络设施分析可以解决哪些应用问题？

13. 最短路径分析常用的算法有哪些，各有何特征？

14. 什么是 P 中心定位问题？常用的算法是什么？

15. 什么是动态分段？其主要应用有哪些？

第5章 空间相关性分析

地理学第一定律指出，地理系统中所有事物之间都是有联系的，空间上距离相近的地理事物的相似性比距离远的事物相似性大。地理现象或地理对象在空间上的这种相关性，表现为地理系统的空间结构性与随机性，可用空间依赖性和空间异质性来描述。

空间依赖性主要通过全局或局部的空间统计量来度量空间对象整体的自相关程度或在空间中的集聚程度，从而反映空间对象某种属性的空间模式。当变量在空间上表现出一定的规律性，即不是随机分布的，则存在着空间自相关，空间自相关具有各向同性和各向异性。空间异质反映空间对象分布的不均匀程度，主要描述地理空间变量随位置不同而变化的性质。统计学提供了一些定量描述这种空间变异性的工具，如变异函数、协方差函数等。通过空间依赖性与空间变异特征的分析，可以发现地理要素的空间分布模式与趋势，定量揭示地理要素的空间关联与空间关系。

在空间依赖性与空间变异分析的基础上，对样本数据进行空间插值，预测非采样点的值，并进行区域特征分析。空间数据插值方法包括确定性插值和克里金（Kriging）插值。

5.1 空间自相关

5.1.1 空间自相关基本概念

在统计分析中，通过相关分析（correlation analysis）可以检测两种现象（统计量）的变化是否存在相关性，若所分析的统计量为不同观察地点或时间的同一属性变量，则称为自相关（autocorrelation）。空间自相关（spatial autocorrelation）反映的是一个区域单元上的某种地理现象或某一属性值与邻近区域单元上同一现象或属性值的相关程度，通过检测一个位置上的变异是否依赖于邻近位置的变异来判断该变异是否存在空间自相关性，即是否存在空间结构关系。每个取样点对应一个或多个变异，根据变异的性质可以分为三种类型：绝对型变异（如花形态、红色或白色等）、等级型变异（如植被密度等级等）、连续型变异（如形态测量、基因频率等）。每个取样点的变异值来源于一次观察或对该取样点个体群的统计。

空间自相关理论认为彼此之间距离越近的事物越相像。也就是说，空间自相关是针对同一个属性变量而言的，当某一测样点属性值高，而其相邻点同一属性值也高时，为空间正相关；反之，则为空间负相关。通过测量两空间测样点间的距离，画出这两个点的值的半变异函数，可以生成半变异函数云图。半变异函数/斜方差函数云图能够检测已测样点间的空间自相关特征。

当空间自相关仅与两点间距离有关、与方向无关时，称为各向同性（isotropy）；在相同距离上，不同方向可能具有不同的自相关值，即与其他方向相比，在某个方向上距离更远的事物具有更大的相似性，这种方向效应称为各向异性（anisotropy）。

5.1.2　空间自相关分析方法

相关位置上的数据间具有一定的空间自相关，对这种相关程度定量化是空间模式中依赖性和异质性统计分析的基础。空间自相关统计学的本质是常规表达方式 γ（相关系数）的特殊情况：γ 是定义的一个矩阵，由两个矩阵相乘得到，即一个描述所有点之间的位置相关可能性的空间权重矩阵，以及一个描述这些点中非空间相关性（如经济关系、社会关系或者其他关系）的矩阵。如果这些矩阵的元素是相似的，则 γ 是高度正相关的。以 γ 描述空间自相关性的理论基础有三种，即协方差思想（Moran 统计学，I）、减法思想（Geary 统计学，C）和加法思想（Getis and Ord，G）。当同步测量所有点之间的空间相关性时，这些统计学参数可被视为全局参数。与 Pearson 的乘积矩相关系数类似，Moran 统计学是基于制定相关位置的协方差发展起来的，而 Geary 考虑的是相关位置间的数字差分。对于普通的最小平方差回归分析，这些检验参数特别有用。

空间自相关方法按功能大致分为两类：全域型自相关（global spatial autocorrelation）和区域型自相关（local spatial autocorrelation）。全域型自相关的功能在于描述某现象的整体分布状况，判断此现象在空间是否有聚集特性存在，但其并不能确切地指出聚集在哪些地区；若将全域型不同空间间隔（spatial interval）的空间自相关统计量依序排列，可进一步得到空间自相关系数图，用于分析该现象在空间上是否有阶层性分布。而依据 Anselin 提出的区域型自相关（local indicators of spatial association，LISA）方法论可知，区域型自相关能够推算出聚集地（spatial hot spot）的范围，其主要有两个原因：一是由统计显著性检定的方法，检定聚集空间单元相对于整体研究范围而言，其空间自相关是否显著，若显著性大，即是该现象空间聚集的地区，如 Getis 和 Ord 发展的 Getis 统计方法；二是度量空间单元对整个研究范围空间自相关的影响程度，影响程度大的往往是区域内的"特例"，也就表示这些"特例"点往往是空间现象的聚集点。

计算空间自相关的方法有多种，最为常用的是 Moran's I、Geary's C、Getis、Join count 及空间自相关系数图等。

1. Moran's I 系数

空间自相关分析是量测空间事物的分布是否具有自相关性，高的自相关性代表了空间现象聚集性的存在。空间自相关分析的主要功能在于可以同时处理数据的区位和属性，因此在进行空间自相关性分析时，应首先建立区位相邻矩阵。若在区域内有 n 个空间单元（spatial units/pixels），每个空间单元皆有一个观察值 X（the variable of interest），空间单元 i 与空间单元 j 的空间关系构成的空间权值矩阵 W_{ij}（spatial weights matrix），i 与 j 的关系以 0 和 1 表示，1 表示 i 和 j 相邻，0 表示 i 和 j 不相邻。相邻与否是根据空间单元间的界线是否重叠来判定，即边界重叠表示空间单元 i 和 j 相邻，未重叠则表示两个空间单元不相邻，其简单定义为

$$[W_{ij}]_{n \times n} \tag{5.1}$$

式中，W_{ij} 为空间权值矩阵元素（an element of a matrix of spatial weights）；$W_{ij}=1$ 表示区位相邻，$W_{ij}=0$ 则表示区位不相邻，$i=1, 2, \cdots, n$；$j=1, 2, \cdots, n$。

属性相似矩阵则是在研究范围中，以各个空间单元数据值为基础构成的矩阵。一般而言，

属性数据常为社会经济数据，而属性数据的定义，常因研究需求不同而存在差异。

Moran's I 是应用较广泛的一种度量空间自相关性的全局判定指标，其计算式为

$$
I = \frac{\sum\limits_{i=1}^{n}\sum\limits_{j=1}^{n} \boldsymbol{W}_{ij} \times \boldsymbol{C}_{ij}}{\sum\limits_{i=1}^{n}\sum\limits_{j=1}^{n} \boldsymbol{W}_{ij} \times S^2} = \frac{\sum\limits_{i=1}^{n}\sum\limits_{j=1}^{n} \boldsymbol{W}_{ij} \times (X_i - \bar{X})(X_j - \bar{X})}{\sum\limits_{i=1}^{n}\sum\limits_{j=1}^{n} \boldsymbol{W}_{ij} \times \frac{1}{n}\sum\limits_{1}^{n}(X_i - \bar{X})^2} \tag{5.2}
$$

式中，$\boldsymbol{C}_{ij} = (X_i - \bar{X})(X_j - \bar{X})$；$S^2 = \dfrac{1}{n}\sum\limits_{1}^{n}(X_i - \bar{X})^2$。其中，$\boldsymbol{W}_{ij}$ 为空间权值矩阵；$\boldsymbol{C}_{ij}$ 为属性相似矩阵；X_i 为 i 空间单元属性数据值，X_j 为 j 空间单元属性数据值；$\boldsymbol{W}_{ij} = 1$ 代表空间单元相邻，$\boldsymbol{W}_{ij} = 0$ 代表空间单元不相邻。

基于随机分布的虚无假设（the null hypothesis），常采用统计验证的方式进一步判定 Moran Index 的期望值和变异数。I 的期望值为

$$
Z(I) = \frac{\left[I - E(I) \right]}{\sqrt{\mathrm{Var}(I)}} \qquad E(I) = \frac{-1}{(n-1)} \tag{5.3}
$$

其变异数为

$$
\mathrm{Var}(I) = \frac{n\left[(n^2 - 3n + 3)\boldsymbol{W}_1 - n\boldsymbol{W}_2 + 3\boldsymbol{W}_0{}^2 \right] - K\left[(n^2 - n)\boldsymbol{W}_1 - 2n\boldsymbol{W}_2 + 6\boldsymbol{W}_0{}^2 \right]}{\boldsymbol{W}_0{}^2 (n-1)(n-2)(n-3)} - E(I)^2 \tag{5.4}
$$

式中，$\boldsymbol{W}_0 = \sum\limits_{i=1}^{n}\sum\limits_{j=1}^{n} \boldsymbol{W}_{ij}$；$\boldsymbol{W}_1 = \dfrac{1}{2}\sum\limits_{i=1}^{n}\sum\limits_{j=1}^{n}(\boldsymbol{W}_{ij} + \boldsymbol{W}_{ji})^2$；$\boldsymbol{W}_2 = \sum\limits_{i=1}^{n}(\boldsymbol{W}_{\bullet i} + \boldsymbol{W}_{i\bullet})^2$；$K = \dfrac{n^{-1}\sum\limits_{i=1}^{n}\left(X_i - \bar{X} \right)^4}{\left[n^{-1}\sum\limits_{j=1}^{n}\left(X_j - \bar{X} \right)^2 \right]^2}$；

$\boldsymbol{W}_{\bullet i}$ 和 $\boldsymbol{W}_{i\bullet}$ 为相关权重矩阵 i 列及 j 行的总和。

由 Moran's I 公式可以发现，如果 i 空间单元与 j 空间单元的属性数据值皆大于平均值，或皆小于平均值，则 I 值将大于 0，即说明相邻地区拥有相似的数据属性，呈正相关关系（positive spatial autocorrelation），属性值高或低的地区都有聚集现象；若 I 值小于 0，代表相邻地区属性差异大，数据空间分布呈现高低间隔分布的状态，表现为负相关关系（negative spatial

$I>0$(正相关)　　$I<0$(负相关)

图 5.1　空间自相关正负结果示意图

autocorrelation）；I 值趋近于 0，则相邻空间单元间相关性低，某空间现象的高值或低值呈无规律的随机分布状态（图 5.1）。

全域型 Moran's I 计算方式，是基于统计学相关系数的协方差关系推算出来的。一般而言，统计学上的变异数与协方差皆是度量数值资料改变程度的工具。但 Moran's I 的量测仅能表明属性相似的单元间是否呈聚集状态，无法由简洁的数值表达空间中聚集区的分布形态，而全域空间自相关的延伸——空间间隔自相关图弥补了该项不足。

根据各空间间隔自相关值的计算，Moran's I 公式改写为

$$I(d) = \frac{n}{\sum_{i=1}^{n}\sum_{j=1}^{n}W_{ij}(d)} \times \frac{\sum_{i=1}^{n}\sum_{j=1}^{n}W_{ij}(d)(X_i-\bar{X})(X_j-\bar{X})}{\sum_{i=1}^{n}(X_i-\bar{X})^2} \tag{5.5}$$

式中，d 为空间间隔。$d=1$ 代表空间单元是相邻的，距离为 1 个单位；$d=2$ 定义为与间隔一个的空间单元相接邻，距离为 2，而与原来的空间单元不相邻。如果依序增加空间间隔数，求出各空间间隔的 Moran's I 值，并将各 I 值绘制成柱状图，即得到纵坐标为 I 值，横坐标为各个空间间隔的空间自相关图，每个柱代表该空间间隔的 I 值，即该空间间隔的自相关系数强度。

空间间隔相关图的曲线如果随着空间间隔数的增加而依序递减，则表示该区域中属性相似区呈现单核心的分布状态；若依序增加空间间隔，相关曲线图非依序递减，而呈波浪形曲线，可知空间中应存在不止一个空间聚集区块。此外，将不同时期的空间自相关图对比，可以了解聚集强度变化过程及是否存在空间扩散的现象。

综上所述，根据空间自相关指数及空间自相关图，可了解区域内属性资料的关联程度及分布形态，但对于属性相似聚集区的空间分布的具体位置仍无从观察。区域空间自相关的定义为

$$I_i = \sum_{j=1}^{n}W_{ij}(X_i-\bar{X})(X_j-\bar{X}) \tag{5.6}$$

式中，I_i 为 Local Moran Index。

从式（5.6）中可发现，n 个区域空间自相关值（I_i）累加之和即为全域空间自相关 Moran's I 值。区域型自相关（LISA）利用聚集区比非聚集区空间自相关值高这一特性，并辅以 GIS 空间可视化功能，可得知聚集区在空间中具体的分布位置。

上述空间自相关的研究方法中，由全域空间自相关值可知空间中相似属性的聚集程度；空间自相关图的绘制可推断属性数据的空间分布形态；由区域空间自相关值可获得聚集区的空间位置。

2. Geary's Contiguity Ratio C 系数

Geary's C 测量空间自相关的方法与 Moran's I 相似，但其分子的交叉乘积项不同，即测量邻近空间位置观察值近似程度的方法不同，其计算表达式为

$$C = \frac{n-1}{\sum_{i=1}^{n}(y_i-\bar{y})^2} \frac{\sum_{i=1}^{n}\sum_{j=1}^{n}W_{ij}(y_i-\bar{y})^2}{2\sum_{i=1}^{n}\sum_{j=1}^{n}W_{ij}} \tag{5.7}$$

式中，各项含义与 Moran's I 类似，且 C 值的计算公式与 I 值的计算公式及其计算结果很相似。Geary's C 的取值范围为[0,2]，数学期望恒为 1。$C=1$ 表示不相关；$0 < C < 1$ 表示存在空间正相关；$C > 1$ 表示存在空间负相关。

Geary's C 方法通过从 1 中减去 C 把结果转换至 $-1 \sim 1$。I 和 C 均可以通过与期望值比较进行独立的随机过程，从而确定该观测值是否特殊。

3. Getis 统计法

Anselin 曾归纳各种空间聚集的研究方法，该方法经常以式（5.8）表达

$$\Gamma = \sum_j w_{ij} y_{ij} \tag{5.8}$$

式中，w_{ij} 为 i 与 j 的空间关系，即类似上述空间相邻权重 W_{ij}；而 y_{ij} 则是 i 与 j 的观察式。根据对 y_{ij} 的不同假设，可以发展出不同的空间聚集研究方法。例如，$y_{ij} = (x_i - \bar{x})(x_j - \bar{x})$，则为 Moran's I 式的内涵；若 $y_{ij} = x_i$ 或 $(x_i + x_j)$，则为 Getis 的统计式内涵。Getis 统计法按功能可分为全域型 Getis 和区域型 Getis 两种。其中，全域型 Getis 的公式可表达为

$$G(d) = \frac{\sum_{j=1}^{n} w_{ij}(d) x_i x_j}{\sum_{j=1}^{n} x_j} \quad j \neq i \tag{5.9}$$

式中，$w_{ij}(d)$ 为距离 d 内的空间相邻权重矩阵。同样地，若 i 与 j 相邻，$w_{ij}(d)$ 为 1；若 i 与 j 不相邻，$w_{ij}(d)$ 为 0。式（5.9）的功能与全域型的 Moran's I 相似。

从上式可以看出，如果邻近空间位置的观察值都大，G 值也大；如果邻近空间位置的观察值均较小，G 值也较小。因此，可以用来区分"热点区"和"冷点区"两种不同的正空间自相关，这是全域型 Getis 统计法的典型特性，但用于识别负空间自相关时效果较差。

区域型 Getis 则是量测每一个 i 在距离 d 的范围内，与每个 j 的相关程度，其表达式为

$$G_i(d) = \frac{\sum_{j=1}^{n} w_{ij}(d) x_j}{\sum_{j=1}^{n} x_j} \quad j \neq i \tag{5.10}$$

4. 空间自相关系数图分析法

空间自相关系数图分析法是用来定量地描述事物在空间上的依赖关系。在全域型空间自相关的分析方法中，W_{ij} 是相邻权重矩阵，每个 W_{ij} 都以一个空间单元为基础，以一定距离所涵盖的范围作为矩阵运算的范围。因此，W_{ij} 其实也可改写为 $W(d)_{ij}$，其中 d 为距离。如果将 d 的基本单位设为规则方格空间单元的边长，那么每一个 d 的基本单位就可以视为一个空间间隔。例如，一个空间单元为 100 m×100 m 的规则方格，d 的基本单位为 100 m，若要求 d 为 300 m，则其空间间隔为 3，以此规则来计算不同空间间隔的全域型空间自相关值，再把每个对应空间间隔顺序的值连成一线，就得到空间自相关系数图。图 5.2 是某地区的某种空间自相关系数图，从图中可以得到以下几条重要信息：①图中有两处隆起，代表微视尺度（图中空间间隔为 1～5）及宏观尺度（图中空间间隔 13~20）上，存在显著的聚集分布现象，但聚集现象不存在于中观尺度（图中空间间隔 6～12）上。②空间间隔为 2 时，空间自相关值有波峰，即在空间间隔为 2 时，其空间分布有最大的自相关性。

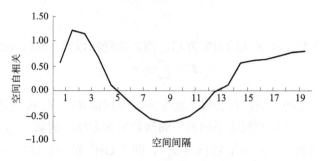

图 5.2　Correlogram 示意图

5.2　确定性空间数据插值

空间数据插值是通过已知点的特征值来估算未知点的特征值。插值运算基于"地理学第一定律"的基本假设，即邻近区域比远距离区域更相似，也就是说，在空间位置越靠近的点越有可能具有相似的数据值，而空间位置越远的点的数据值与已知点的数据值的差异可能就越大。

确定性插值法是使用数学函数进行插值，以研究区域内部的相似性（如反距离加权插值法）或平滑度为基础（如径向基函数插值法）由已知样点来创建预测表面的插值方法。

通常，确定性插值法分为两种：全局性插值法和局部性插值法。全局性插值法以整个研究区的样点数据集为基础来计算预测值；局部性插值法则使用一个大研究区域中较小的空间区域内的已知样点来计算预测值。另外，根据是否能保证创建的表面经过所有的采样点，确定性插值法也可分为两类：精确性插值方法和非精确性插值方法（图 5.3）。精确性插值方法预测的样点值与实测的样点值相等，非精确性插值方法预测出的样点值与实测值一般不相等。使用非精确性插值法可以避免在输出表面上出现明显的波峰或波谷。

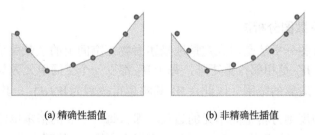

(a) 精确性插值　　　　　　　　　　　(b) 非精确性插值

图 5.3　精确性插值方法和非精确性插值方法

具体的确定性插值法包括反距离加权法、全局多项式法、局部多项式法及径向基函数法等。其中，反距离加权法和径向基函数法属于精确性插值方法，而全局多项式法和局部多项式法则属于非精确性插值方法。

5.2.1　反距离加权插值

反距离加权插值法是 GIS 中最常用的数据内插方法之一。它基于相近相似原理，认为预测点的数据值与其周围一定范围内的采样点数据值有关，是这些邻近采样点综合贡献的结果，其贡献程度与距离成反比。反距离加权插值法使用预测区域内已知的采样点值来预测区域内除采样点外的任何位置的值，如图 5.4 所示。

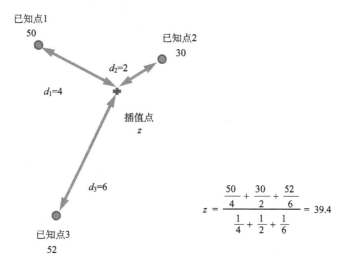

图 5.4　反距离加权插值示意图

本例中，p 取值为 1

假设各已知采样点对预测点值的预测都有局部影响，其影响随着距离的增加而减小，离预测点近的已知采样点在预测过程中所占的权重要大于离预测点远的已知采样点的权重。反距离加权插值法的一般公式为

$$\hat{Z}(S_0) = \sum_{i=1}^{N} \lambda_i Z(s_i) \tag{5.11}$$

式中，$\hat{Z}(S_0)$ 为待测点 S_0 的预测值；N 为预测计算过程中要使用的预测点周围采样点的数量；λ_i 为预测计算过程中使用的各采样点的权重，该值随着采样点与预测点之间距离的增加而减小；$Z(s_i)$ 是在 S_i 处获得的测量值。确定权重的计算公式为

$$\lambda_i = d_{i0}^{-p} / \sum_{i=1}^{N} d_{i0}^{-p} \qquad \sum_{i=1}^{N} \lambda_i = 1 \tag{5.12}$$

式中，d_{i0} 为采样点 S_i 和待测点 S_0 之间的距离；p 为幂参数，可以通过求均方根预测误差（root-mean-square prediction error，RMSPE）的最小值确定其最佳值。均方根预测误差是一种通过交叉验证计算得到的统计量。由式（5.12）可知，权重与预测点和已知采样点间距离的 p 次幂成反比，因此，随着距离的增加，权重迅速减小；权重减小的速度取决于 p 值的大小。

根据相邻相似的原则，随着已知采样点与预测点之间距离的增加，采样点的值与预测点的值之间的相关性也随之降低。为了加快计算的速度，可以将距离预测点较远且对预测点的影响很小的点的值视为 0。所以，在利用已知采样点对一个未知点的值进行预测的过程中，通常要在预测点附近确定一个搜索的邻近区域，以限定使用的采样点的数量。对同一个预测点来说，在预测过程中，随着搜索邻近区域的形状不同，搜索区域内包含的参与预测的采样点的数量及位置也会不同。

邻近搜索区域的形状受输入的采样点数据和拟建立表面的影响。如果各已知采样点对数据的权重没有方向性的影响，那么可以认为在各个方向上包含的点的数量相等。为了做到这一点，可以将相邻搜索区域的形状设为圆形。然而，如果数据受到方向性的影响，如受到盛行风的影响，那么就要改变邻近搜索区域的形状，将圆形调整为一个主轴平行于风向的椭圆。一旦确定了邻近区域的形状，就可以限定该区域内能用于预测点计算的采样点的位置，并确定要采样点数量的最大值和最小值，还可以将这个邻近区域划分为多个扇区，同时限制使用点的数量的最大值和最小值。

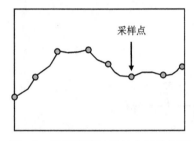

图 5.5　用反距离加权法内插的表面

使用反距离加权插值法创建表面不仅取决于参数 p 的选择，还取决于搜索相邻区域过程中所使用的方法。反距离加权法是一种精确性插值法，被插值的表面内的最大值和最小值只会出现在采样点处，输出的表面容易受离群点（采样点值过大或过小的点）和采样点之间过分聚集的影响，适用于呈均匀分布且密集程度足以反映局部差异的样点数据集（图 5.5）。

反距离加权法概念简单，运算速度快，易于在计算机中实现，具有良好的可适应性，可根据具体问题的不同而改变和优化权重函数，其在 GIS 数据内插中得到了广泛的应用。

5.2.2　径向基函数插值

径向基函数法是人工神经网络方法中的一种。由径向基函数生成的表面不仅能够反映整体变化趋势，还可以反映局部变化。当取样点拟合的曲面不能准确代表表面时，可以采用径向基函数法。

为了生成表面，可以假设弯曲或拉伸预测表面使之能够通过所有已知样点。利用这些已知样点采用不同方法可以预测表面的形状，例如，可以强迫表面形成光滑的曲面（薄板样条），或者控制表面边缘拉伸的松紧程度（张力样条），这就是基于径向基函数内插的概念框架。径向基函数法包括一系列精确的插值方法，精确的插值方法是指表面必须经过每一个已知样点。径向基函数包括五种不同的基本函数：薄板样条函数（thin-plate spline）、张力样条函数（spline with tension）、规则样条函数（completely regularized spline）、高次曲面样条函数（multiquadric functions）和反高次曲面样条函数（inverse multiquadric spline）。每种基本函数的表达形式不尽相同，得到的插值表面也各不相同。

径向基函数法就如同将一个橡胶膜插入并使其经过各个已知样点，同时又使表面的总曲率最小（图 5.6）。选择何种基本函数决定了要以何种方式将这个橡胶薄膜插入这些点之间。作为一种精确插值技术，径向基函数法不同于全局多项式插值法和局部多项式插值法。因为后两种技术都是非精确插值法，它们并不要求表面经过所有已知样点。将径向基函数法与反距离加权插值法（也是一种精确插值方法）做比较，可以看出两种方法的不同：反距离加权法

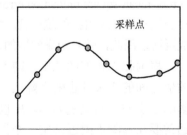

图 5.6　用径向基函数法内插的表面

（图 5.5）无法计算高于或低于样点的预测点的值，而径向基函数法（图 5.6）则可以预测比

样点高或低的未知点的值。

径向基函数适用于对大量点数据进行插值计算从而获得平滑表面。将径向基函数应用于变化平缓的表面，能得到令人满意的结果。但当在一段较短的水平距离内的表面值发生较大的变化，或无法确定采样点数据的准确性，亦或采样点的数据具有很大不确定性时，该方法并不适用。

5.2.3　趋势面分析

趋势面分析法是利用数学曲面模拟地理要素在空间上的分布及变化趋势的一种方法。它实质上是通过回归分析原理，运用最小二乘法拟合一个二维非线性函数，模拟现实世界地理要素在空间上的分布规律，展示地理要素在地域空间上的变化趋势。

趋势面分析常被用来模拟资源、环境、人口及经济要素在空间上的分布规律，它是一种抽象的数学曲面，它抽象并过滤掉一些局域随机因素的影响，使地理要素的空间分布规律明显化。

通常实际地理曲面分为趋势面和剩余曲面，趋势面反映了区域性的变化规律，是确定性因素影响的结果。剩余曲面反映了局部变化特点，是随机因素作用的结果。

趋势面分析的一个基本要求就是所选择的趋势面模型的残差值最小，趋势值最大。空间趋势面分析，正是从地理要素分布的实际数据中分解出趋势值和残差值，从而揭示地理要素空间分布的趋势和规律。

1. 趋势面模型的建立

趋势面模型常采用全局多项式回归方法，多项式的阶数与曲面的复杂程度相关。设 $z_i(x_i, y_i)$ $(i = 1, 2, 3, \cdots, n)$ 表示研究对象的实际观测数据；$f_i(x_i, y_i)$ $(i = 1, 2, 3, \cdots, n)$ 表示趋势面拟合函数；ε_i 表示残差值，即随机干扰误差项，则趋势面分析模型可表示为

$$z_i(x_i, y_i) = f_i(x_i, y_i) + \varepsilon_i \tag{5.13}$$

常用的趋势函数有以下几种：

一次趋势面函数，$z = b_0 + b_1 x + b_2 y$。

二次趋势面函数，$z = b_0 + b_1 x + b_2 y + b_3 x^2 + b_4 xy + b_5 y^2$。

三次趋势面函数，$z = b_0 + b_1 x + b_2 y + b_3 x^2 + b_4 xy + b_5 y^2 + b_6 x^3 + b_7 x^2 y + b_8 xy^2 + b_9 y^3$。

上面三个函数中，b_i 为常数。

趋势面函数次数越高，拟合的曲面越光滑，拟合的结果越接近真实值；次数越低，拟合的曲面越粗糙，实际拟合效果越差。但趋势面的次数过高，会导致解的奇异，并增加计算的复杂度。趋势面函数多采用二次曲面。

2. 趋势面模型参数的估计

从实际观测值推算出来趋势面，一般采用回归分析方法，使得残差平方和趋于最小。将多项式回归模型转化为多元线性回归模型，从而根据观测值确定趋势面函数的系数，使得残差平方和最小，即

$$Q = \sum_{i=1}^{n} \varepsilon^2 = \sum_{i=1}^{n} \left[z_i(x_i, y_i) - f_i(x_i, y_i) \right]^2 \to \min \tag{5.14}$$

3. 趋势面模型的适度检验

趋势面分析拟合程度与回归模型的效果直接相关，对趋势面模型进行适度检验是关系趋势面模型能否在实际中应用的关键问题。对趋势面拟合的适度检验主要有以下两种方法。

（1）趋势面拟合适度的 R^2 检验。趋势面与实际面的拟合度系数 R^2 是测定回归模型拟合程度的重要指标。用变量 z 的总离差平方和中回归平方和所占的比重表示趋势面模型的拟合程度。总离差平方和等于回归平方和与剩余平方和之和，即

$$SS_T = \sum_{i=1}^{n}\left(z_i - f_i\right)^2 + \sum_{i=1}^{n}\left(f_i - \overline{z}\right)^2 = SS_D + SS_R \tag{5.15}$$

式中，SS_D 为剩余平方和，表示随机因素对 z 的离差的影响；SS_R 为回归平方和，表示自变量对因变量的离差的总影响。SS_R 越大（或 SS_D 越小），就表示因变量与自变量的关系越密切，回归的规律性越强，趋势面拟合的效果越好。记为

$$R^2 = \frac{SS_R}{SS_T} = 1 - \frac{SS_D}{SS_T} \tag{5.16}$$

R^2 越大，趋势面的拟合程度越高。

（2）趋势面拟合适度的显著性 F 检验。趋势面适度的 F 检验，是对趋势面回归模型整体的显著性检验。利用变量 z 的总离差平方和中剩余平方和与回归平方和的比值，确定变量 x,y,z 之间的趋势面拟合程度，即

$$F = \frac{SS_R / p}{SS_D / (n - p - 1)} \tag{5.17}$$

在显著水平 α 下，查 F 的分布表得 F_α，若计算的 F 值大于临界值 F_α，则认为趋势面方程显著，反之则不显著。

5.3　空间统计基础

5.3.1　空间统计学

20 世纪 60 年代，法国统计学家 Matheron 在大量研究的基础上，提出了一门新的统计学分支，即空间统计学，也称地质统计学或地统计学。它是以区域化变量理论为基础，以变异函数为主要工具，研究地理空间事物或现象的空间相互作用及变化规律的学科。当研究空间分布数据的结构性和随机性，或空间相关性和依赖性，或空间格局与变异，并对这些数据进行最优无偏内插估计，或模拟这些数据的离散性、波动性时，均可应用空间统计学的理论及相应方法。

空间统计分析学假设研究区中所有的样本值都是非独立的，相互之间存在相关性，这一点与经典统计学的样本独立假设截然不同。在空间或时间范畴内，这种相关性被称为自相关。根据空间数据的自相关性，可以利用已知样点值对任意未知点进行预测。但事实上，在进行未知点预测之前并不知道数据间具体的相关规律，因此揭示空间数据的相关规律是空间统计分析的重要任务之一，而利用相关规律进行未知点预测是空间统计分析的另一个重要任务。由于空间统计分析包含这两个显著的任务，所以涉及两次使用样点数据，第一次用作估计空间自相关，第二次用作未知点预测。

5.3.2　区域化变量的结构性与随机性

1. 区域化变量

区域是地学研究中对空间的限定。空间统计学主要以区域化变量理论为基础，研究那些分布于空间中并显示出一定结构性和随机性的自然现象。当一个变量呈空间分布时，称为区域化，而区域化变量就是指以空间点 x 的三个直角坐标 (x_u, x_v, x_w) 为自变量的随机场 $Z(x_u, x_v, x_w) = Z(x)$，它常常反映某种空间现象的特征。在对所研究的空间对象进行了一次抽样或随机观测后，就得到了它的一个现实随机场 $Z(x)$，它是一个普通的三元实值函数或空间点函数。区域化变量的两重性表现在观测前把它看成是随机场[依赖于坐标 (x_u, x_v, x_w)]，观测后是一个普通的空间三元函数值或一个空间点函数（即在具体的坐标上有一个具体的值）。

Matheron 定义的区域化变量是一种在空间上具有数值的实函数，它在空间的每一个点取一个确定的数值，即当由一个点移到下一个点时，函数值是变化的。对某一具体的区域化变量而言，它具有空间的局限性、不同程度的连续性、不同类型的各向异性等属性。

（1）空间局限性。区域化变量被限制于一定的空间范围，这一空间范围称为区域化的几何域。在几何域或空间范围内，区域化变量的属性最为明显。在几何域或空间范围之外，变量的属性则表现不明显或表现为零，区域化变量是按几何支撑定义的。

（2）连续性。不同的区域化变量具有不同程度的连续性，通过区域化变量的半变异函数来描述这种连续性。

（3）各向异性。当区域化变量在各个方向上具有相同性质时称各向同性，否则称为各向异性。各向同性或各向异性的分析，主要考虑区域化变量在一定范围内样点之间的自相关程度。

（4）区域化变量在一定范围内呈一定程度的空间相关，当超出这一范围之后，相关性变弱甚至消失。

（5）对于任一区域化变量而言，特殊的变异性可以叠加在一般的规律之上。

2. 协方差函数

在随机函数中，当只有一个自变量 x 时称为随机过程，随机过程 $Z(t)$ 在时间 t_1 和 t_2 处的随机变量 $Z(t_1)$、$Z(t_2)$ 的二阶混合中心矩定义为随机过程的协方差函数（covariance），记为 $\text{Cov}\{Z(t_1), Z(t_2)\}$，即

$$\text{Cov}\{Z(t_1), Z(t_2)\} = E[Z(t_1) - EZ(t_1)][Z(t_2) - EZ(t_2)] \tag{5.18}$$

当随机函数依赖于多个自变量时，$Z(x) = Z(x_u, x_v, x_w)$ 称为随机场，而随机场 $Z(x)$ 在空间点 X 和 $X+h$ 处的两个随机变量 $Z(x)$ 和 $Z(x+h)$ 的二阶混合中心矩定义为随机场 $Z(x)$ 的自协方差函数，即

$$\text{Cov}\{Z(x), Z(x+h)\} = E[Z(x)Z(x+h)] - E[Z(x)]E[Z(x+h)] \tag{5.19}$$

随机场 $Z(x)$ 的自协方差函数也称为协方差函数，一般，协方差函数依赖于空间点 x 和向量 h。当 $h = 0$ 时，协方差函数变为

$$\text{Cov}(x, x+0) = E[Z(x)]^2 - \{E[Z(x)]\}^2 \tag{5.20}$$

3. 平稳性假设及内蕴假设

1）平稳性假设

设某一随机函数 $Z(x)$，其空间分布不因平移而改变，即若对任一向量 h，关系式

$$G(z_1, z_2, \cdots, x_1, x_2, \cdots) = G(z_1, z_2, \cdots, x_1 + h, x_2 + h, \cdots) \tag{5.21}$$

成立时，则该随机函数 $Z(x)$ 为平稳性随机函数。确切地说，无论位移向量 h 多大，两个 k 维向量的随机变量 $\{Z(x_1), Z(x_2), \cdots, Z(x_k)\}$ 和 $\{Z(x_1 + h), Z(x_2 + h), \cdots, Z(x_k + h)\}$ 有相同的分布规律。也就是说，$Z(x)$ 与 $Z(x + h)$ 的相关性不依赖于它们自身特定的空间位置。这种平稳假设至少要求 $Z(x)$ 的各阶矩均存在且平稳，这在实际工作中很难满足，因此在实际研究中，只假设其一、二阶矩存在且平稳，因而提出二阶平稳或弱平稳假设。

当区域化变量满足下列两个条件时，称该区域化变量满足二阶平稳。

（1）在整个研究区内，区域化变量 $Z(x)$ 的数学期望对任意 x 存在且等于常数，即

$$E[Z(x)] = m \quad （常数） \quad \forall x \tag{5.22}$$

（2）在整个研究区内，区域化变量的空间协方差函数对任意 x 和 h 存在且平稳，即

$$\text{Cov}[Z(x), Z(x + h)] = E[Z(x)Z(x + h)] - m^2 = C(h) \quad \forall x, \forall h \tag{5.23}$$

当 $h = 0$ 时，则

$$\text{Var}[Z(x)] = C(0) \quad \forall x \tag{5.24}$$

上述各式中 $\text{Cov}(\cdot)$ 及 $C(\cdot)$ 表示协方差，$\text{Var}(\cdot)$ 表示方差。协方差平稳意味着方差及半变异函数平稳，从而有关系式

$$C(h) = C(0) - \gamma(h) \tag{5.25}$$

2）内蕴假设

实际工作中，有时协方差函数不存在，因而没有有限先验方差，即不能满足上述的二阶平稳假设。如一些自然现象和随机函数，它们具有无限离散性，即无协方差及先验方差，但有半变异函数，这时区域化变量 $Z(x)$ 的增量 $Z(x) - Z(x + h)$ 满足下列两个条件时，就称该区域化变量满足内蕴假设：

（1）在整个研究区内，随机函数 $Z(x)$ 的增量 $Z(x) - Z(x + h)$ 的数学期望为 0，即

$$E[Z(x) - Z(x + h)] = 0 \quad \forall x, \forall h \tag{5.26}$$

（2）对于所有矢量的增量 $Z(x) - Z(x + h)$ 的方差函数存在且平稳

$$\text{Var}[Z(x) - Z(x + h)] = E[Z(x) - Z(x + h)]^2 = 2\gamma(x, h) = 2\gamma(h) \quad \forall x, \forall h \tag{5.27}$$

即要求 $Z(x)$ 的半变异函数 $\gamma(h)$ 存在且平稳。

内蕴假设可以理解为：随机函数 $Z(x)$ 的增量 $Z(x) - Z(x + h)$ 只依赖于分隔它们的向量 h（模和方向），而不依赖于具体位置 x，这样，被向量 h 分割的每一对数据 $[Z(x), Z(x + h)]$ 可以看成是一对随机变量 $\{Z(x_1), Z(x_2)\}$ 的一个不同实现，而半变异函数 $\gamma(h)$ 的估计量 $\gamma^*(h)$ 为

$$\gamma^*(h) = \frac{1}{2N(h)} \sum_{i=1}^{N(h)} [Z(x_i) - Z(x_i + h)]^2 \tag{5.28}$$

式中，$N(h)$ 是被向量 h 相分隔的试验数据对的数目。

如果随机函数只在有限大小的邻域（如以 a 为半径的范围）内是平稳的（或内蕴的），

则称该随机函数服从准平稳（或准内蕴）假设，准平稳或准内蕴假设是一种折中方案，它既考虑某现象相似性的尺度（scale），又顾及有效数据的多少。

4. 半变异函数

1）定义

半变异函数是一个关于数据点的半变异值（或变异性）与数据点间距离的函数，对半变异函数的图形描述可得到一个数据点与其相邻数据点的空间相关关系图。半变异函数也称半方差（semivariance）函数，它是描述区域化变量随机性和结构性特有的基本手段。设区域化变量 $Z(x_i)$ 和 $Z(x_i+h)$ 分别是 $Z(x)$ 在空间位置 x_i 和 x_i+h 上的观测值（$i=1,2,\cdots,N(h)$），则半变异函数可由式（5.29）进行估计

$$\gamma(h) = \frac{1}{2N(h)} \sum_{i=1}^{N(h)} \left[Z(x_i) - Z(x_i+h) \right]^2 \qquad （5.29）$$

式中，$N(h)$ 是分隔距离为 h 的样本量。半变异函数是在假设 $Z(x)$ 为区域化变量且满足平稳条件和本征假设的前提下定义的。数学上可以证明，半变异函数大时，空间相关性减弱。以 h 为横坐标，以 $r(h)$ 为纵坐标，绘出半变异函数曲线图（图 5.7 和图 5.8），可以直观地展示区域化变量 $Z(x)$ 的空间变异性。

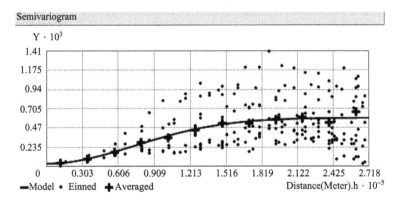

图 5.7 半变异及函数拟合图

图 5.8 中 C_0 称为块金值或块金方差，表示区域化变量在小于观测尺度时的非连续变异；C_0+C 为基台值，表示半变异函数随着间距递增到一定程度后出现的平稳值；C 为拱高或称结构方差（基台值与块金方差之间的差值）；a 为变程（半变异函数达到基台值时的间距）。在变异理论中，通常把变程 a 视为空间相关的最大间距，也称极限距离。

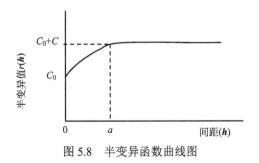

图 5.8 半变异函数曲线图

2）Madograms and Rodograms 函数

Madograms 函数计算方式与变异函数相同，它计算增量的绝对值而不是差的平方。因此，半变异函数的等效表达式为

$$\gamma(\boldsymbol{h}) = \frac{1}{2N(\boldsymbol{h})} \sum_{i=1}^{N(\boldsymbol{h})} |Z(x_i) - Z(x_i + \boldsymbol{h})| \qquad (5.30)$$

使用绝对值而不是差的平方能够减少聚类和异常值的影响，有助于测定具有这些特征的数据的范围和各向异性。它们可能被视为变异函数分析的补充，但并不会在随后的插值中使用。Madograms 不宜用于块金方差的建模。Rodograms 在本质上与 Madograms 相同，并用类似的方式使用，但是 Rodograms 是取绝对值的平方根：

$$\gamma(\boldsymbol{h}) = \frac{1}{2N(\boldsymbol{h})} \sum_{i=1}^{N(\boldsymbol{h})} |Z(x_i) - Z(x_i + \boldsymbol{h})|^{1/2} \qquad (5.31)$$

二维区域化变量的半变异函数不仅与分隔距离 $\boldsymbol{h}$ 有关，也与方向有关。设 $\gamma(\boldsymbol{h}, \theta_1)$ 代表区域化变量一个方向的半变异函数，$\gamma(\boldsymbol{h}, \theta_2)$ 代表该区域化变量另一个方向的半变异函数，两者的比值 $K(\boldsymbol{h}) = \gamma(\boldsymbol{h}, \theta_1) / \gamma(\boldsymbol{h}, \theta_2)$ 等于 1 或接近 1 时表明空间变异性为各向同性，否则为各向异性。

实际上理论半变异模型 $\gamma(\boldsymbol{h})$ 是未知的，必须从有效的空间取样数据中去估计，对各种不同的 $\boldsymbol{h}$ 值可计算出一系列的 $\gamma(\boldsymbol{h})$ 值，然后可通过一个理论模型来拟合它们。主要的理论半变异函数有球状模型、指数模型、高斯模型、幂函数模型和抛物线模型等（表 5.1）。

表 5.1　半变异模型

模型	公式	备注
块金效应	$\gamma(0) = C_0$	简单的常数。可添加到所有模型中。有块金值模型可能不精确
线性	$\gamma(h) = C_1(h)$	无基台值。通常与其他功能结合。可作为一个在一定范围内有常数基台值的坡道
球形 Sph（）	$\gamma(h) = C_1\left(\dfrac{3h}{2} - \dfrac{1}{2}h^3\right), h < 1$ $\gamma(h) = C_1, h \geqslant 1$	当块金效应重要但是很小时有用，在一些软件包中作为默认模型
指数 Exp（）	$\gamma(h) = C_1\left(1 - e^{-kh}\right)$	k 是一个常数，通常 $k=1$ 或 $k=3$。当块金值较大并且增长速度较慢时有用
高斯	$\gamma(h) = C_1\left(1 - e^{-kh^2}\right)$	k 是一个常数，通常 $k=3$。没有块金值时不稳定。提供一种更为 "S" 形的曲线
二次	$\gamma(h) = C_1\left(2h - h^2\right), \gamma(h) = C_1, h \geqslant 1$	—
有理二次	$\gamma(h) = C_1\left(\dfrac{kh^2}{1 + kh^2}\right)$	k 是一个常数。在 ArcGIS 中 $k=19$
幂	$\gamma(h) = C_1 h^n$	无基台值，$0 < n < 2$ 是一个常数
对数	$\gamma(h) = C_1 \ln(h), h > 0$	无基台值
立方	$\gamma(h) = C_1\left(7h^2 - 8.75h^3 + 3.5h^5 - 0.75h^7\right)$	与高斯比较，有明确基台值的 "S" 形曲线
四球形	$\gamma(h) = \dfrac{2C_1}{\pi}\left(\begin{array}{l}\sin^{-1}(h) + h\sqrt{1-h^2} + \\ \dfrac{2h}{3}\left(1-h^2\right)^{\frac{3}{2}}\end{array}\right), h < 1$ $\gamma(h) = 1, h > 1$	与循环类似，带有额外的术语
五球形	$\gamma(h) = C_1\left(1.875h - 1.25h^3 + 0.375h^5\right)$	—

续表

模型	公式	备注
波孔影响	$\gamma(h)=C_1\left(1-\dfrac{\sin(kh)}{kh}\right), h>0$	k 是一个常数, 通常为 2π。当观察或预测到数据的距离周期模式时有用, 有时使用 $\cos(\ )$ 函数
循环	$\gamma(h)=\dfrac{2C_1}{\pi}\left(\sin^{-1}(h)+h\sqrt{1-h^2}\right), h\leqslant1$ $\gamma(h)=1, h>1$	—

在空间统计分析中, 常见的半变异模型可分成三大类: ①有基台值模型, 包括球状模型、指数模型、高斯模型、线性有基台值模型和纯块金效应模型等; ② 无基台值模型, 包括幂函数模型、线性无基台值模型和抛物线模型; ③ 孔穴效应模型。在进行空间局部估计时, 选择不同的拟合模型将影响未知值的预测, 尤其是当曲线在近原点处的形状有显著差异时, 不同模型的预测结果差异会很大。近原点处曲线越陡, 最近的邻域对预测的影响将越大; 其结果表现为输出的表面将更不平滑, 不同的模型适合拟合不同的现象。

5. 影响半变异函数的主要因素

1) 样点间的距离和支撑的大小

样点间的距离对实际半变异函数有重要的影响。随着样点间的距离加大, 样点间的半变异函数值的随机成分也在不断增加, 小尺度结构特征将被掩盖。因此, 为了使建立的半变异函数模型能准确地反映各种尺度上的变化特征, 要确定采样的最小尺度, 即样点间最小的距离, 但这样做将会增加工作强度及分析样品的成本。所以, 在采样之前需要在满足精度的前提下确定最佳的采样尺度。David 和 Journel 等认为在用块段取样时, 要考虑支撑的大小, 一般采用正则化变量消除其影响。

2) 样本数量的大小

显然, 当数据点非常密集时, 不同的插值方法得到的结果很相似。当数据点的密度下降并且变得无规则时, 插值方法的选择变得更关键, 数据集的检查、任何有关基本面的特征变得更重要。样本数量在地统计学中主要指计算实际半变异函数值时的点对数目。点对数目越多越好, 每一距离上计算出的实际半变异函数值随着点对数目增加而精确。但由于工作量的关系, 实际取样工作中点对数目有限, 一般要求在变程 a 以内各距离上的点对数目不应小于 20 对, 有的认为不应小于 30 对。在小尺度距离上相对要多一些, 在大尺度距离上相对少一些。这样才能保证在变程 a 范围内的半变异函数值能准确地反映区域化变量的空间变异性。

3) 异常值的影响

异常值也称特异值, 对半变异函数的影响很重要。特别是在变程 a 范围内的异常值影响半变异函数理论模型的精度。如果在原点附近的实际半变异函数值出现的是异常值, 唯一的解决方法就是剔除这些异常值并重新计算实际半变异函数值。剔除异常值后, 该距离上的点对数目要减少, 但能提高半变异函数模型的精度。在变程 a 范围内的异常值主要是影响块金值 C_0。如果异常值比较多, 块金值 C_0 要增大, 随机成分的影响增强, 而空间自相关的影响减弱。对于半变异函数的模型来讲, 块金值 C_0 越小越好。

4) 转换

半变异函数分析需要保证观测数据呈正态分布, 为此可以先对观测数据进行转换。通常转换使用对数函数或者 Box-Cox 变换。从原始数据集中剔除三个极大值。

　　显然，原始数据绘制的图 5.9（a）是非正常的，与直线的大幅偏离显示其是一个非正态分布。这种情况下，对数据进行简单的对数转换能够改善数据质量，但即使修正了背景辐射，数据仍然是发散的[图 5.9（b）和图 5.9（c）]。在这三个例子中，使用 Anderson-Darling 检验均不成功，而对于带有优化参数 k 的 Box-Cox 转换[图 5.9（d）]能够通过测试，因此实例分析使用这种特定的变换。Anderson-Darling 检验是在 Kolmogorov-Smirnov 检验的基础上演变而来的，它基于累积分布函数，但对分布的尾部更敏感。

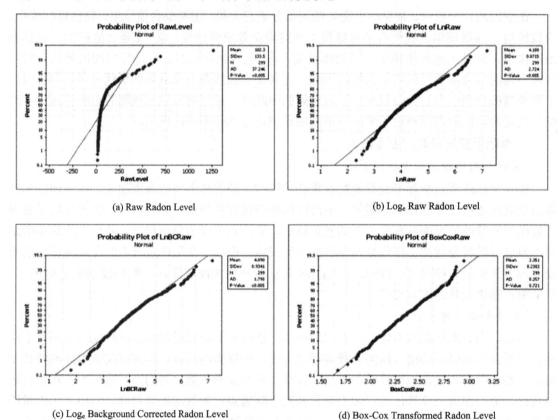

(a) Raw Radon Level

(b) Log$_e$ Raw Radon Level

(c) Log$_e$ Background Corrected Radon Level

(d) Box-Cox Transformed Radon Level

图 5.9　数据转换（来源：Sullivan，2005）

　　5）比例效应的影响

　　判断比例效应是否存在主要是分析平均值和方差（或标准差）之间的关系。如果平均值和标准差之间存在明显的线性关系，则比例效应存在，如果平均值和标准差之间的线性关系不存在或不明显，则比例效应不存在。当样本方差随着平均值的增加而增加时，称正比例效应，反之，当样品的方差随着平均值增加而减少时，称反比例效应。比例效应的存在会使实际半变异函数值产生畸变，使基台值和块金值增大，并使估计值精度降低，导致某些结构不明显。消除比例效应的方法主要是对原始数据取对数，或者通过相对半变异函数求解。

　　6）漂移的影响

　　由区域化变量理论可知，实际半变异函数值是理论半变异函数的无偏估计。当漂移存在时，半变异函数值就不再是半变异函数的无偏估计，随着漂移形式的不同，对半变异函数的影响也不同。消除漂移对半变异函数的影响主要是通过建立合适的漂移形式，即 $E[Z(x)] = m(x)$，其中 $m(x)$ 的函数式使半变异函数曲线真实地符合实际半变异函数值。

7）半变异模型的步长分组及步长大小的选择

在所有样点中两两之间均能形成样点对（图 5.10），要在半变异云图上画出所有样点对是无法操作的，面对众多几乎无法直接分析的样点，应设法在保证预测准确性的前提下减少理论半变异图中样点的数目，即将样点对按照它们之间的距离和方向进行分组，这个分组过程称为步长分组。

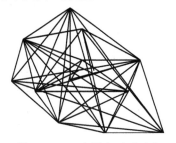

图 5.10　12 个样点两两形成的样点对示意图

在步长分组的过程中，首先生成样点对，然后进行分组，使同一组中的样点对具有相同的距离和方向。在生成样点对的过程中，每增加一个样点，样点对的数目将会迅速增加，这就是在理论半变异图中只用每一步长组的平均距离和半变异值来作图的原因，在理论半变异图中，它表现为一个点但反映的是一个步长组。在步长分组过程中将样点对按相同距离和方向进行分组，这样每一个点都具有统一的原点，这个特性使理论半变异图具有对称性，图 5.11 中，连线 1 和连线 2 具有非常相似的距离和方向。在格网表中每一个格网单元就是一个步长组，连线 1 和连线 2 落在同一个步长组中。连线 1 根据相连的两个样点的值形成方差，连线 2 也是如此。然后取平均值并乘以 0.5 就得到该步长组的一个理论半变异值。同理，计算连线 3 和连线 4

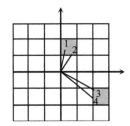

图 5.11　样点对的步长分组示意图

所在的步长组的半变异，以此类推，对每个步长组进行计算。

一般，半变异的值随着步长组离原点距离的增加而增加，这表明随着距离的增加，半变异的值变化越大。

步长大小（即抽样间距）的选择对理论半变异函数有很大的影响，如果步长太大，短程的自相关性将被掩盖；如果步长太小，就会产生许多空的步长组，并且每个步长组中的样点数太少不能代表步长组的"平均值"。当用规则格网取样时，格网间距通常可以用来确定步长大小；如果数据是通过不规则取样或随机方法获得的，选择合适的步长大小需要采用间接的方法，其基本规则是步长大小乘以步长数等于样点间最大距离的 0.5 倍。相对于理论半变异图的范围，如果拟合半变异模型的规模很小，可以减小步长大小；相反，如果拟合半变异模型的规模很大，则需要加大步长大小。

8）空间数据变化的方向效应

$Z(x)$ 能通过半变异函数 $\gamma(h)$ 反映区域化变量的随机性和结构性，因此 $Z(x)$ 在每一个方向上呈现相同或不同的性质，即各向同性或各向异性。如果在各个方向上 $Z(x)$ 的变异性相同或相近，称 $Z(x)$ 为各向同性；反之，称为各向异性。各向异性是绝对的，各向同性只是各向异性的特例。

在结构分析中，主要通过半变异函数的变程 a 在不同方向上的大小来反映各向同性或各向异性，如图 5.12 所示，$\gamma_1(h)$ 表示南北方向上的半变异函数，$\gamma_2(h)$ 表示东西方向上的半变异函数，由于 $a_2 > a_1$，所以在南北方向上的变异大于东西方向上的变异，表现出区域化变量在东西、南北方向上的各向异性。

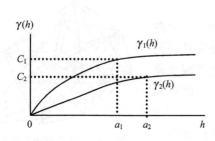

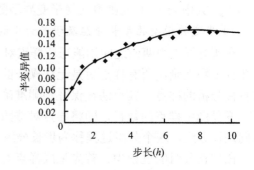

图 5.12　半变异函数的各向异性曲线　　　　图 5.13　具有多种空间过程的半变异拟合曲线

9）半变异模型的合并

　　某一现象的空间分布常与两三个过程相关，如作物产量（生物量）可能与海拔高度和土壤有机物含量有关，如果它们之间的关系已知，就可以用协同克里金法来预测生物量。把作物产量的观测值作为第一个数据集，海拔高度作为第二个数据集，土壤有机物含量作为第三个数据集，每一个数据集反映的空间结构不同，可以运用球体模型对海拔高度作出最佳拟合，运用指数模型对土壤有机物含量作出最佳拟合，然后运用二者的联合模型来拟合作物产量（图 5.13）。因此，在建模的过程中，任务之一就是设法通过一定的方式把不同的模型结合起来，对预测对象的数据结构作出最佳拟合。

　　假设数据中有两个独特的结构，只用单一模型无法表达，就可以用两个单独的模型来模拟这个半变异图（如球体模型和指数模型），然后将它们合并为一个模型。

　　使用一个半变异模型来模拟多个随机过程的效果不佳，因此最好把这些空间过程分解开。但是，因果关系并不是都能被掌握的，所以选择多种模型（预测）将加入更多的参数进行估计并且结合先验知识，然后通过交叉验证和验证的统计指标来进行量化。

5.4　克里金插值

5.4.1　克里金插值法概述

　　基于数据空间依赖程度的先验知识，Krige（1966）提出了一种采用系列线性方程的插值方法。实质上，这种空间插值技术是一种权重滑动平均技术，称为克里金法。它由一系列线性回归方程组成，这些回归方程确定了数据插值过程中所采用的最佳权重组合，从而使数据空间协方差所产生的方差最小。

1. 特点

　　一个随机函数在空间位置上的测量值可以看成是随机函数在这些位置上的一次实现值，必须在没有测量值的地方对随机函数进行估计或插值。然而，对于任何一种插值方法，偏差是不可避免的，所以在实际中常常要求插值方法满足以下两点：①无偏估计，即没有系统误差，估计误差的期望等于 0。②误差方差最小。

　　克里金插值法建立在半变异函数理论分析的基础上，是对有限区域内的区域化变量取值进行线性无偏最优估计（best linear unbiased estimator）的方法。克里金插值法不仅考虑了预测点与邻近采样点的空间距离关系，还考虑了预测点与各采样点之间的位置关系，充分利用了各采样点的空间分布结构特征，使得估计结果更精确、更符合实际。克里金插值法不仅可以获得预测结果，还能够预测误差，有利于评估插值结果的不确定性。

对于任意待估计点的估计值 $Z'(x_0)$ 均可以通过待估测点范围内的 n 个观测样本值 $Z(x_i)$（$i=1, 2, \cdots, n$）的线性组合得到，即

$$Z'(x_0) = \sum_{i=1}^{n} \lambda_i Z(x_i) \tag{5.32}$$

式中，λ_i 为权重系数，其和等于 1；$Z(x_i)$ 为观测样本值，位于区域内 x_i 位置。该式表明内插估计值的精度取决于权重的求解。由于克里金法是一种无偏最优估计，λ_i 的确定应满足

$$E(Z'(x_0) - Z(x_0)) = 0 \tag{5.33}$$

$$E(Z'(x_0) - Z(x_0))^2 = \min \tag{5.34}$$

利用拉格朗日定理可得

$$A \cdot \begin{bmatrix} \lambda \\ \mu \end{bmatrix} = B \tag{5.35}$$

其中，$A = \begin{bmatrix} r_{11} & r_{12} & \cdots & r_{1n} & 1 \\ r_{21} & r_{22} & \cdots & r_{2n} & 1 \\ \vdots & \vdots & & \vdots & \vdots \\ r_{n1} & r_{n2} & \cdots & r_{nn} & 1 \\ 1 & 1 & \cdots & 1 & 0 \end{bmatrix}$，$B = \begin{bmatrix} r_{10} \\ r_{20} \\ \vdots \\ r_{n0} \\ 1 \end{bmatrix}$，$\begin{bmatrix} \lambda \\ \mu \end{bmatrix} = \begin{bmatrix} \lambda_1 \\ \lambda_2 \\ \vdots \\ \lambda_n \\ \mu \end{bmatrix}$。

矩阵 A 中的 r_{ij} 即是各采样点的测定值之间的半方差值；矩阵 B 中 r_{i0} 则为采样点 x_i 和内插点 x_0 之间的半方差值；λ_i 为加权系数或权重；μ 为拉格朗日算子。由式（5.35）代入式（5.32）计算内插估计值 $Z'(x_0)$。

在一些克里金插值法的资料中

$$A \cdot \begin{bmatrix} \lambda \\ \mu \end{bmatrix} = B \text{ 被记作 } \Gamma \cdot \lambda = g \tag{5.36}$$

式中，伽马矩阵 $\Gamma = A$；克里金权系数 λ 为 $\begin{bmatrix} \lambda \\ \mu \end{bmatrix}$ 的略写；向量 $g = B$。

伽马矩阵 Γ 是由所有样点对的半方差值构成的矩阵；权系数矩阵 λ 是待预测点周围的观测点的权系数组成的向量；g 是待预测点与所有观测样点形成的点对的半方差值构成的向量。

克里金法与其他确定性插值法一样，都是从预测点周围的观测值中生成权系数进行预测；但克里金法又与它们不完全相同，克里金法中观测点的权系数更为复杂，是通过计算反映数据空间结构的半变异图得到的。克里金插值法属于局部拟合插值算法，运用克里金法可以在研究邻域中观测值的半变异图和空间分布的基础上对研究区中未知点的值进行预测。

2. 核心流程

克里金插值是建立在半变异函数的计算和建模之上的多阶段插值，包括以下几个阶段。

（1）分析数据是否存在某种趋势，是否服从正态分布，必要时进行转换。克里金插值建立置信区间（概率图）时要求数据服从正态分布。无论数据如何分布，克里金方法都能够给出未采样点的最优无偏预测值。

（2）计算变异函数并拟合一个适当的模型。若块金值很高，则插值不甚合理。

（3）使用交叉验证模型，或者使用单独的验证数据（建模过程中没有使用的观测值）。详细分析验证结果，包括偏差的大小及异常值和空间偏移等超出预期的情况。

（4）决定是否使用克里金插值或者条件模拟（条件模拟正被越来越广泛地使用，但许多地质统计软件包并不支持它），克里金法是一种有效的平滑插值法，而条件模拟不是。

（5）如果使用克里金插值，可以利用变异函数将点插值到规则格网中，这些点要么与原始样本的尺寸相同（点克里金），要么是更大的地块（块克里金）。由于块克里金法估计块的平均值，所以能生成更平滑的表面。当块金值存在时，克里金法并不准确。

（6）插值结果可以显示为栅格图或等值图。在大多数情况下，可以计算预测值及其标准差并通过制图可视化。如果随机误差服从正态分布，并满足平稳性条件，还可以生成概率图、分位图和置信度图。

地统计插值方法的程序，以普通克里金插值（ordinary kriging，OK）为例，与确定性插值方法（如径向基插值）是基本一致的。未采样点的值是邻近观测值的线性加权均值，而权重是由拟合的变异函数决定而不是由用户自己定义。对于一个特定的格网点 p 有

$$z_p = \sum_{i=1}^{n} \lambda_i z_i \tag{5.37}$$

式中，权重的加和为 1，即

$$\sum_{i=1}^{n} \lambda_i = 1 \tag{5.38}$$

在克里金法中，这些权重可以是正的或负的。权重和为 1 相当于对每个新位置重新估算平均值。因此，普通克里金法基本上与均值独立于位置的简单克里金法相同，前提是计算过程中搜索窗口内的平均值固定，而不同位置之间允许存在均值差异。如果在很短的距离内平均值发生变化，则称为非平稳，考虑使用泛克里金法来替代。

（7）克里金法拟合表面模型的一般形式，包括以下内容：①一个确定性模型 $m(x,y)$，有时称为在点 (x,y) 处的 z 的预测值——在普通克里金法中，被假定为一个未知的平均值，即给定邻域内的一个常数。② $z(x,y)$ 的区域统计变化表示为 $e_1(x,y)$——在普通克里金法和其他克里金法中，区域化变量是由半变异函数建模和插值过程中的拟合函数确定的。③带有 0 值的随机噪声（误差）的组成部分，表示为 $e_2(x,y)$（实际上包含测量误差和随机噪声或者"白"噪声，但一般情况下难以分开）。

将上述模型表示为方程形式：

$$z(x,y) = m(x,y) + e_1(x,y) + e_2(x,y) \tag{5.39}$$

或者结合两种误差，并使用希腊字母符号：

$$Z(x,y) = \mu(x,y) + \varepsilon(x,y) \tag{5.40}$$

如果矢量 s 用来表示表面坐标 (x,y)，则标准模型通常被写为

$$Z(s) = \mu(s) + \varepsilon(s) \tag{5.41}$$

如果没有整体趋势或者偏移，则 $m(x, y)$ 或 $\mu(s)$ 是整体（局部）采样数据的平均值。如果有一个明显的趋势，则在利用大多数软件包建模前需要将其移除（通常是一个线性或二次回归表面），然后在结束时加上此趋势。普通克里金法的流程在本质上与径向基函数插值法相同，但在第二步时使用的是半方差建模而不是用户选择的函数。基本步骤如下：①计算源数据集（或其子集）中所有 (x, y) 点之间的距离矩阵 $\boldsymbol{D}$（$n \cdot n$）。②对 $\boldsymbol{D}$ 中每个距离值应用已选定的半变异模型 $\varphi(\cdot)$，得到一个新矩阵 $\boldsymbol{\Phi}$。③给 $\boldsymbol{\Phi}$ 增加一个值为 1 的行和一个值为 1 的列，$[(n+1)，(n+1)]$ 的位置取值为 0，得到增矩阵 $\boldsymbol{A}$。④计算距离列矢量，即从格网点 p 到每个点（生成 $\boldsymbol{D}$ 的 n 个源数据点）的距离。⑤对④中的每个距离值应用已选定的半变异模型 $\varphi(\ )$，生成一个半变异建模的列向量 $\boldsymbol{\varphi} = \varphi(r)$，最后一值设置为 1，得到增列向量 $\boldsymbol{c}$。

计算矩阵乘积 $\boldsymbol{b} = \boldsymbol{A}^{-1}\boldsymbol{c}$，得到用于计算位置 p 的估计值的 n 个权重 λ_i，再结合拉格朗日值 m 来计算方差。

线性方程求解过程可以用矩阵形式表达如下：

$$\begin{bmatrix} \boldsymbol{\Phi} & 1 \\ 1' & 0 \end{bmatrix} \begin{bmatrix} \lambda \\ m \end{bmatrix} = \begin{bmatrix} \varphi \\ 1 \end{bmatrix} \tag{5.42}$$

或者简单表示为 $\boldsymbol{Ab} = \boldsymbol{c}$，所以 $\boldsymbol{b} = \boldsymbol{A}^{-1}\boldsymbol{c}$。

使用 n 个权重 λ_i 计算出点 p 处的估计值（但是忽略了拉格朗日值 m）：

$$z_p = \sum_{i=1}^{n} \lambda_i z_i \tag{5.43}$$

或者使用矩阵符号表示为

$$z_p = \boldsymbol{\lambda}' \boldsymbol{z} \tag{5.44}$$

p 点的估计方差可以用权重乘以模拟的半方差值再加上拉格朗日值 m 确定：

$$\hat{\sigma}_p^2 = \sum_{i=1}^{n} \lambda_i c_i + m \tag{5.45}$$

或者用矩阵符号表示为

$$\hat{\sigma}_p^2 = \boldsymbol{\lambda}' \varphi + m = \boldsymbol{b}' \boldsymbol{c} \tag{5.46}$$

方差的估计值可以直接绘制，或者当随机误差呈正态分布且服从二阶平稳性的假设时，用来生成数据表面模型的置信区间。

（8）拟合优度检验。使用克里金插值法后，有很多对估值结果或者拟合优度进行评估的方法，包括：①残差图（也称误差图）和标准差图，趋势分析残差图。②交叉验证，每次删除一个观测点的数据，保留剩余的其他观测点数据，然后计算这些点的预测值。通过最小化这些预测值的残差（通常称误差）得到最优拟合模型，误差包括最大残差（误差）的最小化、残差（误差）的平方和的最小化、残差极值（异常值/无效结果）的移除等。③Jackknifing，也是一种交叉验证方法，通过对源数据集的统计性重采样实现。通常随机删除一定比例的数据点获得一个或多个子数据集，然后计算这些子集的预测值。但采样点较少时该方法不适用。④数据源（野外数据）的重采样。该方法最为昂贵，通常不采用，却是最为客观有效的。⑤相关数据集的细节模拟。观察数据集的分层（如使用基础地质信息）；如果合适的话，明确模型的非平稳性；明确纳入数据的边界/错误，或可能实质性影响结果的类似线性或面状要素。⑥与独立数据的比较（如卫星数据或其他航空影像）。⑦对插值过程产生或基础数据集中继承而来的特定现象特征进行检验。

5.4.2　常见克里金模型

1. 普通克里金模型

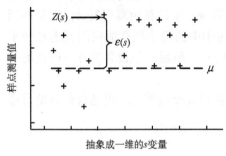

图 5.14　普通克里金模型样点分布图

当区域化变量 $Z(x)$ 的数学期望 $E[Z(x)]=m$ 为未知常数时，常采用普通克里金法进行局部估计。普通克里金模型为

$$Z(s) = \mu + \varepsilon(s) \tag{5.47}$$

式中，μ 为未知的常量；$\varepsilon(s)$ 为随机误差。普通克里金作为一种估计方法，有其独特的灵活性（图 5.14）。

在运用普通克里金方法进行局部估计时，设待估块段为 V，中心为 x，其平均值为 Z_V，则

$$Z_V = \frac{1}{V} \int_V Z(x)\mathrm{d}x \tag{5.48}$$

$$E[Z_V] = \frac{1}{V} \int_V [Z(x)]\mathrm{d}x = m \tag{5.49}$$

在待估块段 V 的邻域内，存在一组 n 个已知样点 x_i（$i=1, 2, \cdots, n$），其观测值为 $Z(x_i)$，其数学期望也为 m。令 $Z_V^{\#}$ 为 Z_V 的线性估计量，是由 n 个已知的样点观测值 $Z(x_i)$ 构成的线性组合，即

$$Z_V^{\#} = \sum_{i=1}^{n} \lambda_i Z(x_i) \tag{5.50}$$

如果 $E[Z_V^{\#}] = E[Z_V] = m$，$Z_V^{\#}$ 为 Z_V 的无偏估计量。

在满足无偏性条件下，估计方差 σ_E^2 可由下式计算得到：

$$\sigma_E^2 = E[Z_v - Z_v^{\#}]^2 = E[Z_v - \sum_{i=1}^{n} \lambda_i Z(x_i)]^2 \tag{5.51}$$

在无偏性条件下，使估计方差 σ_E^2 最小，则 $Z_V^{\#}$ 为 Z_V 的无偏、最优估计量。

普通克里金法可用于估计那些看起来有某种趋势的数据，但仅根据数据本身无法肯定观测数据是否真实地具有分析的自相关性，需要做进一步的具体分析。可使用半变异函数或协方差函数分析，进行变换和趋势剔除，并可进行测量误差分析。

以一个待预测点的求解为例，其位置为（2.75, 2.75），采用的已知相邻点见表 5.2。

表 5.2　预测点观测值

邻域中点的编号	原数据集中点的编号	X 坐标	Y 坐标	观测值
1	1	1	3	105
2	2	1	5	100

邻域中点的编号	原数据集中点的编号	X坐标	Y坐标	观测值
3	4	3	4	105
4	6	4	5	100
5	7	5	1	115

在使用克里金法生成预测表面之前，先要理解它的计算流程。拟合空间自相关模型的目的是求解伽马矩阵 $\boldsymbol{\Gamma}$ 和向量 $\boldsymbol{g}$，以获得权系数矩阵 $\boldsymbol{\lambda}$，从而根据已知样点和相应权系数，实现预测未知点。

通过求解普通克里金方程获得点（2.75, 2.75）的预测值为107.59，求解的关键是通过方程 $\boldsymbol{\Gamma} * \boldsymbol{\lambda} = \boldsymbol{g}$ 解出克里金权系数 $\boldsymbol{\lambda} = \boldsymbol{\Gamma}^{-1} * \boldsymbol{g}$。其具体过程如下。

（1）生成伽马矩阵 $\boldsymbol{\Gamma}$。通过计算样点对间的距离，将它们代入计算理论半变异，拟合空间自相关模型阶段所确定的球状拟合模型。

$$\gamma(h) = \begin{cases} 86.1 \times (1.5 \times (h/6.96) - 0.5 \times (h/6.96)^3) & \text{当所有步长} \leqslant 6.96\text{时} \\ 86.1 & \text{当所有步长} > 6.96\text{时} \end{cases} \tag{5.52}$$

这些观测点间的距离表示如表 5.3 所示。

表 5.3　观测点的距离

样点对	距离	样点对	距离
1，2	2.000	2，4	3.000
1，3	2.236	2，5	5.657
1，4	3.605	3，4	1.414
1，5	4.472	3，5	3.606
2，3	2.236	4，5	4.124

以计算样点 1 和样点 3 之间的半变异函数值为例，

$$\gamma(h) = 86.1 \times (1.5 \times (2.236/6.96) - 0.5 \times (2.236/6.96)^3) = 40.065$$

对每一样点对都按上述过程进行计算，生成伽马矩阵 $\boldsymbol{\Gamma}$，如表 5.4 所示。

表 5.4　伽马矩阵计算结果表

i	1	2	3	4	5	6
1	0.000	36.091	40.065	60.920	71.564	1.000
2	36.091	0.000	40.065	52.221	81.855	1.000
3	40.065	40.065	0.000	25.881	60.920	1.000
4	60.920	52.221	25.881	0.000	67.559	1.000
5	71.564	81.855	60.920	67.559	0.000	1.000
6	1.000	1.000	1.000	1.000	1.000	1.000

（2）求解伽马矩阵 Γ 的逆矩阵 Γ^{-1}，其结果见表 5.5。

表 5.5　伽马矩阵的逆矩阵 Γ^{-1}

i	1	2	3	4	5	6
1	−0.0191	0.01005	0.00776	−0.0021	0.00336	0.2114
2	0.01005	−0.0187	0.00472	0.00402	−0.0001	0.24891
3	0.00776	0.00472	−0.0317	0.01619	0.00304	−0.1038
4	−0.0021	0.00402	0.01619	−0.0214	0.00324	0.27739
5	0.00336	−0.0001	0.00304	0.00324	−0.0095	0.36607
6	0.2114	0.24891	−0.1038	0.27739	0.36607	−47.922

（3）同理计算向量 g，先计算邻域中 5 个观测点与预测点（2.75，2.75）的距离（表 5.6）。

表 5.6　预测点间距离

从点（2.75，2.75）到点	距离
1	1.768
2	2.850
3	1.275
4	2.574
5	2.850

（4）向量 g 可通过将上面各点的距离代入球状拟合模型中进行计算，计算结果如表 5.7 所示。

表 5.7　球状拟合半变异

从点（2.75，2.75）到点	拟合半变异
1	32.097
2	49.936
3	23.390
4	45.584
5	49.936
6	1.000

向量 g 中加入最后一行（伽马矩阵 Γ 中最后一行和最后一列）是为了保证让权系数的和为 1。求解权系数向量 λ，以样点 1 为例。

$$\lambda_1 = (−0.019 \times 32.097 + 0.01005 \times 49.936 + 0.00776 \times 23.390$$
$$−0.0021 \times 45.584 + 0.00336 \times 49.936 + 0.2114 \times 1.000) = 0.355$$

计算每个点的权系数并用抽样间距作乘数（6 行），计算结果见表 5.8。最后预测点（2.75，2.75）的值等于各观测点的权系数（第 6 行除外）乘以它们各自的观测值（表 5.9），然后求和。预测值 $= 0.355×105-0.073×100 + 0.529×105-0.022×100+0.211×115 = 107.59$。

表 5.8　样点权系数

样点	$\varLambda i$
1	0.355
2	-0.073
3	0.529
4	-0.022
5	0.211
6	-0.210

表 5.9　各观测点的权系数及观测值

$\varLambda i$	观测值
0.355	105
-0.073	100
0.529	105
-0.022	100
0.211	115

重复以上过程，对每一个待预测点进行预测，将其结果输出成图，即获得所求预测表面。

2. 简单克里金模型

简单克里金插值（simple Kriging）是用于二阶平稳且均值已知的随机变量的一种估计（插值）方法。模型可以表示为

$$Z(s) = \mu + \varepsilon(s) \tag{5.53}$$

式中，μ 为已知常量；$\varepsilon(s)$ 为随机误差。数据分布情况如图 5.15 所示。

图 5.15 中观测的样点数据用 "+" 字点表示，已知常量 μ 用实线表示。与普通克里金法相比较，简单克里金法已知 μ 值，所以能精确地知道各数据点的误差值 $\varepsilon(s)$。对于普通克里金法，μ 值是经过估计的，所以 $\varepsilon(s)$ 值也是经过估计的。在已知 $\varepsilon(s)$ 值的情况下进行的自相关分析与 $\varepsilon(s)$ 值未知的情况下进行的自相关分析相比，前者的效果较好。

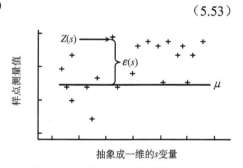

图 5.15　简单克里金模型样点分布图

通常 μ 值为已知的假设不太现实，但有时可以利用它对物理模型的趋势进行预测，然后对预测值和实测值进行比较，并在假设残余值的趋势为零的情况下应用简单克里金法对残余值进行分析。

简单克里金法除了可以获得不偏的最佳估计值外，还可以计算出估计值的误差方差。

简单克里金法可以使用半变异函数或协方差函数进行分析，可进行变换和剔除趋势，也可进行测量误差分析。

3. 指示性克里金模型

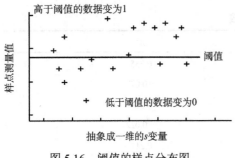

图 5.16　阈值的样点分布图

在空间统计分析方法中，可以通过选择某一特定值（阈值），将一个连续性的原数据转换成一个值为 0 或 1 的二进制变量（图 5.16），用变换后的数值来计算指示性变异函数，最后用普通克里金方法来估计所研究的空间范围上各点的指示函数值。图 5.16 中高于实线部分的数据值全变为 1，而低于实线部分的数据值则全变为 0。通过选择多个阈值也可以为同一个数据集建立多个指示变量。在这种情况下，其中一个阈值建立的指示变量设为主变量，其他阈值建立的指示变量则被设为次要变量，来研究指示克里金模型（indicator Kriging）。

指示克里金法的模型可表示为

$$I(s) = \mu + \varepsilon(s) \tag{5.54}$$

式中，μ 为未知常量；$\varepsilon(s)$ 为随机误差；$I(s)$ 为二进制变量。可以通过对连续数据进行阈值变换将其转变成二进制数据，如果所观测到的数据值是 0 或 1 则不必进行变换。例如，一个采样点可能代表居民建筑物，也可能代表厂矿建筑，那么就可用二进制变量来表示该采样点的种类。应用二进制变量后，指示克里金法的预测精度将超过普通克里金法。

图 5.17 中，转换生成的二进制数据用方格表示，虚直线表示所有指示变量值的未知平均值 μ。对于普通克里金法来说，假定 $\varepsilon(s)$ 是自相关的；而对于指示克里金法来说，因为指示变量值是 0 或 1，所以未知点的插值结果也只会在 0 到 1 之间，因此由指示克里金法获得的预测结果可以解释成变量的预测值等于 1 的概率，或者解释成变量的预测值是用 1 所表示的类的概率。如果应用阈值建立指示变量，那么所得到的

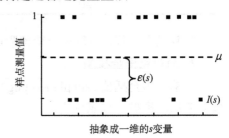

图 5.17　指示克里金模型样点分布图

插值地图中各点的预测值就表示高于（或低于）阈值的概率。

4. 泛克里金模型

前面几种克里金方法，对区域化变量 $Z(x)$ 的要求比较严格，即要求变量满足二阶平稳，或至少是准平稳或准内蕴，这就要求在估计领域内有 $E[Z(x)] = m$（常数）成立，但实际中许多区域化变量 $Z(x)$ 在研究区是非平稳的，即 $E[Z(x)] = m(x)$，这些要求会限制克里金方法的应用。

实际研究中，常常可以看到以下两种现象：

（1）在某一区域中，某区域化变量自西向东或自东向西是逐渐升高的，即存在"漂移"（drift，也可称为"趋势"），但在一小的局部范围内，又可以认为是平稳的，普通克里金法即利用这个性质进行估计。

（2）从整体上看，某区域化变量是平稳的，但某一小的局部范围却呈现漂移的现象，即具有平稳的数学期望 $E[Z(x)] = m(x)$，这时由于估计领域内的有效数据不足以应用普通克里金法进行局部估计，就必须考虑漂移的存在。

在处理没有漂移的数据时，引入了克里金法的线性不偏最小方差的估值方法，当漂移存在时，则须引入一种代表漂移的估值方法，它具有克里金法相似的性质：线性、普遍性（即无条件不偏性）及最佳性（即最小方差）。

泛克里金法（universal Kriging）是在漂移的形式 $E[Z(x)] = m(x)$ 和非平稳随机函数 $Z(x)$ 的协方差已知的情况下，一种考虑有漂移的无偏线性估计量的空间统计方法，其模型可以表示为

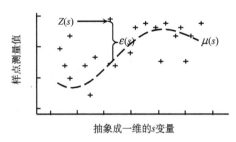

图 5.18　泛克里金模型样点分布图

$$Z(s) = \mu(s) + \varepsilon(s) \tag{5.55}$$

式中，$\mu(s)$ 为某种确定性漂移函数；$\varepsilon(s)$ 为随机误差（图 5.18），观测到的数据在图中用"＋"字点表示；$\mu(s)$ 可用一个二阶多项式表示，在图中用虚线表示。

从原始观测数据中提出这个二阶多项式后，便可得到误差 $\varepsilon(s)$，假设该误差是随机的且其平均值为零。根据定义，自相关性便可由随机误差模拟得到。

通过漂移定义，$z(s)$ 在 s 的期望值为 $m(s)$，即

$$E\big[z(x)\big] = m(x) \tag{5.56}$$

$$E\big[r(x)\big] = 0 \tag{5.57}$$

图 5.18 所示的曲线看似是经过某个基础统计过程拟合的多项式回归方程，实际上，这就是泛克里金法，可以对空间坐标表示的变量进行回归分析。然而，在分析时并不是假设随机误差 $\varepsilon(s)$ 各自独立不相关，相反是按照自相关来对它们进行分析的。同样，如同在前面介绍普通克里金法时提到的那样，在只有数据的情况下，无法对该方法的预测结果正确与否做出准确合理的判断。

泛克里金法分析过程中既能使用半变异函数，也能使用协方差函数。泛克里金法可以进行数学变换，以此来消除趋势，同时它也可以进行测量误差分析。

5. 协同克里金模型

协同克里金法（co-Kriging）是空间统计学中最基本的研究方法，它在理论上与普通克里金法相同，可以用推导普通克里金法的过程推导协同克里金法。

协同克里金法是用几个变量的测量数据对所感兴趣的一个或多个变量进行估值的一种方法。协同克里金法利用了多种变量类型，它不仅结合了空间的自相关性，还结合了变量间的相关性。其中，主变量为 Z_1，变量 Z_1 的自相关性及变量 Z_1 和其他类变量之间的交叉相关性有助于对结果做出更好的预测。协同克里金法要利用其他变量来进行预测，实际上这种应用是有代价的，协同克里金法需要更多的预测和估计，其中除了对各变量自相关性的预测外，还包括对所有变量之间交叉相关性的估计。理论上，应用协同克里金法会比普通克里金法效果更好。

普通协同克里金法的模型如式（5.58）所示：

$$\begin{aligned} Z_1(s) &= \mu_1 + \varepsilon_1(s) \\ Z_2(s) &= \mu_2 + \varepsilon_2(s) \end{aligned} \tag{5.58}$$

式中，μ_1 和 μ_2 为未知常量。从模型中可以看出有两种类型的随机误差，即 $\varepsilon_1(s)$ 和 $\varepsilon_2(s)$，这

两种误差除了各自具有自相关性外，还具有交叉相关性。普通协同克里金法的目标是对 $Z_1(s_0)$ 处的值做出预测，这一点与普通克里金法相同，但不同的是协同克里金法应用过程中引用了协同变量 $\{Z_2(s)\}$，以求预测的结果更好。

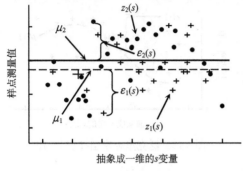

图 5.19　协同克里金模型样点分布图

以图 5.19 中样点分布为例，与普通克里金法不同的是，该模型中又加入了一个新的协同变量。从图 5.19 中可以看出，Z_1 和 Z_2 是自相关的。而且，当 Z_1 小于平均值 μ_1 时，Z_2 通常位于平均值 μ_2 的上方，反之亦然。所以，Z_1 和 Z_2 之间具有负的交叉相关性。各变量的自相关性及各变量之间的交叉相关性都有助于获得更好的预测结果。

其他协同克里金法（如泛协同克里金法、简单协同克里金法、指示协同克里金法、概率协同克里金法及析取协同克里金法等）都是由前面介绍的各种克里金法在处理多组数据集的情况下形成的。以指示协同克里金法为例，先为数据设置几个阈值，然后通过应用各阈值生成的二进制数据来预测主变量的阈值。这种方法与概率克里金法相似，但是对于处理突出点和其他不确定性数据来说，协同指示克里金法更好。协同克里金法能够使用半变异函数/协方差函数，也能用交叉协方差函数，它可以应用变换和趋势剔除，且允许进行测量误差分析，这一点与其他克里金法，如普通克里金法、简单克里金法及泛克里金法相同。

6. 其他克里金法

除了以上基本的克里金插值法之外，还有概率克里金、析取克里金、分层克里金等方法。

（1）概率克里金。与指示克里金插值类似，概率克里金插值是使用指标变量的一种非线性方法。它被看做第一变量是指标变量，第二变量是原始数据（未转换）的协同克里金插值。与指示克里金法一样，输出并不提供格网点实际数据值的预测。结合概率克里金插值，指示克里金插值可扩展为以下形式：

$$I(s) = \mu_1 + \varepsilon_1(s) \tag{5.59}$$

$$Z(s) = \mu_2 + \varepsilon_2(s) \tag{5.60}$$

式中，μ_1 和 μ_2 为未知常数；$I(s)$ 为二进制变量。

（2）析取克里金。析取克里金是一个非线性程序，源数据集已被一系列的可加性函数转换，通常使用 Hermite 多项式。标准模型如下：

$$F[Z(s)] = \mu(s) + \varepsilon(s) \tag{5.61}$$

式中，$F(\ )$ 为问题中的函数。因为原始数据被指标函数转换，指示克里金可以看做是析取克里金的一种特殊形式。析取克里金假设数据是二元正态分布，在空间数据集中很少验证。往往在析取克里金插值之前需要进行 z 数据转换。

Hermite 多项式 $H_n(x)$ 是一组正交多项式，使用递推关系可以简单地定义为

$$H_{n+1}(x) = 2xH_n(x) - 2nH_{n-1}(x) \tag{5.62}$$

前三项为 $H_0(x) = 1$，$H_1(x) = 2x$，$H_2(x) = 4x^2 - 2$。x 的范围为 $[-\infty, +\infty]$，而大多数正交多项式有更大的限制范围。

（3）非平稳模型和分层克里金。变异函数分析和克里金通常在整个过程中分别应用于一个完整的数据集。但是，基于附加信息，它可能将研究区划分成单独的区域或底层。分层可以基于基础地质构造、洪水频率、土地、水域、植被覆盖或与待解决问题相关的其他属性。在这些情况下，应当考虑子区域的大小、形状及计算变异函数的边缘效应。每个区域利用不同模型和参数得到的插入值会导致子区域边界的不连续，除非调整克里金方程来支持产生的表面的连续性。目前，一般用途的软件不直接支持这种程序，虽然不连续的问题得到解决，但它们能够通过人工分层和表面重新组合由标准功能实现。

如果怀疑半变异函数的非平稳性，可以通过移动窗口或系统划分将研究区划分为规则形状区域（假设有足够的数据）。如果适当的话，细分和"本地"的区域可以使用单独的变异函数而不是使用全局克里金模型。由此产生的预测值（插值）就会得到改善，但额外计算量和使用参数的增加会导致成本增加。

5.4.3　克里金模型应用条件

克里金方法依赖于数学模型和统计模型，包括概率模型在内的统计模型的引入，使克里金方法与确定性插值方法区分开来。在克里金方法中预测的结果将与概率联系在一起，即用克里金方法进行插值，一方面能生成预测表面，另一方面能给出预测值的误差。

自相关是克里金方法中一个重要的基础概念。相关性经常被认为是具有联系的两类变量之间的相互关系。例如，高社会需求量对产品的生产有正面积极影响，因此说社会需求量和产品的生产是正相关的。然而，也可以认为产品的生产是自相关的，也就是说产品的生产自身具有相关性。对同一产品来说，如果仅相隔一周，那么产量会很相似，但如果相隔一年，两个值可能会差别很大。

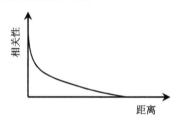

图 5.20　相关性与距离间关系

在图 5.20 中，（自）相关性被表示为距离的函数，这是空间统计分析方法的一个显著特点。在经典统计学中，各观测值之间被认为是相互独立的，也就是说，各观测值之间没有相关性。在空间统计分析方法中，可以计算各观测值之间的距离来反映空间位置信息，也可以用距离函数来模拟自相关性。

当某一现象呈现出一种稳定的发展势态时，这种势态可用"趋势"一词描述。空间统计分析方法中有与之类似的术语。趋势通常用简单的数学公式表示：

$$Z(s) = \mu(s) + \varepsilon(s) \tag{5.63}$$

式中，s 为不同的位置点，可以认为是用经纬度表示的空间坐标；$Z(s)$ 为 s 处的变量值，它可分解为确定趋势值 $\mu(s)$ 和自相关随机误差 $\varepsilon(s)$。这是克里金方法的基本形式，通过对这个公式进行变化可以生成克里金方法的不同类型。在这个模型中无论趋势如何复杂，$\mu(s)$ 都无法获得很好的预测。这种情况下，需对误差项 $\varepsilon(s)$ 进行一些假设，即假设误差项 $\varepsilon(s)$ 的期望均值为零，并且 $\varepsilon(s)$ 和 $\varepsilon(s+h)$ 之间的自相关不取决于 s 点的位置，而取决于位移量 h。为确保自相关方程有解，必须允许某两点间的自相关可以相等。

趋势值 $\mu(s)$ 可以被简单地赋以一个常量，即在任意位置 s 处有 $\mu(s) = \mu$，如果 μ 是未知的，这便是普通克里金方法所基于的模型；$\mu(s)$ 也可以表示为其空间坐标的线性函数，如

$$\mu(s) = \beta_\sigma + \beta_\varsigma X + \beta_\tau Y + \beta_\upsilon X^2 + \beta_\omega Y^2 + \beta_\xi XY \qquad (5.64)$$

这是一个二阶多项式趋势面方程，由空间坐标（x, y）经线性回归分析获得。如果趋势方程中的回归系数是未知的，便形成了泛克里金模型；如果在任何时候趋势是已知的（如所有的系数和协方差都已知），无论趋势是常量与否，都会形成简单克里金模型。当模型中有多个变量参与时，便形成了模型 $Z_j(s) = \mu_j(s) + \varepsilon_j(s)$，该模型表示第 j 个变量的情况。这时，除了考虑误差 $\varepsilon_j(s)$ 的自相关性外，还可以为每个变量考虑不同的趋势值，对两个变量来说，在两个随机误差 $\varepsilon_j(s)$ 和 $\varepsilon_k(s)$ 之间还存在着交叉相关性。例如，空气中臭氧浓度与 NO_2 含量的交叉相关性，它们不需要在同一位置同时具有取样点。基于多个变量的克里金模型便形成了协同克里金模型，将 $Z(s)$ 表示成指示变量的函数，如果在协同克里金模型中使用的是未经任何变换的 $Z(s)$，便形成了概率克里金模型。

如果存在多个变量的情况，可以把普通协同克里金法、简单协同克里金法、泛协同克里金法、概率协同克里金法、指示协同克里金法、析取协同克里金法看成是前面所讲的克里金方法的多变量扩展形式。

复习思考题

1. 什么是空间自相关、空间各向同性及空间各向异性？

2. 什么是确定性空间插值？确定性空间插值方法有哪几种？

3. 地统计学与经典统计学方法有何区别？

4. 结合你所学的知识，谈谈空间统计方法可以用来解决哪些方面的问题？

5. 使用趋势面分析的要求有哪些？

6. 什么是区域化变量，它有何特点？

7. 空间自相关分析方法有哪几种？它们分别适用于哪些条件？

8. 如何根据 Moran's I 来判断空间相关性？

9. 试论述影响空间统计插值计算结果精度的因素。

10. 简述克里金插值法的原理及其优点。

11. 反距离权重插值法、径向基函数插值法和克里金插值法有哪些区别？

12. 常用的半变异模型有哪些？

13. 影响半变异函数选择的主要因素有哪些？如何通过半变异函数来判定空间相关性？

14. 常用的克里金模型有哪几种？它们之间有何区别？

15. 简述克里金法的应用条件。

16. 假设某地区 8 月份平均气温在空间上的变异规律可以用如下各向同性的球状变异函数描述：

$$\gamma \times (h) = \begin{cases} 0 & h = 0 \\ 2.15 + 1.15\left(\dfrac{3}{2} \times \dfrac{h}{10} - \dfrac{1}{2} \times \dfrac{h^3}{10^3}\right) & 0 < h \leqslant 10 \\ 3.30 & h > 10 \end{cases}$$

下图给出了该地区 x_1、x_2、x_3、x_4 四个实测点的空间位置及其 8 月份平均气温，试用普通克里金法通过插值估计 x_0 点的 8 月份平均气温，并计算估计误差。

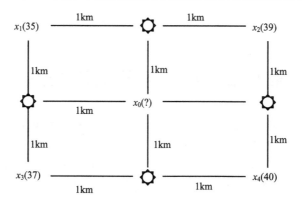

第6章　表面与三维空间分析

GIS 表达三维地理空间的能力日益增强，通过空间分析获得地理目标多维空间特征的能力也随之增强。基于数字地形模型（digital terrain model, DTM）的表面分析，包括地形表面参数计算、地形形态特征提取、地形可视化建模等，可以获得高程、坡度、坡向、曲率、表面积和体积等地形表面参数，提取特征点、特征线等地形形态特征，建立通视分析、水文分析与可视化分析等模型。数字城市是三维 GIS 技术应用相对成熟的领域，日照分析、控高分析、方案比选、水淹分析及地下管线分析等城市空间三维分析方法，不但是目前 GIS 三维空间分析的主流技术，而且为城市规划和管理提供了强大的决策工具。

6.1　地形表面参数计算

地形表面参数描述地形表面固有特征，是其他复合地形参数、工程应用和地学模型的基础。基本地形参数的计算包括高程、坡度、坡向、曲率、坡长、面积和体积等，其结果均具有实际的物理意义和量纲。地形表面参数的算法通常因数据模型和应用需要的不同而有所区别。

6.1.1　高程计算

高程计算主要指高程内插，是利用已知点的高程，根据给定数学模型对未知点高程求解的过程。高程内插的基础是地学统计中的二维内插方法，其算法一直是地学分析中的研究热点，在众多著作中均有表述。这里只讨论基于数字高程模型（包括格网、TIN 和等高线模型）上的高程内插。

1. 基于格网 DEM 的高程内插计算

格网 DEM 数据模型的已知高程点数据呈规则分布，因此，在内插过程中可以省去复杂且容易出错的高程点空间搜寻过程。由于目前全数字化摄影测量产生的地面高程模型均采用格网结构，因此基于格网 DEM 的高程内插的应用日益普遍。在规则格网单元模式下，地形曲面的拟合方法多采用线性拟合、双线性拟合、双三次多项式等算法。

设格网分辨率为 g，DEM 区域西南角坐标为 (x_0, y_0)，则 P 点所在格网行列号 (i, j) 为

$$i = \text{int}\left(\frac{y_P - y_0}{g}\right)$$

$$j = \text{int}\left(\frac{x_P - x_0}{g}\right) \tag{6.1}$$

设 P 点所在格网 (i, j) 的四个顶点 1、2、3、4 的坐标分别为 (x_1, y_1, H_1)、(x_2, y_2, H_2)、(x_3, y_3, H_3) 和 (x_4, y_4, H_4)。

1）线性内插

线性内插将格网单元剖分成两个三角形，如图 6.1 所示，每个三角形由三个顶点确定唯一平面。其内插过程如下。

第一步：内插点坐标归一化。

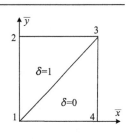

图 6.1　线性内插原理

$$\bar{x} = \frac{x_P - x_1}{g}, \quad \bar{y} = \frac{y_P - y_1}{g} \tag{6.2}$$

第二步：确定 P 点所归属的三角形：如果 $\bar{x} \geqslant \bar{y}$，则 $\delta = 0$；反之，$\delta = 1$。

第三步：计算 P 点的高程。

$$H_P = \delta\left[H_1 + (H_3 - H_2)\bar{x} + (H_2 - H_1)\bar{y}\right] \\ + (1-\delta)\left[H_1 + (H_4 - H_1)\bar{x} + (H_3 - H_4)\bar{y}\right] \tag{6.3}$$

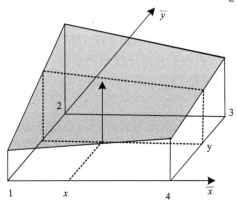

图 6.2　双线性内插原理

2）双线性内插

双线性内插不像线性内插那样将格网单元划分成线性平面，而是通过格网单元的四个顶点拟合为曲面，所采用的曲面方程为

$$H = f(x, y) = \sum_{j=0}^{1}\sum_{i=0}^{1} a_{ij} x^i y^j \\ = a_{00} + a_{10}x + a_{01}y + a_{11}xy \\ = a_0 + a_1 x + a_2 y + a_3 xy \tag{6.4}$$

双线性内插过程如下（图 6.2）。

第一步：内插点坐标归一化。

第二步：计算内插 P 点的高程。

$$H_P = H_1 + (H_4 - H_1)\bar{x} + (H_2 - H_1)\bar{y} + (H_1 - H_2 + H_3 - H_4)\overline{xy} \tag{6.5}$$

3）双三次多项式内插

双三次多项式内插模型为

$$H = f(x, y) = \sum_{j=0}^{3}\sum_{i=0}^{3} a_{ij} x^i y^j \\ = a_{00} + a_{10}x + a_{20}x^2 + a_{30}x^3 \\ + a_{01}y + a_{11}xy + a_{21}x^2 y + a_{31}x^3 y \\ + a_{02}y^2 + a_{12}xy^2 + a_{22}x^2 y^2 + a_{32}x^3 y^3 \\ + a_{03}y^3 + a_{13}xy^3 + a_{23}x^2 y^3 + a_{33}x^3 y^3 \tag{6.6}$$

式中的坐标是各个格网点的直角坐标。

在式（6.6）中，共有 16 个系数，然而 P 点所在的格网仅能提供四个已知点数据，即

$$H_i = f(x_i - y_i) \quad (i = 1, 2, 3, 4) \tag{6.7}$$

另外 12 个系数的求解则需要借助于当前格网单元与周围格网单元的关系，即满足曲面光滑连续的条件。从数学分析知道，这要求曲面在 x, y 的偏导数一致，曲面对 x 和 y

的混合偏导数一致。

根据上述原理，应用双三次多项式曲面内插过程如下。

第一步：内插点坐标归一化。

第二步：计算函数值、各个方向的偏导数与混合偏导数。

第三步：联立求解系数。

第四步：求解内插点的高程。

线性插值虽然计算简单，但插值表面连续而不光滑。双线性内插的物理特性在于当 y 为常数时，高程值 H 与 x 坐标呈线性关系；当 x 为常数时，高程值 H 与 y 坐标呈线性关系；然而插值表面仍是连续而不光滑的。双三次多项式曲面能提供光滑连续内插表面，但计算过程比较复杂，且不适合对 DEM 区域边缘的格网插值。

2. 基于 TIN 的高程内插计算

不规则三角网 TIN 模型是用不交叉、不重叠的三角面来模拟地形表面，它所表达的地形曲面是连续而不光滑的，为了形成光滑曲面，常常要进行磨光处理。因此，在 TIN 上进行高程插值，一般也有两种方法，即基于连续表面的三角形插值和基于光滑连续曲面插值。在 TIN 上进行插值的一个重要步骤是快速地找到内插点所在的三角形。

1）确定包含内插点的三角形

定位一个点在哪个三角形中，一般做法是扫描整个或局部三角形网络，利用点在多边形中原理判断计算。当三角形数目较大时，这是一个很费时的过程。如果建立了三角形网络的拓扑关系，则可利用三角形面积坐标和拓扑关系来解决这一问题。另外，该算法还取决于初始三角形的位置，这可通过建立三角形索引来解决。

2）基于三角面的插值方法

设 P 点所在三角形的三个顶点为 $P_1(x_1,y_1,H_1)$、$P_2(x_2,y_2,H_2)$ 和 $P_3(x_3,y_3,H_3)$，则可由这三个数据点组成一个平面：

$$H = f(x,y) = ax + by + c \tag{6.8}$$

式中，a、b、c 三个系数由三角形三个顶点坐标唯一确定，即

$$\left.\begin{array}{l} H_1 = ax_1 + by_1 + c \\ H_2 = ax_2 + by_2 + c \\ H_3 = ax_3 + by_3 + c \end{array}\right\} \tag{6.9}$$

3）基于磨光函数的光滑连续插值方法

基于三角面的插值方法是将三角形视为平面，以线性内插方式进行。由于不规则三角网 TIN 定义的地形曲面是连续而不光滑的，用线性内插的方法在接近两三角形公共边附近的内插点容易得到较差的插值。为提高高程内插值的质量，可利用在两三角面附近一定区域内的磨光函数插值方法，来实现在 TIN 上的光滑连续插值。

如图 6.3 所示，△ABC 和 △ABD 是两个以 AB 为公共边的空间三角形，DD' 和 CC' 分别垂直

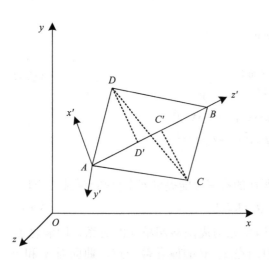

图 6.3　三角形磨光坐标平移与旋转

于 AB，D' 和 C' 为垂足。设 A、B、C、D 的坐标分别为（x_a，y_a，z_a）、（x_b，y_b，z_b）、（x_c，y_c，z_c）、（x_d，y_d，z_d）。在这两个三角形上进行点的内插包括空间变化、直线磨光和逆变换三个步骤。

在 TIN 上进行插值计算的步骤如下。

第一步：确定内插点所在的三角形。

第二步：找出内插点所在三角形的相邻三角形。

第三步：找出每个三角形的重心，并以重心为顶点，将每个三角形划分成三个子三角形，找出每个子三角形的对偶三角形（即共用一条边的两个三角形）。

第四步：确定内插点所在的子三角形，并按线性内插求出内插点的高程。

第五步：确定磨光宽度。

第六步：对内插点所在的子三角形及其对偶三角形进行磨光处理。

第七步：对磨光结果进行逆变换，完成基于 TIN 的点的内插计算。

基于三角面的插值方法计算简单，但连续而不光滑，特别是在实现由 TIN 向格网的转换时，容易出现较大误差。而基于磨光函数的光滑连续表面插值虽然能得到连续光滑表面，但磨光宽度较难控制，同时计算也比较烦琐复杂。为得到较好的磨光效果，并且保留 TIN 所记录的基本地形特征，可针对不同的区域和地形特征设置不同的磨光宽度。例如，当两个三角形夹角小于某一宽度时，可令磨光宽度等于预设宽度的两倍等。

3. 基于等高线模型的高程内插计算

基于等高线 DEM 的高程内插类似于地形图目视内插方法，即在两相邻等高线之间最陡方向上按比例进行内插，但计算机却无法识别最陡方向。为了近似地找出通过 P 的最陡方向，可通过 P 点做出相隔 45°的直线，每条直线与相邻等高线可计算出两交点并求出交点之间的距离，由于相邻等高线之间的高差为等高距，则通过距离和等高距很容易找出过 P 点的最陡方向，进而在该方向上求得点的高程。

如图 6.4 所示，P 点落在等高线 C_2 和 C_3 之间，HH、VV、UU 和 GG 为过 P 点的四条直线，且 HH 为东西方向，VV 为南北方向，UU 和 GG 为与 HH、VV 相隔 45°的直线。它们与 C_2 和 C_3 的交点如图 6.4 所示，不难判断 GG 方向为最陡方向。P 点高程 H_p 可按下式求出：

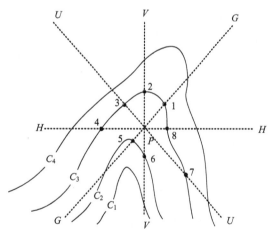

图 6.4　基于等高线 DEM 高程内插

$$H_p = \frac{H_1 - H_5}{L_{15}} \times L_{P5} + H_5 \tag{6.10}$$

式中，H_1 和 H_5 分别为图 6.4 中 GG 线上点 1 和点 5 的高程（即等高线 C_3 和 C_2 的高程），L_{15} 及 L_{P5} 分别为点 1 和点 5 之间的水平距离及点 P 和点 5 之间的水平距离。

6.1.2　坡度、坡向计算

坡度、坡向是描述表面特征的重要变量。坡度是地面特定区域高度变化比率的量度，坡向是斜坡方向的量度。坡度矢量从数学上讲，其模等于地表曲面函数在该点的切平面与水平面夹角的正切，坡向等于在该切平面上沿最大倾斜方向的某一矢量在水平面上的投影方向。坡度和坡向分析在厂矿选址、工程设施构筑、地貌分析、农林业和隐蔽点的选择及机械设备机动路线选择等许多应用领域中有着重要作用。

通常是针对 TIN 中的每个三角面或栅格图像中的每个栅格单元进行坡度计算。对 TIN 而言，坡度是各个三角面中最大的高程变化率；对栅格图像而言，坡度是每个栅格单元与其相邻的八个栅格单元中最大的高程变化率。坡度可以表示为度数和百分数两种形式，度数是垂直距离与水平距离比率的反正切，坡度百分数为垂直距离与水平距离比率的 100 倍，两种坡度表示方法如图 6.5 所示。坡度值越小，地形越平坦；坡度值越大，地形越陡峭。

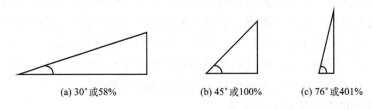

(a) 30°或58%　　　　　(b) 45°或100%　　　　　(c) 76°或401%

图 6.5　坡度的两种表示方法

坡向是指 Grid 或 TIN 中每个像素面的朝向，以度为单位，按顺时针方向从 0°（正北方向）到 360°（重新回到正北方）。坡向的计算同样要针对 TIN 表面的每一个三角面或栅格图形的每一个像元。坡向是环形的量度，因此，坡向 10°比 30°更靠近于 360°。经常在用坡向作数字分析之前，对坡向进行转换。常用方法是将坡向分为四个基本方向（东、南、西、北）或者八个基本方向（东、东南、南、西南、西、西北、北、东北），并把坡向处理为类别数据；另一种方法是转换坡向值以获取基本方向，例如，可把北设为 0°，南设为 180°，西和东均设为 90°，以获取南—北的基本方向（图 6.6）。

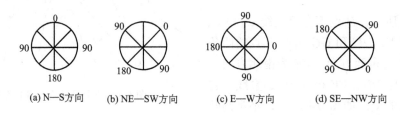

(a) N—S方向　　　(b) NE—SW方向　　　(c) E—W方向　　　(d) SE—NW方向

图 6.6　获取基本方向的转换方法

1. 栅格数据计算坡度、坡向的算法

当以高程格网为数据源时，可以由单元标准矢量的倾斜方向和倾斜量，对每个单元量测坡度和坡向，其中标准矢量是指垂直于单元的有向直线。设标准矢量为 (n_x, n_y, n_z)，计算单元坡度的公式为

$$S=\sqrt{n_x^2+n_y^2}/n_z \tag{6.11}$$

计算单元坡向的公式为

$$D=\arctan（n_y/n_x） \tag{6.12}$$

坡度和坡向的计算方法大都采用 3×3 移动窗口估算中心点单元的坡度和坡向，区别是用于估算的邻接单元数和每个单元的权重不同。

（1）第一种方法由 Fleming 和 Hoffer 及 Ritter 提出，采用直接与中心点单元邻接的四个单元，如图 6.7（a）所示，C_0 的坡度（S）可由下式计算

$$S=\sqrt{(e_1-e_3)^2+(e_4-e_2)^2}/2d \tag{6.13}$$

式中，e_i 为邻接单元值；d 为单元大小。C_0 标准矢量的 n_x 分量为（e_1-e_3），即 x 维的高差，n_y 分量为（e_4-e_2），即 y 维的高差。

C_0 的方位角 D 可计算为 $D=\arctan[（e_4-e_2）/（e_1-e_3）]$。$D$ 是相对于 x 轴的弧度，可以把 D 转化为度，即变为以北为 0° 的度数值。

（2）第二种方法为 Horn 算法，该算法被 ArcGIS 采用。Horn 算法使用八个邻接单元，并且对四个直接邻接单元赋予权重值 2，而四个角落单元的权重值为 1。Horn 算法如图 6.7（b）所示。C_0 点的坡度为

$$S=\sqrt{[(e_1+2e_4+e_6)-(e_3+2e_5+e_8)]^2+[(e_6+2e_7+e_8)-(e_1+2e_2+e_3)]^2}/8d \tag{6.14}$$

C_0 点的坡向为

$$D=\arctan\{[(e_6+2e_7+e_8)-(e_1+2e_2+e_3)]/[(e_1+2e_4+e_6)-(e_3+2e_5+e_8)]\} \tag{6.15}$$

（3）第三种方法为 Sharpnack 算法，也是采用八个邻接单元，但每个单元的权重相同。

$$S=\sqrt{[(e_1+e_4+e_6)-(e_3+e_5+e_8)]^2+[(e_6+e_7+e_8)-(e_1+e_2+e_3)]^2}/6d \tag{6.16}$$

$$D=\arctan\{[(e_6+e_7+e_8)-(e_1+e_2+e_3)]/[(e_1+e_4+e_6)-(e_3+e_5+e_8)]\} \tag{6.17}$$

2. 不规则三角网计算坡度、坡向的算法

不规则三角网中，每个三角形计算坡度、坡向的算法采用双向标准矢量，即该矢量垂直于三角面。设三角形由以下三个结点组成：$A（x_1,y_1,z_1）$、$B（x_2,y_2,z_2）$ 和 $C（x_3,y_3,z_3）$。标准矢量为矢量 $\boldsymbol{AB}[（x_2-x_1），（y_2-y_1），（z_2-z_1）]$ 和矢量 $\boldsymbol{AC}[（x_3-x_1），（y_3-y_1），（z_3-z_1）]$ 的向量积，该标准向量的三个分量为

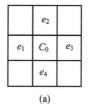 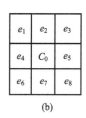

图 6.7　Ritter 算法（a）与 Horn 算法（b）示意图

$$n_x:\quad （y_2-y_1）（z_3-z_1）-（y_3-y_1）（z_2-z_1）$$
$$n_y:\quad （z_2-z_1）（x_3-x_1）-（z_3-z_1）（x_2-x_1）$$
$$n_z:\quad （x_2-x_1）（y_3-y_1）-（x_3-x_1）（y_2-y_1）$$

三角形的 S 和 D 值可由 $\sqrt{(n_x^2+n_y^2)}/n_z$ 和 $\arctan（n_y/n_x）$ 得到，然后 D 值可转换成以度表示的坡向。

3. 拟合曲面法

坡度和坡向的计算方法可归纳为五种：四块法、空间矢量分析法、拟合平面法、拟合曲

面法和直接解法。其中，拟合曲面法是求解坡度的最佳方法，它一般采用二次曲面，即 3×3 窗口：

$$
\begin{array}{ccc}
G_5 & G_2 & G_6 \\
G_1 & G & G_3 \\
G_8 & G_4 & G_7
\end{array}
$$

每一个点为一个高程点，点 G 的坡度求解公式如下：

$$
\text{slope} = \sqrt{\text{slope}_{\text{WE}}^2 + \text{slope}_{\text{SN}}^2} \tag{6.18}
$$

其坡向计算公式为

$$
\text{aspect} = \text{slope}_{\text{SN}} / \text{slope}_{\text{WE}} \tag{6.19}
$$

式中，slope 为坡度；aspect 为坡向；slope_{WE} 为东西向（x 轴）上的坡度；slope_{SN} 为南北向（y 轴）上的坡度。x、y 轴向上的坡度算法共有四种，其中精度最高、计算效率最高的算法为

$$
\text{slope}_{\text{WE}} = \frac{G_1 - G_3}{2 \times \Delta G}
$$
$$
\text{slope}_{\text{SN}} = \frac{G_4 - G_2}{2 \times \Delta G} \tag{6.20}
$$

式中，ΔG 是 Grid 的网格间距。

6.1.3　坡度变化率与坡向变化率计算

坡度变化率、坡向变化率是对坡度和坡向变化情况进行度量的指标，坡度变化率是对地形单元中坡度变化的描述或者说坡度的坡度，而坡向变化率则是坡向变化程度的量化表达即坡向的坡度。实际上，坡度变化率、坡向变化率与解析几何中的直线方程的斜率有着相同的几何意义。这两个因子在地貌形态结构研究中具有重要意义。一般地，坡度变化率和坡向变化率的计算基于 DEM 数据。根据算法的不同，分为基于最大坡降和基于曲面拟合（差分）两类算法，而后者中，又有二阶差分、三阶不带权差分、三阶带权差分等计算方法。

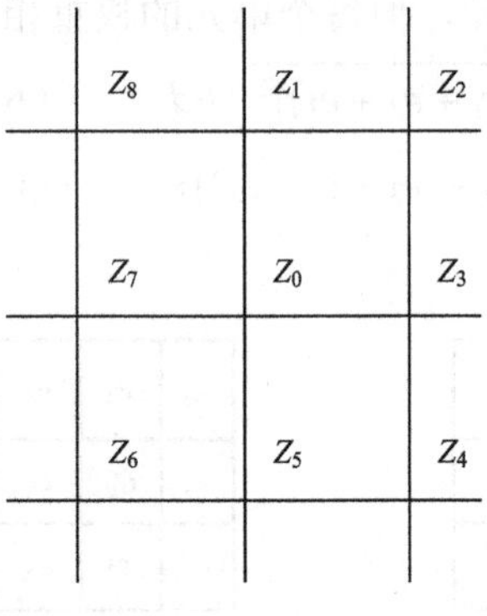

图 6.8　基于最大坡降算法的坡度坡向变化率计算格网编号

1. 基于最大坡降算法的坡度和坡向变化率计算

如图 6.8 所示，设在 3×3 局部窗口中的中心格网号的编号为 Z_0，其坡度和坡向分别为 β_0 和 α_0，中心格网周围 8 个格网点的坡度和坡向分别为 β_i 和 α_i（$i = 1, 2, \cdots, 7, 8$），则有

$$
\frac{\mathrm{d}\beta_i}{\mathrm{d}g} =
\begin{cases}
\dfrac{\beta_i - \beta_0}{g} & i = 1, 3, 5, 7 \\[3mm]
\dfrac{\beta_i - \beta_0}{\sqrt{2}g} & i = 2, 4, 6, 8
\end{cases} \tag{6.21}
$$

式中，g 为格网分辨率；$\dfrac{\mathrm{d}\beta_i}{\mathrm{d}g}$ 和 $\dfrac{\mathrm{d}\alpha_i}{\mathrm{d}g}$ 分别为周围各相邻格网点相对于中心格网点的坡度和坡

向的变化率。由于最大坡降算法中坡度为八个方向中坡度下降最大的一个，因此相应的中心格网单元处的坡度和坡向变化率也取位于最陡方向上的值，即中心格网的坡度变化率 $\dfrac{\mathrm{d}\beta_0}{\mathrm{d}g}$ 和坡向变化率 $\dfrac{\mathrm{d}\alpha_0}{\mathrm{d}g}$ 分别为

$$\frac{\mathrm{d}\beta_0}{\mathrm{d}g} = \max\left(\frac{\mathrm{d}\beta_i}{\mathrm{d}g}\right), \quad \frac{\mathrm{d}\alpha_0}{\mathrm{d}g} = \max\left(\frac{\mathrm{d}\alpha_i}{\mathrm{d}g}\right) \tag{6.22}$$

2. 基于差分算法的坡度和坡向变化率计算

坡度是在一定区域内高程变化的描述，即坡度描述了高程变化率。如果利用与坡度计算相同的方法，但将计算中所需各高程点上的高程值用该点上的坡度坡向值代替，即可得到坡度和坡向的变化率。因此可由坡度计算公式求取坡度和坡向变化率（图 6.9 和图 6.10）。

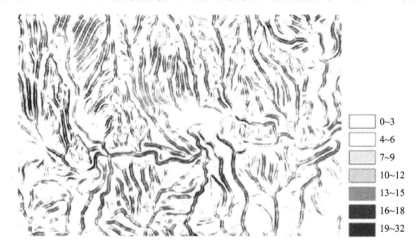

	0~3
	4~6
	7~9
	10~12
	13~15
	16~18
	19~32

图 6.9　坡度变化率

	0~8
	9~16
	17~24
	25~33
	34~43
	44~53
	54~82

图 6.10　坡向变化率

$$\frac{d\beta_0}{dg} = \tan^{-1}\sqrt{\left(\frac{\beta_2 - \beta_8 + \beta_3 - \beta_7 + \beta_4 - \beta_6}{6g}\right)^2 + \left(\frac{\beta_8 - \beta_6 + \beta_1 - \beta_5 + \beta_2 - \beta_4}{6g}\right)^2}$$

$$\frac{d\alpha_0}{dg} = \tan^{-1}\sqrt{\left(\frac{\alpha_2 - \alpha_8 + \alpha_3 - \alpha_7 + \alpha_4 - \alpha_6}{6g}\right)^2 + \left(\frac{\alpha_8 - \alpha_6 + \alpha_1 - \alpha_5 + \alpha_2 - \alpha_4}{6g}\right)^2} \quad (6.23)$$

6.1.4 曲率计算

地形表面曲率是地形曲面在各个截面方向上的形状、凹凸变化的反映,它们是平面点位的函数。地形表面曲率反映了地形结构和形态,同时也影响着土壤有机物含量的分布,在地表过程模拟、水文、土壤等领域有着重要的应用价值。曲率计算的实现与地形曲面的二阶导数有关,一般在格网 DEM 数据上进行曲率计算。

1. 二次曲面方法

二次曲面方法也可称 Evans 方法,其一般表达式为

$$f(x, y) = ax^2 + by^2 + cxy + dx + ey + f \quad (6.24)$$

该曲面有 6 个系数,通常已知高程点的个数大于未知系数的个数,可通过最小二乘法解算。

2. 限制二次曲面方法

一般二次曲面为一光滑曲面,曲面并不需要经过所有的数据点。限制二次曲面或 Shary 方法的表达形式虽然与一般二次曲面相同,但要求曲面必须通过中心点,也就是说在限制二次曲面中,可通过最小二乘法求得各系数。

3. 不完全四次曲面方法

不完全四次曲面或 Zevenbergen 方法的函数式为

$$f(x, y) = Ax^2y^2 + Bx^2y + Cxy^2 + Dx^2 + Ey^2 + Fxy + Gx + Hy + I \quad (6.25)$$

不完全四次曲面共有 9 个系数,而 3×3 局部窗口中共有 9 个已知高程点,此时未知系数可通过已知高程点完全确定,方程有唯一解。

在 ArcGIS 中的 Curvature (曲率) 命令常用的一种方法是以不完全四次曲面方法来拟合一个 3×3 窗口。然后,由这些参数可计算出三个曲率

$$剖面曲率 = -2((DG^2 + EH^2 + FGH)/(G^2 + H^2)) \quad (6.26)$$

$$平面曲率 = 2((DH^2 + EG^2 - FGH)/(G^2 + H^2)) \quad (6.27)$$

$$表面曲率 = -2(D + E) \quad (6.28)$$

剖面曲率是沿着最大坡度方向的估算值,平面曲率是与最大坡度方向呈直角方向的估算值。表面曲率则是以上两者的差值,即表面曲率=剖面曲率-平面曲率。若单元表面曲率为正值代表该单元表面向上凸出,为负值代表表面下凹,为 0 代表表面为平面。

4. 差分方法

由于规则格网的等间距分布特性,直接采用数值微分方法计算各个偏导数。由数值微分知,对等距分布的直线上三个结点 $x-g$,x 和 $x+g$ (g 为间距),函数 $f(x)$ 在中间点 x 处的一阶导数、二阶导数可按下式进行估计:

$$f'(x) = \frac{f(x+g) - f(x-g)}{2g}$$

$$f''(x) = \frac{f(x+g) - 2f(x) + f(x-g)}{g^2}$$

（6.29）

曲率计算的输出结果为地形栅格每个像元的表面曲率，是通过将目标像元与八个相邻像元拟合为二次曲面，再对此拟合曲面求中心位置处的曲率而得到的。可输出的结果曲率类型为：平均曲率、剖面曲率和平面曲率，平均曲率为必须输出的结果，剖面曲率和平面曲率为可选择输出。其中，剖面曲率是指沿最大斜率方向的曲率，平面曲率是指垂直于最大斜率方向的曲率。平均曲率的定义在不同方法中有所不同。一些情况下，它为以上两者的差值，即平均曲率＝剖面曲率－平面曲率，或者是特定单元曲率的平均值（该单元最大曲率和最小曲率的平均），甚至是格网中所有单元的平均值。同样的，最大和最小曲率也可分为本地和全局来定义。对于全部三种曲率结果，曲率为正说明表面向上凸出，曲率为负说明表面开口朝上凹入，曲率为 0 说明像元所处的表面是平坦的。

新生成的曲率图均是与原数据集等大且分辨率相同的数据集。图 6.11（a）~（d）分别是 DEM 数据和对该数据进行曲率分析得到的平均曲率、剖面曲率和平面曲率结果。

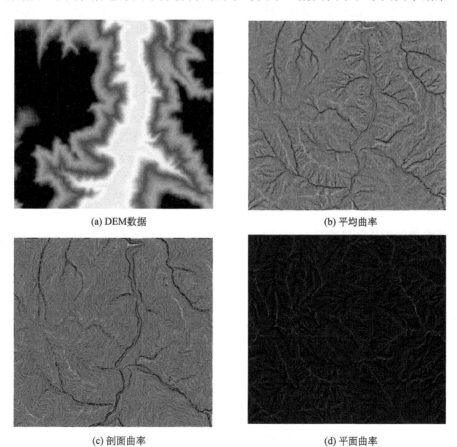

(a) DEM数据　　　　　　　　　　　　　　　(b) 平均曲率

(c) 剖面曲率　　　　　　　　　　　　　　　(d) 平面曲率

图 6.11　曲率图

6.1.5　坡长计算

坡长是指在坡面上，由给定点逆流而上到水流起点（又称源点）之间轨迹（也称水流路径或流线）的最大水平投影长度。坡长是水土保持、土壤侵蚀等研究中的重要因子之一。当其他外在条件相同时，物质沉淀量、水力侵蚀和冲刷的强度依据坡面的长度来决定，坡面越长，汇聚的流量越大，侵蚀力和冲刷力就越强。同时，坡长也直接影响地面径流的速度，进而影响对地面土壤的侵蚀力。很多水土流失方程和土壤侵蚀方程等都将坡长作为其中的一个因子。在 DEM 上进行坡长计算方法按原理大体可分为以下三种：①非累计流量的直接计算法（non-cumulative slope length，NCSL）；②基于累计流量的单位汇水面积（specific contribution area，SCA）计算法；③基于水流强度指数（stream power index）的间接计算法。

不管是采用直接计算方法还是流量累计方法，在格网 DEM 上坡长的计算都是模拟地表的水流路径，这就要求水流在 DEM 所模拟的地形表面上能畅通无阻地流动，也就是说在 DEM 上的任何一点，其水流都存在一个汇聚点或出口。然而，在 DEM 建模过程中，地表本身所存在的自然洼地如池塘或凹坑等，以及内插过程中所产生的非自然洼地（伪洼地）都会影响水的流动路径，使水流路径到达不了出口。因此在确定水流路径之前，应先对 DEM 中的洼地进行填平处理，形成无洼地 DEM，从而使水流路径畅通无阻。其次要形成地面某点的水流路径，还要确定该点的水流方向，水流方向即某一点的坡向。在此基础上，方可计算坡长（图 6.12）。

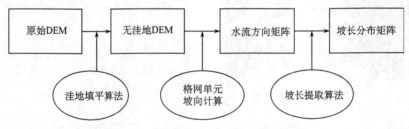

图 6.12　基于格网 DEM 坡长提取步骤

1. 非流量累计坡长计算方法

第一步：计算格网单元的流向。可以采用最大坡降算法，从而形成水流方向矩阵。

第二步：局部高地标识。局部高地是指存在 DEM 中的山顶、山脊线上的点以及位于 DEM 边缘的点，这些点的特征是只有水流流出而没有水的流入。它们可通过水流方向矩阵识别，即给定格网单元周边各相邻点的水流方向均不指向该单元（图 6.13）。

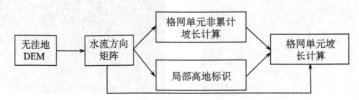

图 6.13　基于 DEM 数据的非流量累计坡长提取步骤

第三步：计算格网单元的非累计坡长。

（1）当格网单元为所标识的局部高地点时，该格网的非累计坡长为格网分辨率的 1/2 乘以 1（流向为格网坐标轴方向，即格网的行、列方向）或乘以 $\sqrt{2}$（格网单元的流向为对角线方向，即指向该格网单元的四个角之一），即

$$L = \begin{cases} \dfrac{1}{2}g\text{（坐标轴方向）} \\ \dfrac{\sqrt{2}}{2}g\text{（对角线方向）} \end{cases} \tag{6.30}$$

（2）如果格网单元为非局部高地点，则该格网的非累计坡长等于格网分辨率（坐标轴方向），或等于格网分辨率的 $\sqrt{2}$ 倍（对角线方向）。

$$L = \begin{cases} g\text{（坐标轴方向）} \\ \sqrt{2}g\text{（对角线方向）} \end{cases} \tag{6.31}$$

第四步：格网单元的累计坡长计算。按照格网单元的流向，将流入当前格网单元的上游格网单元的非累计坡长进行叠加（图 6.14）。

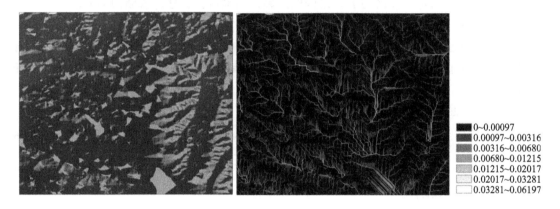

▮	0~0.00097
▮	0.00097~0.00316
▮	0.00316~0.00680
▮	0.00680~0.01215
▮	0.01215~0.02017
▮	0.02017~0.03281
□	0.03281~0.06197

图 6.14　基于 DEM 的坡长计算

2. 流量累计坡长计算方法

流量累计坡长计算方法由通用土壤流失方程（universal soil loss equation，USLE）和改良通用土壤流失方程（revised universal soil loss equation，RUSLE）研究得来，其基本思想是用单位汇水面积取代方程中的坡长因子。因为汇水面积在计算中是通过流量累计方式得到的，因此称为基于流量累计的坡长计算方法。

在格网 DEM 上，基于流量累计的坡长计算公式为

$$L_{i,j} = \frac{\left(A_{i,j} + g^2\right)^{m+1} - A_{i,j}^{m+1}}{g^{m+2} x_{i,j}^m (22,13)^m} \tag{6.32}$$

或

$$L_{i,j} = (m+1)\left[\frac{2A_{i,j} + g^2}{2gx_{i,j}(22,13)}\right]^m \tag{6.33}$$

式中，$L_{i,j}$ 为当前格网单元（i，j）的坡长；g 为 DEM 格网间距；$A_{i,j}$ 为当前格网单元的上游汇水面积；m 为通用土壤流失方程坡长坡度因子 LS 的指数；$x_{i,j}$ 为当前格网单元的等高线长

度系数，设当前格网点坡向为 $\alpha_{i,j}$，有

$$x_{i,j} = \cos\alpha_{i,j} + \sin\alpha_{i,j} \tag{6.34}$$

其主要步骤为：第一步，形成无洼地 DEM。第二步，计算格网单元的坡向。第三步，计算格网单元的汇水面积，一般用多流向算法。第四步，计算每一格网单元的坡长因子。

6.1.6　面积计算

面积是基本的地形参数之一，也是计算地形形态和其他地形参数如土方、表面粗糙度等的基础。

（1）剖面积。剖面又称断面，剖面切割后需要计算投影面积，即任意多边形在水平面上的面积。可以采用海伦公式进行计算，但通常采用梯形法则来计算投影面积。

$$S = \sum_{i=1}^{n-1} \frac{Z_i + Z_{i+1}}{2} \cdot D_{i,i+1} \tag{6.35}$$

式中，n 为交点数；$D_{i,i+1}$ 为 P_i 与 P_{i+1} 之间的距离，同理可计算任意横断面面积。

（2）表面积。地形表面积可看作是由其所包含各个网格的表面积之和，若网格中有特征高程点或地形线，则可将小网格分解为若干小三角形，求出它们斜面面积之和，就得出该网格的地形表面面积之和。若网格中没有地形线，则可计算网格对角线交点处的高程，用四个共顶点的斜三角形面积之和作为网格的地形表面。

空间三角形面积的计算公式如下：

$$三个边长为\qquad S_i = \sqrt{\Delta x^2 + \Delta y^2 + \Delta z^2} \tag{6.36}$$

$$面积为\qquad A = \sqrt{P(P-S_1)(P-S_2)(P-S_3)} \tag{6.37}$$

式中，$P = (S_1 + S_2 + S_3)/2$。

6.1.7　体积计算

DEM 的体积由四棱柱（无特征的格网）与三棱柱体积进行累加得到。四棱柱体上表面用抛物双曲面拟合，三棱柱体上表面用斜平面拟合，下表面均为水平面，计算公式分别为

$$V_3 = (Z_1 + Z_2 + Z_3)/3 \times S_3 \tag{6.38}$$

$$V_4 = (Z_1 + Z_2 + Z_3 + Z_4)/4 \times S_4 \tag{6.39}$$

式中，S_3 与 S_4 分别为三棱柱与四棱柱的底面积。

根据以上两个公式可计算工程中挖方、填方及土壤流失量。在对模型 DEM 进行挖或填后，挖填方体积由原始的 DEM 体积减去新的 DEM 的体积求得，即

$$V = V_{老DEM} - V_{新DEM} \tag{6.40}$$

当 $V>0$ 时，表示挖方；$V<0$ 时，表示填方；$V=0$ 时，表示既不挖方也不填方。

6.1.8　地形起伏度、粗糙度与切割深度

地形起伏度、粗糙度与切割深度等地形因子能够有效描述和反映较大区域内地形的宏观特征，在较小的区域内并不具备明确的地理和应用意义，但对于宏观尺度上的水土保持、土

壤侵蚀特征、地表发育、地貌分类等研究具有重要价值。

设 $P(x_p, y_p)$ 点周围的局部地形区域为 C，在该区域内的地形点为 (x_i, y_i, H_i)，$(i = 1, 2, \cdots, n)$，则对于 P 点所在区域内数据点的运算函数可定义为

$$F_p = f(\omega_i H_i) \qquad i \in C \tag{6.41}$$

式中，ω_i 为权函数；f 为所定义的数据操作；F_p 为数据操作所反映的地形特征。这里重点讨论地形起伏度、粗糙度、切割深度等宏观地形因子的计算。

若 $\omega_i = 1$ 且 f 为区域内最大高程与最小高程之差，则 F_p 为 C 区域的地形起伏度。

若 $\omega_i = 1$ 且 f 为区内平均高程与最小高程之差，则 F_p 为 C 区域的地形切割深度。

若 $\omega_i = 1$ 且 f 为区域地形表面面积和投影面积之比或 P 点坡度余弦的导数，则 F_p 为 C 区域的地形粗糙度。

该定义对任何 DEM 都是适用的，不管是格网 DEM、TIN 还是等高线模型，只要给定 P 点位置和合适的区域，所有的问题都归结为对 P 点邻域内数据的运算。

图 6.15 给出了基于格网 DEM 的地形起伏度、粗糙度和切割深度的计算方法。在 DEM 上进行这些参数的计算，局部窗口的大小和形状将对所提取的结果产生相当大的影响，目标点的地形统计特征会随着分析窗口的改变而改变。

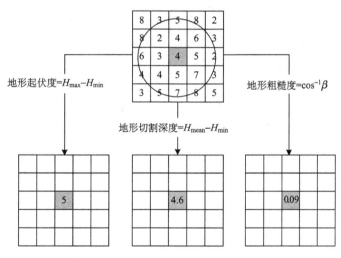

β 为目标栅格单元坡度；格网分辨率为10m

图 6.15 地形宏观因子计算

6.2 地形形态特征分析

在 DEM 上进行地形特征分析，主要包括如下三部分内容。

（1）地形形态特征提取。地形特征点包括山峰点、谷底点、鞍部点、垭口点等；地形特征线包括山脊线、山谷线；地形特征面则主要指坡面的几何形态，如坡面凹凸性、坡面形状、坡面位置等，一般与两个相互垂直方向的曲率（剖面曲率、平面曲率）有关。

（2）水系特征提取。水系提取主要是指流域地貌的自动分割、流域边界确定、流域水流网络提取、流域地形统计参数计算等内容。

（3）地形可视性特征分析。地形可视性特征分析主要是地形的可见范围分析，包括点可视、线可视和面可视三类基本问题。点可视是计算给定点上的地形可见点，线可视是指给定视线上的可见路径问题，而面可视则是一点的可见范围。

6.2.1　地形形态特征分析的基本方法

地形形态特征提取通常根据对高程点的空间分布关系的分析或对地表物质运动机理的简化建模，通过某种模拟算法而实现。地形形态特征提取的结果通常以分类的形式表达，并可利用常用的统计学方法进行分类检验。

从原理上讲，地形形态特征提取有两类基本方法：一类是基于地形形态的几何分析法（也称解析法）；另一类是基于地表物质运动的水流模拟方法（也称模拟法）。

1. 解析法

设在坐标系 $O-xyH$ 中，地形曲面 $H = f(x,y)$ 为一光滑连续曲面，对于任意地形点 $P(x_P, y_P, H_P)$，当 P 点为地形曲面上的山脊点或山谷点时，该点必为 $f(x,y)$ 的一个局部极值点（山脊点为极大值，而山谷点为极小值），该点有如下三个性质。

性质一：如果用过 P 点的水平面切割地形曲面，这时有空间曲线 $f(x,y) = H_P$，在水平面的投影曲线（等高线）为 C_H，由于投影并不改变曲线的性质，则 P 点必定位于 C_H 局部曲率变化最大的地方。

性质二：如果用过 P 点且平行于 y_H 的面切割地表，空间曲线为 $f(x_P, y) = H$，并且在该点满足 $f_y(x_P, y_P) = 0$，同时 P 点为该曲线上的一个局部极值点。

性质三：如果用过 P 点并且平行于 x_H 的面切割地表，空间曲线为 $f(x, y_P) = H$，并且在该点满足 $f_z(x_P, y_P) = 0$，同时 P 点为该曲线上的一个局部极值点（图 6.16）。

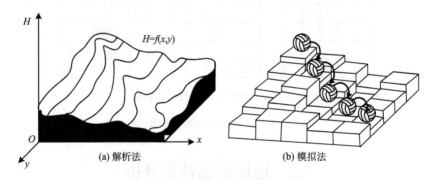

(a) 解析法　　　　　　　　(b) 模拟法

图 6.16　DEM 地形特征提取原理

因此，地形特征点的识别可转化为地形曲面局部极值点的识别。当 $f(x,y)$ 用 DEM 来表示时，就是找出所有 DEM 上的地形极值点。如果切割面间距足够小，则相邻极值点之间相互连接则可形成地形特征线。

2. 模拟法

基于地形表面物质流动的水流模拟方法的基本思想是：在自然表面上，水流沿最陡方向向下流动，并不断地向下游汇聚。基于此可计算每一点（格网单元）的汇水量，位于山脊上的点水流不累积（分水线），而位于山谷线的点水流累积比较大（汇水线），依照这一原则可分析地形特征点和追踪地形结构线。

6.2.2　地形形态特征点分类

地形形态特征点分类方法可分为基于高差符号变化的地形点分类、基于曲率变化的地形点分类、基于坡度和曲率的地形部位分类等。

1. 基于高差符号变化的地形点分类

Lee 提出一种基于高差符号变化的地形特征点分类算法，该算法的基本思想源于 Peucker 和 Douglas 对地形点的分类定义。在 DEM 上的 3×3 局部窗口中，令 n 为中心格网邻接格网数。例如，3×3 窗口中，$n=8$。Dh 为中心点高程与周围格网的高程差；Dh^+ 为所有正的高差之和；Dh^- 为所有负的高差之和；NC 为高差变化次数；LC 为高差符号变化之间的格网数量。

在上述定义下，中心格网点的类型可通过下述准则来判断：山顶，$\text{Dh}^+ = 0$，$\text{Dh}^- > TP$，$\text{NC} = 0$；洼地，$\text{Dh}^+ > TP$，$\text{Dh}^- = 0$，$\text{NC} = 0$；山脊，$\text{Dh}^- - \text{Dh}^+ > TR$，$\text{LC} \neq n/2$，$\text{NC} = 2$；山谷，$\text{Dh}^+ - \text{Dh}^- > TR$，$\text{LC} \neq n/2$，$\text{NC} = 2$。

TP 和 TR 为两个高差变化阈值，可根据实际需要进行定义。不属于上述高差变化范围的点为非地形特征点，这种方法对鞍部点没做定义。

2. 基于曲率变化的地形点分类方法

Toriwaki 和 Fukumura 使用连接性值（connectivity number，CN）和曲率微分（coefficient of curvature，CC）两个局部参数来对格点进行分类。

在 3×3 局部窗口中，如果考虑当前格网周围四个方向的相邻格点，即四向连接，CN 定义为

$$\text{CN}[4]_{i,j} = \sum_k \left(y_k - y_k y_{k+1} y_{k+2} \right) \qquad k = 1, 2, 3, 4 \tag{6.42}$$

若考虑当前格网周围八个方向（即八向连接），则

$$\text{CN}[8]_{i,j} = \sum_k \left(\widetilde{y_k} - \tilde{y}_k \tilde{y}_{k+1} \tilde{y}_{k+2} \right) \qquad k = 1, 2, 3, 4, 5, 6, 7, 8 \tag{6.43}$$

在式（6.42）和式（6.43）中，设 H_k 是中心点八向邻接格点中高程值由大到小的第 k 个值，则 CN 表示了高程值比中心像元高程值大的邻接像元的数目。如果设 H_0 为中心格网单元的高程，设其周围八个点的编号（从北方向开始顺时针或逆时针）分别为 H_1、H_2、H_3、H_4、H_5、H_6、H_7、H_8，如果 $H_i > H_0$，则 $y_i = 1$；如果 $H_i \leqslant H_0$，则 $y_i = 0$，$\tilde{y}_i = 1 - y_i$；在四连接中，$k = 1, 3, 5, 7$；在八连接中，$k = 1, 2, 3, 4, 5, 6, 7, 8$。

曲率微分（CC）定义如下：

$$\text{CC}[4]_{i,j} = 1 - \frac{1}{2} \sum_k y_k + \frac{1}{4} \sum_k y_k y_{k+1} y_{k+2}$$

$$\text{CC}[8]_{i,j} = 1 - \frac{1}{2} \sum_k y_k + \frac{3}{8} \sum_k y_k y_{k+1} + \frac{1}{4} \sum_k y_k \tilde{y}_{k+1} y_{k+2} \tag{6.44}$$

式（6.44）中，第一式为四连接时的曲率微分，第二式为八连接的曲率微分，通过 CC 可以计算出中心单元 (i, j) 处的曲率值。

利用 CN 和 CC 的特性，可判断格网单元的地形类别：山顶，CN = 0，CC = 1；洼地，CN = 0，CC = 0；山脊点，CN = 1，CC > T_1；山谷点，CN = 1，CC < T_2；斜坡点，不满足 CN = 1，CC > T_1 和 CN = 1，CC < T_2；鞍部，CN ⩾ 2 且 CN < 4 或 8。其中，T_1 和 T_2 是曲率的阈值。局部区域计算得到的 T_1 和 T_2 可预选为所有格点的 T_1 和 T_2，但在平坦地区必须进行设置以适应不同方向的扩展，以适应标识洪泛平原和高平原等地区的 DEM。

3. 基于坡度和曲率的地形部位分类

前述几种方法将 DEM 格网单元划分成山顶、鞍部、洼地、山脊、山谷等类型，但对位于山坡上的格网单元的部位并未进行详细划分。从土壤、水文研究等可知，位于不同山坡位置的点具有不同的沉积和物质携带能力，因此对地形进行部位分类是土壤、水文等研究中非常关心的一个内容。地形不同部位具有不同的地形几何参数，因此可根据地形参数的变化情况来进行地形部位类型划分。

Skidmore 给出了一个基于距离的地形坡位分类方案，他根据地形点到最近山脊和山谷距离的比率，将斜坡分成山谷区、低中坡区、中坡区、上中坡区和山脊区几类。具体原理如下。

设给定地形格网单元为 $A(i, j)$，该点到最近的山谷线的距离为 D_V，到最近的山脊线的距离为 D_R，定义：

$$P_{i,j} = \frac{D_V}{D_V + D_R} \tag{6.45}$$

则当 $P_{ij} < k_1$ 时，$A(i, j)$ 位于山谷区；当 $k_1 \leqslant P_{i,j} < k_2$ 时，$A(i, j)$ 位于低中坡区；当 $k_2 \leqslant P_{i,j} < k_3$ 时，$A(i, j)$ 位于中坡区；当 $k_3 \leqslant P_{i,j} < k_4$ 时，$A(i, j)$ 位于上中坡区；当 $P_{i,j} \geqslant k_4$ 时，$A(i, j)$ 位于山脊区。

上述表达中，$k_i (i = 1, 2, 3, 4)$ 是不同地形部位划分的阈值，可通过一定的实验样区预先进行确定。该方式虽然简单明了，但 D_V 和 D_R 的计算并不容易。

6.2.3　地形形态特征线提取

等值线是将相邻的具有相同值的点（如高程、温度、降水、污染或大气压力）连接起来的线。等值线的分布反映了栅格表面上值的变化，等值线分布越密集，表示栅格表面值的变化越剧烈。以等高线为例，其越密集，坡度越陡峭；等值线分布较稀疏，表示栅格表面值的变化较小，若为等高线，则表示坡度很平缓。通过提取等值线，可以找到高程、温度、降水等值相同的位置，同时等值线的分布状况也可以显示出栅格表面的陡峭和平缓区。

1. 从栅格数据集提取等值线

栅格数据集中每一个栅格单元的像元值表示的是地物的属性值，如土壤类型、密度值、高程、温度、湿度等。例如，DEM 栅格数据的每个栅格单元都有一个高程值作为像元值，而每一个栅格单元代表了实际地面一定大小的区域，栅格数据不能很精确地反映实际地面每一位置上的高程信息，而矢量数据在这方面相对具有很大的优势。因此，从栅格数据中提取等高线，把栅格数据转为矢量数据，就可以突出显示数据的细节部分，便于分析。例如，从等高线数据中可以明显区分地势陡峭与舒缓的部位，易于区分出山脊和山谷，如图 6.17 所示。

图 6.17　DEM 栅格数据及从该数据提取的等高线

2. 从点数据集中提取等值线

从点数据集中提取等值线的原理是，对点数据集或记录集进行插值，得到栅格数据集，再从栅格数据集提取等值线（图 6.18）。

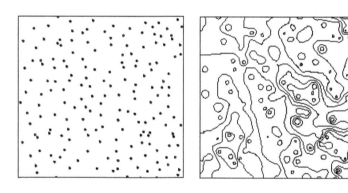

图 6.18　点数据集及从该数据提取的等值线

6.2.4　通视分析

通视分析是以某一点为观察点，研究某一区域通视情况的地形分析，属于对地形进行最优化处理的范畴。通视功能的实现是指一个视点在多个方向上的可见性。它的算法原理是从 DEM 中的某个像素向周围像素发出一系列射线，并计算从视点 A 到周围每个像素 X 的坡度角，若此坡度角大于已有坡度角中的最大角，则像素 X 是可见的，否则不可见。通视分析有着广泛的应用范围，如铺架通信线路、电视台发射站和航海导航设置等。

根据问题的不同，通视可分为点的通视、线的通视和面的通视。点的通视是指计算视点与待判定点之间的可见性问题；线的通视是指已知视点，计算视点的视野问题；区域的通视是指已知视点，计算该视点可视的地形表面区域集合的问题。

1. 点对点通视

基于格网 DEM 的通视问题比较复杂，可以将格网点作为计算单位，这样点对点的通视问题就简化为离散空间直线与某一地形剖面线的相交问题，如图 6.19 所示。

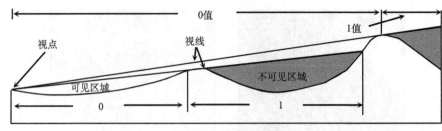

图 6.19　通视分析图

已知视点 V 的坐标（x_0,y_0,z_0）及 P 点的坐标（x_1,y_1,z_1）。DEM 为二维数组 $Z[M][N]$，则 V 为（$m_0,n_0,Z[m_0,n_0]$），P 为（$m_1,n_1,Z[m_1,n_1]$）。计算过程如下。

（1）使用 Bresenham 直线算法，生成 V 到 P 的投影直线点集 $\{x,y\}$，$K=\|\{x,y\}\|$，并得到直线点集 $\{x,y\}$ 对应的高程数据 $\{Z[k]$，（ $k=1,\cdots,K-1$ ）$\}$，这样形成 V 到 P 的 DEM 剖面曲线。

（2）以 V 到 P 的投影直线为 X 轴，V 的投影点为原点，求出视线在 X-Z 坐标系的直线方程

$$H[k] = \frac{Z[m_0][n_0] - Z[m_1][n_1]}{K} \cdot k + Z[m_0][n_0] \qquad (0 < k < K) \qquad (6.46)$$

式中，K 为 V 到 P 投影直线上离散点数量。

（3）比较数组 $H[k]$ 与数组 $Z[k]$ 中对应元素的值，如果 $\forall k, k \in [1, K-1]$ 存在 $Z[k]>H[k]$，则 V 与 P 不可见，否则可见。

点间可视性分析包含两部分内容：两点可视性分析和多点可视性分析。两点可视性分析功能可分析地表的任意两点之间是否可以相互通视，多点可视性分析功能可分析地表的多个观察点与被观察点之间是否两两通视。图 6.20 展示了两点间可视性分析的两个实例，图 6.20（a）中两点可视，而图 6.20（b）中两点不可视，并给出了第一个阻碍视线的障碍点。

🕊 观察点
🚩 被观察点
✕ 第一障碍点

(a) 两点间可视　　　　　　　　　(b) 两点间不可视

图 6.20　点间可视性分析

2. 点对线通视

点对线的通视，实际上就是求点的视野。应该注意的是，对于视野线之外的任何一个地形表面上的点都是不可见的，但在视野线内的点有可能可见，也可能不可见。基于格网 DEM 点对线的通视算法为：

（1）设 P 点为一沿着 DEM 数据边缘顺时针移动的点，与计算点对点的通视相仿，求出视点到 P 点投影直线上点集 $\{x,y\}$，并求出相应的地形剖面 $\{x,y,Z(x,y)\}$。

（2）计算视点至每个 $P_k(P_k \in \{x, y, z(x, y)\}, k = 1, 2, \cdots, K-1)$ 与 Z 轴的夹角 β_k。

$$\beta_k = \arctan\left(\frac{k}{Z_{P_k} - Z_{v_p}}\right) \tag{6.47}$$

（3）求得 $\alpha = \min\{\beta_k\}$，α 对应的点就为视点视野线的一个点。

（4）移动 P 点，重复以上过程，直至 P 点回到初始位置，算法结束。

3. 点对区域通视

点对区域的通视算法是点对点算法的扩展。与点到线通视问题相同，P 点沿数据边缘顺时针移动，逐点检查视点至 P 点的直线上的点是否通视。一个改进的算法思想是，视点到 P 点的视线遮挡点，最有可能是地形剖面线上高程最大的点。因此，可以将剖面线上的点按高程值进行排序，按降序依次检查排序后每个点是否通视，只要有一个点不满足通视条件，其余点不再检查。可见，点对区域的通视实质仍是点对点的通视，只是增加了排序过程。

可视域分析按照观察点数量可以分为：单点可视域分析和多点可视域分析。

单点可视域分析是在栅格数据集上，对于给定的一个观察点，查找给定的范围内观察点所能通视覆盖的区域，也就是给定点的通视区域范围。分析结果是得到一个栅格数据集，其中可视区域保持原始栅格表面的栅格值，其他区域为无值。如图 6.21 所示，图中圆点为观察点，叠加在原始栅格表面上的白色区域即为对其进行可视域分析的结果。

观察点
可视域

图 6.21　单点可视域分析

多点可视域分析是在栅格数据集上，对于给定的多个观察点，查找给定的范围内所有观察点所能通视覆盖的全部区域。分析结果是一个栅格数据集，其中可视区域保持原始栅格表面的栅格值，其他区域为无值。可以指定多点可视域分析的类型，View Shed Type 枚举类型定义了共同可视域（view shed intersect）和非共同可视域（view shed union）两种类型。使用共同可视域类型，可视域分析的结果取多个观察点可视域范围的交集；使用非共同可视域类型，分析结果取多个观察点可视域范围的并集。图 6.22 中圆点代表观察点，叠加在原始栅格表面上的白色区域即为对其进行可视域分析的结果。图 6.22（a）展示了三个观察点的共同可视域，图 6.22（b）则是三个观察点的非共同可视域。

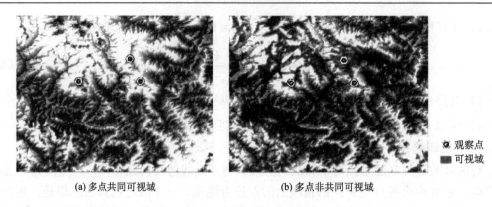

(a) 多点共同可视域　　　　　　　　　(b) 多点非共同可视域

图 6.22　多点可视域分析

　　站在某位置上看向另一点，由于地形的起伏，某些区域可能不可见。例如，视线达到一座山，如果观察点的高度不够高，山背向视线的区域是不可见的。依据地形计算从观察点看向目标点的视线上哪些段可视或不可视，称为计算两点间的通视线。观察点与目标点间的这条线称为通视线。通视线有助于了解在给定点能够看到哪些位置，可服务于旅游线路规划、雷达站或信号发射站的选址，以及布设阵地、观察哨所设置等军事活动。

6.2.5　水文分析

　　地形是影响地表水汇流情况的首要因素，而 DEM 数据能够表达区域地貌形态的空间分布，因而非常适用于水文分析。水文分析就是利用 DEM 栅格数据构建水系模型的过程。利用水系模型可以进一步分析流域的各项特征和地表水文过程，以帮助人们解决各类实际问题，如分析洪水的范围，定位径流污染源，研究径流变化的原因，预测地貌改变对径流的影响等。

1. 基本概念和一般流程

　　基于 DEM 数据进行水文分析，首先要了解相关概念，包括：水系、流域、子流域、分水线和汇水点。这些概念贯穿了水文分析的整个流程，是正确理解和应用水文分析的前提。可结合图 6.23 来理解。

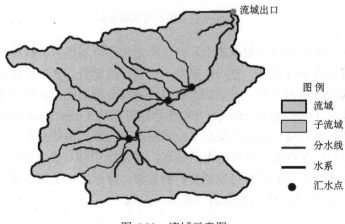

图 6.23　流域示意图

　　水系：指流域内具有同一归宿的水体所构成的水网系统。水系以河流为主，还包括湖泊、沼泽、水库等。

　　流域：每个水系都从一部分陆地区域上获得水量的补给，这部分区域就是水系的流域，也称作集水区或流域盆地。

　　子流域：水系由若干个河段构成，每个河段都有自己的流域，称为子流域。较大的流域往往还可以继续划分为若干个子流域。

　　分水线：也称分水岭。两个相邻流域之间的最高点连接成的不规则曲线，就是两条水系的分水线。分水线两边的水分别流入不同的流域。也可以说，分水线包围的区域就是流域。现实世界中，分水线大多为山岭或者高地，也可能是地势微缓起伏的平原或者湖泊。

　　汇水点：流域内水流的出口。一般是流域边界上的最低点。

　　基于 DEM 栅格数据的水文分析主要包括以下功能：填充伪洼地、计算流向、计算累积汇水量、划分流域（包括计算流域盆地、提取汇水点和流域分割）和提取水系网络（包括提取栅格水系、河流分级、连接水系和水系矢量化）。图 6.24 展示了水文分析的一般流程。

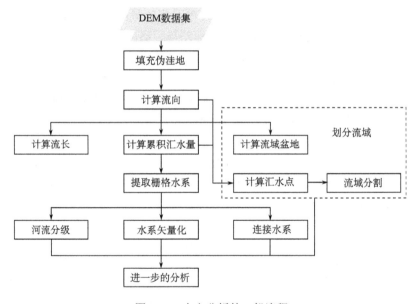

图 6.24　水文分析的一般流程

2. 填充伪洼地

　　洼地是指流域内被较高高程所包围的局部区域。分为自然洼地和伪洼地。自然洼地是自然界实际存在的洼地，通常出现在地势平坦的冲积平原上，且面积较大，在地势起伏较大的区域非常少见，如冰川或喀斯特地貌、采矿区、坑洞等。在 DEM 数据中，由数据处理的误差和不合适的插值方法所产生的洼地，称为伪洼地。

　　DEM 数据中绝大多数洼地都是伪洼地。伪洼地会影响水流方向并导致地形分析结果错误。例如，在确定水流方向时，由于洼地高程低于周围栅格的高程，一定区域内的流向都将指向洼地，导致水流在洼地聚集不能流出，引起汇水网络的中断。因此，在进行水文分析前，一般先对 DEM 数据进行填充伪洼地的处理。填充洼地的剖面示意如图 6.25 所示。

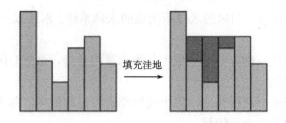

图 6.25　填充洼地剖面示意图

填充某处洼地后，有可能产生新的洼地，因此，填充洼地是一个不断重复识别洼地、填充洼地的迭代过程，直至所有洼地被填充且不再产生新的洼地。当 DEM 数据量较大或者洼地非常多的时候，填充洼地可能耗费更多时间。

3. 计算流向

流向，即 DEM 表面水的流向。计算流向是水文分析的关键步骤之一。水文分析的很多功能需要基于流向栅格，如计算累积汇水量、计算流长和流域等。通常使用最大坡降法（8 D, deterministic eight-node）计算流向。这种方法将单元格的最陡下降方向作为水流的方向。中心单元格与相邻单元格的高程差与距离的比值称为高程梯度。最陡下降方向即中心单元格与高程梯度最大的单元格所构成的方向，也就是中心栅格的流向。

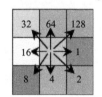

图 6.26　流向编码

单元格的流向的值，是通过对其周围的 8 个邻域栅格以 2 的幂值进行编码来确定的。如图 6.26 所示，若中心单元格的水流方向是左边，则其水流方向被赋值 16；若流向右边，则赋值 1。

位于栅格边界的单元格比较特殊（位于边界且可能的流向不足八个），可以指定其流向为向外，此时边界栅格的流向值如图 6.27（a）所示，否则，位于边界上的单元格将赋为无值，如图 6.27（b）所示。

需要注意，流向分析必须基于无伪洼地的 DEM 数据，因为伪洼地会导致错误的水流方向，从而影响进一步的分析和计算。图 6.28 为无伪洼地的 DEM 及对其进行流向分析所获得的流向栅格和高程梯度栅格。

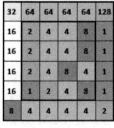　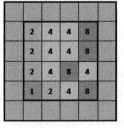

(a) 边界流向向外　　　　　(b) 不强制边界流向向外

图 6.27　边界栅格流向处理

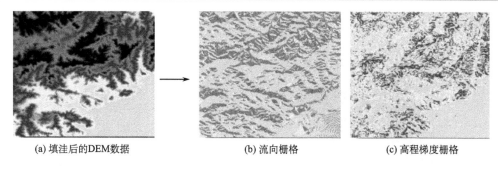

(a) 填洼后的DEM数据　　　　　　(b) 流向栅格　　　　　　(c) 高程梯度栅格

图 6.28　流向分析

4. 计算累积汇水量

累积汇水量是指流向某个单元格的所有上游单元格的水流累积量，是基于流向数据计算得出的。累积汇水量的计算过程可表述为：假设 DEM 栅格中每个单元格都具有一个单位的水量，按照自然水流从高处流向低处的规律，根据水流方向矩阵计算每个单元格的上游水流直接或者间接流向它的单元格数量（不包括当前单元格），得到累积汇水量矩阵，如图 6.29 所示。

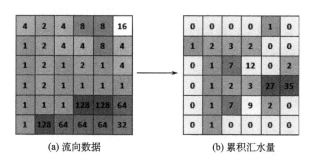

(a) 流向数据　　　　　　　　　　(b) 累积汇水量

图 6.29　累积汇水量的计算过程

累积汇水量的值有助于识别河谷和分水岭。单元格的累积汇水量较高，说明该地地势较低，可视为河谷；单元格的累积汇水量为 0 说明该地地势较高，可能为分水岭。累积汇水量是提取流域的各种特征参数（如流域面积、周长、排水密度等）的基础，可以通过设置一个阈值来提取栅格水系和汇水点。

5. 计算流长

流长，是指每个单元格沿着流向到其流向起始点或终止点之间的长度，包括上游方向和下游方向的长度。流长常用于计算流域盆地内最长水流的长度。水流长度直接影响地面径流的速度，进而影响地面土壤的侵蚀力，因此在水土保持方面具有重要意义，常作为土壤侵蚀、水土流失情况的评价因素。

流长的计算基于流向数据，流向数据表明水流的方向，该数据可由流向分析创建。权重数据定义了每个栅格单元间的水流阻力，应用权重所获得的流长为加权距离。例如，将流长分析应用于洪水的计算，洪水流往往会受到诸如坡度、土壤饱和度、植被覆盖等许多因素的影响，此时对这些因素建模，需要提供权重数据集。

流长的计算方式有两种：顺流而下和溯流而上。图 6.30 分别为通过顺流而下和溯流而上方式计算得出的流长栅格。顺流而下：计算每个单元格沿流向到下游流域汇水点之间的最长距离。溯流而上：计算每个单元格沿流向到上游分水线顶点的最长距离。

(a) 顺流而下   (b) 溯流而上

图 6.30   流长的两种计算方式

6.3   地形可视化分析

地形可视化表达是研究地形的显示、简化及仿真等内容的技术，在虚拟现实、环境仿真、游戏设计等领域有着重要的应用。地形可视化分析主要包括两方面，一方面是通过地形分析技术，进一步增强地形可视化的表达；另一方面是在各种可视化表达的基础上，挖掘所隐藏的各种与地形相关的信息。

6.3.1   山体阴影创建

山体阴影是通过模拟实际地表的本影与落影反映地形起伏状况的栅格图。通过采用假想的光源照射地表，结合栅格数据集得到的坡度坡向信息，得到各像元的灰度值。面向光源的斜坡灰度值较高，而背向光源的斜坡灰度值较低，即为阴影区，从而形象表现出实际地表的地貌和地势，如图 6.31 所示。由栅格数据集计算得出的这种山体阴影图往往具有非常逼真的立体效果，因而称其为三维晕渲图，显然，三维晕渲图的源数据一般为栅格数据集。三维晕渲图在描述地表三维状况和地形分析中都具有比较重要的价值，当将其他专题信息叠加在三维晕渲图之上时，将会更加提高三维晕渲图的应用价值和直观效果。

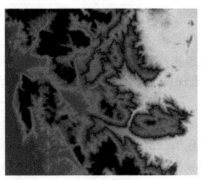
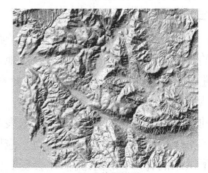

(a) DEM数据   (b) 山体阴影图

图 6.31   山体阴影图及叠加效果

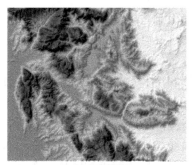

(c) 叠加效果

图 6.31(续)

在生成三维晕渲图时，需要指定假想光源的位置，该位置是通过光源的方位角和高度角来确定的。

方位角用来确定光源的方向，是用角度来表示的。如图 6.32 所示，以正北方向为 0° 开始，沿顺时针方向测量，从 0° 到 360° 给各方向赋角度值，因而正北方向也是 360°。正东方向为 90°，正南方向为 180°，正西方向为 270°。

高度角是光源照射时的倾斜角度，范围是 0°~90°。如图 6.33 所示，当光源高度角为 90° 时，光源正射地表。

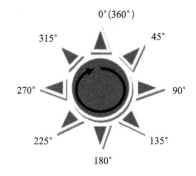

图 6.32 方位角的计算方式

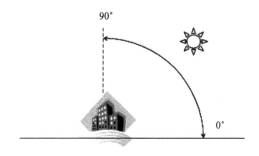

图 6.33 高度角示意图

山体阴影图生成的结果可以有三种：渲染效果、阴影效果和渲染阴影效果，如表 6.1 所示。

表 6.1 山体阴影图结果类型

结果类型	描述
渲染效果	只考虑当地的光照角而不考虑是否位于阴影中
阴影效果	只考虑区域是否位于阴影中
渲染阴影效果	同时考虑当地的光照角及阴影的作用

6.3.2 地形剖面分析

地形剖面分析是一维地形可视化技术，通常反映的是地形在某一断面上的起伏状况。剖面是一个假想的垂直于海拔零平面且与地形表面相交的平面，并延伸于地表与海拔零平面之间的部分。研究地形剖面，常常可以以线代面，用于分析区域的地貌形态、轮廓形状、地势变化、地质构造和地表切割强度等。

剖面分析的结果包括剖面线和采样点集合。剖面线是一条二维线，它的结点与采样点一一对应，结点的 X 值表示当前采样点到给定线路的起点（也是第一个采样点）的直线距离，Y 值为当前采样点所在位置的高程。而采样点集合给出了所有采样点的位置，使用一个二维集合线对象来存储这些点。剖面线与采样点集合的点是一一对应的，结合剖面线和采样点集合可以知道在某位置的高程及距离分析的起点的距离。图 6.34 为对 DEM 上指定线路进行剖面分析的结果。

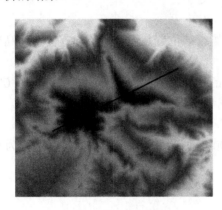

(a) DEM数据和路线

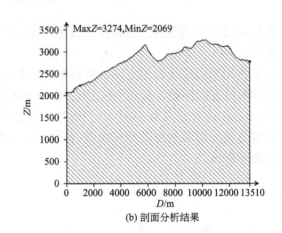

(b) 剖面分析结果

图 6.34　剖面分析

地形剖面一直是各种线形工程设计的基础数据。例如，道路设计中，纵断面（沿路线中线方向）和横断面（垂直于路线方向）是道路纵坡设计、横断面设计、土方计算等不可或缺的资料。

6.3.3　地形三维表达与分析

随着计算机软硬件技术的进步、计算机图形学算法原理的日益完善，高度逼真地再现地形地貌成为可能，地形的三维表达成为当今地形可视化的主要特征。地形三维表达包括透视图、景观图、地形漫游等方式，这些表达方式及地形分析技术极大地增强了地形三维表达的效果。

1. 纹理分析与设计

在地形表面模型建立后，一般还要在表面模型上贴上各种纹理，以逼真地进行地形三维重现。相同的地形模型在不同纹理及光照条件下，可获得不同的效果。

（1）颜色纹理。最简单纹理就是纯色，一般能够满足特定的可视分析需要，如土壤常采用棕红色、棕褐色或绿色表达。地形的表达以柔和的阴影和缓和的色调较佳，亮色调一般不太适合。

（2）照片纹理。颜色纹理虽然简单也容易实现，但模拟的地形表面呆板，不自然。为取得真实的地形模拟，需要使用比颜色更为复杂的纹理，同时也要考虑不同地形表面的特征。照片纹理是一种廉价而又具有丰富地形表面色彩信息的纹理。如果将不同地貌类型、覆盖类型的照片联合使用，则有可能获得较为真实的地形三维景观。

（3）影像数据。各种遥感、航空影像数据是进行地形景观建模最为有效的纹理数据。将同一地区的影像纹理覆盖在 DEM 上，就可生成一幅真实反映地形外观特征的景观渲染图，它是航空遥感影像和 DEM 叠加的示意图。遥感影像数据作为地形纹理，需要对影像数据进行纠正并进行正确的纹理映射。

（4）象征纹理。影像纹理是在三维地形表面上生成的一个二维影像，纹理中没有高程信息。这样的纹理在向下鸟瞰地形时一般比较满意，但是在倾斜时，这种方式就不太真实。这时就需要对覆盖在地形表面的物体进行分析定位，并将事先产生好的三维物体（如树木、房屋等）放置在适当的地方。这些地物并不是真正的地物，而是正确位置的替代物，因此称为象征纹理。象征纹理一般是指分布在地形表面的各种人工的、自然的构筑物，它们通过各种景观建模软件预先产生，当然也可用真实树木的照片和真实建筑的三维模型来准确描述实际的景物（图 6.35）。

(a) 颜色纹理　　　　(b) 照片纹理　　　　(c) 影像数据纹理　　　　(d) 象征纹理

图 6.35　三维地形纹理设计

2. 三维分析与表达

1）立体等高线模型

平面等高线图在二维平面上实现了三维地形的表达，但地形起伏需要进行判读，虽具有量测性但不直观。借助于计算机技术，可以实现平面等高线构成的空间图形在平面上的立体体现。由于等高线图形没有构成面元，因此不能进行明暗模拟（图 6.36）。

图 6.36　立体等高线

2）地形三维表面模型

地形三维表面模型通过对三维表面的以面为基础的定义和描述，可满足面面求交、线面消除、明暗色彩图等应用的需求。简言之，三维表面模型是用有向边所围成的面域来定义形体表面，由面的集合来定义形体。在 DEM 三维表面模型上（图 6.37），可以叠加各类地物等，也可进行光照模拟及叠加遥感影像等数据形成更加逼真的三维地形景观模型。

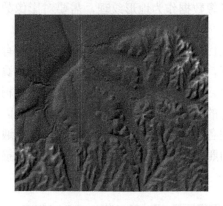

图 6.37　DEM 晕渲图　　　　　　　　图 6.38　地形景观模型

3）地形景观模型

地形景观模型就是在地形表面模型基础上叠加各类纹理图像所形成的数据。将纹理叠加在 DEM 上的过程，称为纹理映射或纹理匹配。地形景观模型生成过程中，结合各类地形参数有可能获得更为真实的地形景观。例如，对于一个地区积雪的景观模拟，可能需要不同的积雪厚度，而积雪厚度与高度、坡向是相关的。一般，阴面温度较低而积雪厚度较大，阳面温度较高，雪融较快而具有较小的积雪厚度。因此，可根据坡向将该地区划分为阳面和阴面，并赋之不同的积雪厚度，从而模拟出更为真实的积雪景观（图 6.38）。

3. 动态模拟

前面的各种 DEM 可视化技术都属于静态可视化范畴，即将 DEM 所表示的地形用一幅图形或图像的形式进行表达。实际上，对于一个较大区域的 DEM，若用一幅图像进行表达，则只见森林不见树木，很难把握局部地形；而将 DEM 分割成小单元，虽可反映局部地势但难以把握全局。一个较好的解决方案就是使用计算机动画和虚拟现实技术，使得观察者能够畅游于地形环境中，从而从整体和局部两个方面了解地形环境。实际上，结合动画技术、各类地形参数及地学模型，还可以模拟更为复杂的地学变化过程。

6.4　城市空间三维分析

城市空间可以划分为地表、地上、地下三个部分，相应的，可以将城市空间数据划分为地表数据、地上数据和地下数据。①地表数据：描述地形、植被、建筑物、道路等要素的空间数据（图 6.39）。②地上数据：描述电力线等要素的空间数据。③地下数据：描述地铁、地下管线、隧道等要素的空间数据。

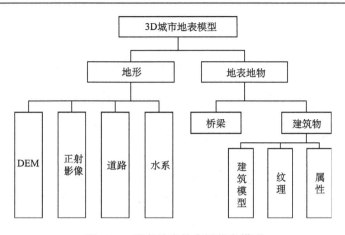

图 6.39　城市地表的空间信息模型

6.4.1　空间量测

在三维空间量测中，可以实现长度量测、高度量测和面积量测三类，其中长度量测和高度量测都属于三维距离量测。

1. 三维距离测量

在三维分析软件中，对已经建模好的三维模型数据，可自动计算三维空间中任意两点间的直线距离、垂直距离、水平距离。

（1）两点之间的距离。设空间两点的坐标分别为 $P_1(x_1,y_1,z_1)$ 与 $P_2(x_2,y_2,z_2)$，则两点之间的空间直线距离 d 为

$$d = \sqrt{(x_1-x_2)^2 + (y_1-y_2)^2 + (z_1-z_2)^2} \tag{6.48}$$

水平距离 d_h 为

$$d_h = \sqrt{(x_1-x_2)^2 + (y_1-y_2)^2} \tag{6.49}$$

垂直距离 d_l 为

$$d_l = |z_1-z_2| \tag{6.50}$$

（2）点到直线的距离。设有 $A(A_x,A_y,A_z)$、$B(B_x,B_y,B_z)$ 两点组成的直线 L，则直线外的一点 $P(P_x,P_y,P_z)$ 到直线 L 的距离 d 为

$$d = \frac{\left|\overline{AB} \times \overline{AP}\right|}{\left|\overline{AB}\right|} \tag{6.51}$$

其中，$\left|\overline{AB}\right|$ 为向量 $\overline{AB}$ 的模；$\left|\overline{AB} \times \overline{AP}\right|$ 为向量 $\overline{AB}$ 与向量 $\overline{AP}$ 叉积的模。

（3）点到平面的距离。点 $P(x_0,x_0,z_0)$ 到平面 M：$Ax+By+Cz+D=0$ 的距离 d 为

$$d = \frac{|Ax_0 + By_0 + Cz_0 + D|}{\sqrt{A^2+B^2+C^2}} \tag{6.52}$$

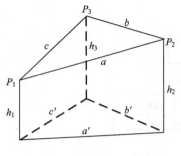

图 6.40　表面积计算

2. 面积测量

在三维空间中，通过勾选区域范围，系统根据封闭多边形，自动测量计算选定区域的面积并标注结果。

在三维空间中，多边形的顶点不再呈水平分布，其表面也不再是一个平面，空间多边形表面积的计算需考虑多边形内部的起伏。无论地形表面是用规则格网 DEM 还是不规则三角网表达，都可以将表面积的计算分解到单个的三角形上作为一个较小的平面片进行处理。对于由 $P_1P_2P_3$ 构成的三角形，如图 6.40 所示，根据海伦公式其曲面片（平面）面积 S 为

$$S = \left[P(P-a)(P-b)(P-c) \right]^{1/2} \tag{6.53}$$

$$P = (a+b+c)/2 \tag{6.54}$$

其中，

$$\begin{cases} a = \left(a'^2 + (h_1 - h_2)^2 \right)^{1/2} \\ b = \left(b'^2 + (h_2 - h_3)^2 \right)^{1/2} \\ c = \left(c'^2 + (h_1 - h_3)^2 \right)^{1/2} \end{cases} \tag{6.55}$$

在计算整个区域的表面积时，只需把所有三角形的表面积进行累加就行了。如果是计算由用户选择区域（选择多边形）的表面积，对于位于选择多边形内部的三角形，其表面积可以按照上述公式进行计算，而与选择线相交的三角形需要进行特殊处理，计算的原则如下：①凡是与选择线相交的三角形，其表面积都按在其内部进行处理，即进行累加。②凡是与选择线不相交的三角形，其表面积都按在其外部进行处理，不进行累加。

按照上述两种方式，表面积的计算结果是不准确的，将偏大或偏小。如果三角形比较小，并对计算结果要求不是特别严格，其基本能满足要求。但在某些特殊应用中，需要按照精确计算方法计算与选择线相交且处于多边形内部的三角形面积。可以采用基于多边形与三角形叠置的原理，如图 6.41 所示。将三角形与多边形进行叠加，其重叠部分多边形 *EFHIKL* 的表面积为所求的表面积，则

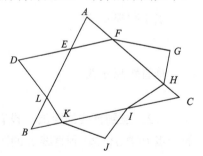

图 6.41　多边形与三角形的叠置

$$S_{EFHIKL} = S'_{EFHIKL} / S'_{ABC} \times S_{ABC} \tag{6.56}$$

式中，S_{EFHIKL} 为多边形 *EFHIKL* 表面积；S'_{EFHIKL} 为多边形 *EFHIKL* 的投影面积；S'_{ABC} 为三角形 *ABC* 的投影面积。

投影面积是指任意多边形在水平面上的面积。设投影在水平面上的多边形由顺序排列的 N 个点 $(X_i,\ Y_i;\ i=1,\cdots,\ N)$ 组成，且第 N 点与第 1 点重合。根据梯形法则，投影面积 S 的计算公式为

$$S = \frac{1}{2}\sum_{i=1}^{N-1}\left(X_i \times Y_{i+1} - X_{i+1} \times Y_i\right) \tag{6.57}$$

如果多边形顶点按顺时针方向排列，则计算的面积值为负；反之，为正。

6.4.2　日照分析

日照分析是指模拟建筑物在重要时间结点的日照阴影情况，为建筑物之间的阴影遮挡影响提供定性参考，主要应用在城市规划、建筑行业。在规划和建筑行业，一般要求除住宅外的生活居住建筑，只要成为被遮挡建筑，就应进行日照分析。住宅只有被高度 24m 以上的建筑遮挡时才应进行日照分析，其他情况根据当地规定来确定建筑间距。因此，日照分析已经成为重要且常用的城市空间三维分析功能（图 6.42）。

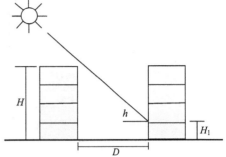

图 6.42　日照间距计算方法

$\tan h = (H - H_1)/D$，由此得日照间距应为 $D = (H - H_1)/\tan h$。式中，D 为日照间距；h 为太阳高度角；H 为前幢房屋女儿墙顶面至地面高度；H_1 为后幢房屋窗台至地面高度（根据现行设计规范，一般 H_1 取值为 0.9m，$H_1>0.9$m 时仍按照 0.9m 取值）。

实际应用中，常将 D 换算成其与 H 的比值，即日照间距系数=$D/(H-H_1)$，以便根据不同建筑高度计算出相同地区、相同条件下的建筑日照间距。

相关的日照分析方法如下。

（1）遮挡分析：分析各栋建筑之间的遮挡与被遮挡情况。选定被遮挡建筑时自动分析出对其产生遮挡影响的所有遮挡建筑；选定遮挡建筑时自动分析出其对其他建筑产生遮挡影响的所有被遮挡建筑。

（2）阴影分析：计算建筑群任意时间段在任意高度上的连续阴影图、阴影轮廓范围线及相邻建筑间的阴影差集图，可直观地观察建筑阴影轮廓的影响范围或对其他建筑的遮挡情况。

（3）单点分析：建筑群体内任意一点在任意时间和高度的日照时间分析计算，分析结果图面标示、统计生成单点日照分析报表。

（4）窗户分析：建筑物窗户满窗日照（可设置为左右端或中心点）的分析计算，分析结果图面标示及生成统计报表。也可分析整个窗面生成立面多点日照数字模型图。

（5）窗洞分析：在窗户窗面上进行等距离布点，分析各点的日照情况，统计出满足标准的点在窗面中所占的比例（图 6.43）。

（6）坡地区域分析：在受地形影响的建筑群中选择任意区域，在其上等距离布点，分析各点受地形及建筑物共同影响的日照情况，并将计算结果数值直观地显示在各点上。

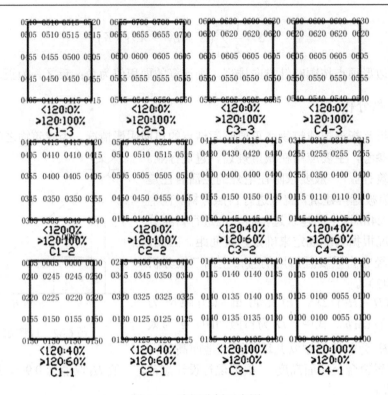

图 6.43　窗洞分析示意图

（7）等时线分析：在建筑群体任意形状闭合区域内，自动生成单小时或多小时区域平面等日照线性模型图或建筑立面等日照线性模型图（图 6.44）。

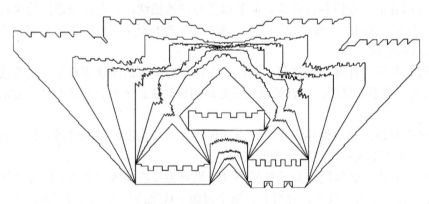

图 6.44　等时线分析示意图

（8）日照圆锥面：按日照时间间隔自动计算并绘制太阳在一定时间段内对建筑群内或是建筑物轮廓上的一点进行日照所形成的以该点为顶点的三维圆锥形运行轨迹，直观反映出该点的日照情况。

6.4.3　控高分析

建筑控高，指建筑控制高度，又称建筑限高，是一定地块内建筑物地面部分最大高度限制值。在城市规划中，通常是为了保护国家机密、航线安全、风景名胜古迹等，对各区域内建筑高度进行统一要求和限制。例如，北京故宫、中南海附近、杭州西湖沿岸、各城市航线范围内等，都有具体的建筑控高要求。因此，控高分析主要应用于城市规划领域。控高分析方法分为最高点控制法、抛物线式控制法、视线通廊控制法、天际线控制法和视线眺望控制法等。

1. 最高点控制法

国内许多历史文化名城保护规划中，通常对建、构筑物都有明确的限高。例如，西安明城墙以内的整体控制高度以钟楼宝顶 36m 高为限；北京旧城内建筑高度以 45m 高的景山山体作为控制上限；拉萨城内建筑限高为布达拉宫顶高 117m；苏州古城内要求新建筑高度一律不得超过 24m；安阳古城内要求所有建筑高度限制在 10m 以下。最高点控制法以重要文物古迹的最高点作为建筑限高，能够有效保障文物古迹在区域内的统率地位。但此方法控制内容较单一，需要与其他方法综合使用，才能达到良好效果。

2. 抛物线式控制法

在文物古迹周围依次划定核心保护区、缓冲区、协调区，由内向外逐渐升高，进行分层次高度控制。此方法因能有效缓解文物古迹周边建筑高度控制和城市建设需求之间的矛盾，因此被普遍采用。例如，在 2002 年《北京历史文化名城保护规划》中，北京旧城划分三个高度控制层次：按历史原貌保护要求进行高度控制的重点区域、遵循文物及保护区保护规划要求的建设控制地带、遵照《北京市区中心地区控制性详细规划》要求的其他区域。此种方法在实践中获得成效的同时，也显现出视觉效果不佳、标准确定模糊、控制力度不足等问题。但如果能科学合理地确定控制范围和高度标准，加上其他方法的补充，仍不失为一种行之有效的控制思路。

3. 视线通廊控制法

为保存城市整体历史风貌格局，在重要历史景观结点之间开辟视线通廊，保证作为背景的建筑不影响两者之间的视线通畅，在文物古迹之间形成一定的对景关系。例如，北京旧城在景山、钟鼓楼、故宫、德胜门、正阳门、祈年殿、北海白塔、妙应寺白塔等之间形成景观视线通廊和街道对景关系，并对历史形成的对景建筑及其环境加以保护，控制其周围的建筑高度。此种方法适合区域层面的宏观控制，特别是依托现有道路和河道构建视线通廊，既可有效保护历史景观廊道，也可达到控制背景区域建筑高度的目的。

4. 天际线控制法

天际线控制法是在文物古迹所形成的历史环境中，保护其自然景观所形成的天际线特征，限制周边建筑高度的方法。例如，杭州西湖在控制湖滨地区建筑高度时，以湖滨区树冠高度为基准，建筑高于树冠高度的 1/3 是基本高度（约 18m），即此高度下是被允许的，因为建筑对景观影响不大；根据近高远低的视觉原理，离湖岸越远，允许的高度就越高。在山体与城区的景观过渡地段，要求不得超过基本高度；山体背后的建筑不得高出山体，以免破坏山际线。杭州市规划局依据上述思路建立高层建筑景观分析的制度，凡是超过基本高度的建筑都必须进行高度分析。此种方法通过对历史环境中自然景观形成的天际线特征的保护，实现对历史环境的整体保护，适用于自然景观特征显著的文物古迹景区。

5. 视线眺望控制法

将视觉规律引入建筑高度的控制分析，控制周边建筑侵入视线眺望区域。确定多个观察视点，通常为某一方向的最不利视点或某个空间人流最集中的地点；沿视点与周边遮挡物边沿连线，确定视线的平面影响区域；确定视线临界点并连接视点与视线临界点，找出临界视线；测量平面影响区域至观察视点的最近水平距离，根据三角函数，确定相应地块的建筑最高值。

此方法的适用面较广，既适用于从外围向高耸文物古迹的眺望分析，也可应用于从文物古迹院落内向四周的眺望分析，部分案例因视点多、地形复杂而出现计算不准确不全面等问题，可通过计算机辅助手段予以解决。基于视线眺望分析的原则和方法，运用 GIS 建立建筑高度控制的数据模型，不仅能够准确而全面地计算整个地区的高度控制标准，还能反映出地形变化的影响，便于相关部门有效控制文物古迹周边的建筑高度（图 6.45）。

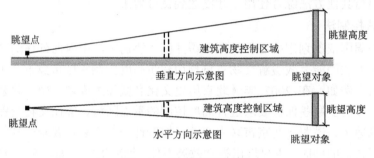

图 6.45　视线眺望控制法

6.4.4　天际线分析

天际线分析可以快速计算出城市建筑物遮挡后构成的天际线轮廓。执行分析可快速获取城市任意角度的天际线，同时可以添加规划建设区域面数据，分析出该区域在不破坏天际线的情况下允许建设的最大高度。天际线分析对表达和识别城市特色起到了重要的作用。根据天际线轮廓可以对规划建筑的位置和高度进行调整，使城市规划工作省时省力（图 6.46）。

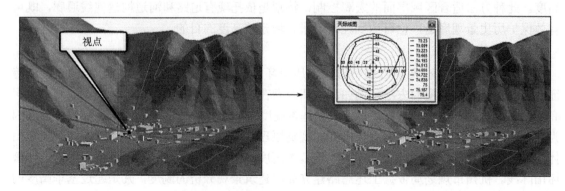

图 6.46　天际线分析

6.4.5　水淹分析

进行水淹分析，首先要具备研究区域的高程数据。根据地面高程计算给定水位条件下的淹没区时，应当区分以下两种情形：一是凡是高程值低于给定水位的点，皆计入淹没区；二是需考虑淹没区域的"连通性"，即洪水只淹没它能流到的地方。例如，对于环形山（一种中间低洼、四周环形隆起的地形）需要考虑，如果水位低于山顶标高，只能在山环外形成淹没区。在二维空间模型环境下，水淹分析需要专门的业务建模工作。在三维环境下，依据三维地形模型和相关三维模型数据（建筑、植被等），借助相关的三维分析工具，即可完成水淹分析，淹没区域与未淹没区域清晰可见。由于三维环境的直观性和可量测性，淹没的范围、汇流方案可实时显示（图 6.47）。城市水淹分析一般有如下两种方法。

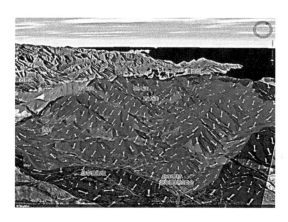

图 6.47　淹没分析示例

1. 给定洪水水位的淹没分析

对于给定洪水水位的情况，首先选定洪水源入口，再设定洪水水位 H，淹没分析应从洪水入口处开始进行格网连通性分析，能够连通的所有格网单元即组成淹没范围，形成连通的淹没区域。对连通的每个格网单元计算水深 W，即得到洪水淹没水深分布。格网单元水深 W 的计算公式为

$$W = H - E \tag{6.58}$$

式中，H 为设定的洪水水位；E 为格网单元的高程。对洪水淹没区域连通性的考虑，将涉及水流方向、地表径流、洼地连通等分析算法，具体介绍如下。

1）水流方向的判断

自然地表水流总是由高处向低处流动，又总是沿着坡度最陡的方向流动。依据这个规律，要判断区域内某一点的水流方向，可以从与此点相邻的 8 点来判断。具体的判别方法如下：从水平、垂直 4 个方向上找出最大高程点 $h_{1\max}$ 和最小高程点 $h_{1\min}$，再从对角线的 4 个方向上找出最大高程点 $h_{2\max}$ 和最小高程点 $h_{2\min}$，然后按以下公式判断。

$$\max\left(\frac{h_{1\max} - h}{d}, \frac{h_{2\max} - h}{\sqrt{2}d}\right) \tag{6.59}$$

满足此条件的点为当前点的上游点，即入水点。

$$\max\left(\frac{h-h_{1\min}}{d}, \frac{h-h_{2\min}}{\sqrt{2}d}\right) \tag{6.60}$$

满足此条件的点为当前点的下游点，即水流方向点。其中，d 为 DEM 格网间距；h 为 DEM 中当前点的高程。

2）地表径流的形成

地表径流的形成情况与该地区的谷脊分布有关，所以在判断地表径流之前要先判断出该区域的谷脊点。谷是地势相对最低点的集合，脊是地势相对最高点的集合。在栅格 DEM 中，可按照下列判别式直接判定谷点和脊点。

当 $(h_{i,\ j-1}-h_{i,\ j})\times(h_{i,\ j+1}-h_{i,\ j})>0$ 时，若 $h_{i,\ j+1}>h_{i,\ j}$，则 $V_{R(i,j)}=-1$；若 $h_{i,\ j+1}<h_{i,\ j}$，则 $V_{R(i,j)}=1$。

当 $(h_{i-1,\ j}-h_{i,\ j})\times(h_{i+1,\ j}-h_{i,\ j})>0$ 时，若 $h_{i+1,\ j}>h_{i,\ j}$，则 $V_{R(i,j)}=-1$；若 $h_{i+1,\ j}<h_{i,\ j}$，则 $V_{R(i,j)}=1$。

在其他情况下，$V_{R(i,j)}=0$。其中，

$$V_{R(i,\ j)}=\begin{cases} -1 & （表示谷点） \\ 1 & （表示脊点） \\ 0 & （表示其他点） \end{cases}$$

这种判定只能提供概略的结果。当需要对谷脊特征作较精确分析时，应由曲面拟合方程建立地表单元的曲面方程，然后，通过确定曲面上各种插值点的极小值和极大值，以及插值点在两个相互垂直方向上分别为极大值或极小值，确定谷点或脊点。

3）洼地连通情况分析

洪水淹没的连通分析有两种情况：一种是河流沟谷本来就终止于该洼地；另一种情况是当淹没中洼地水位到达一定程度的时候，水从洼地边缘漫出，流向其他较低地区。第一种情况可以通过沟谷判断方法，得出沟谷线，再根据水流方向直接往下游追踪，最后就能得到由该沟谷或河流连接的洼地，得到它们的连通关系。第二种情形，要先分析找到洼地边缘及溢口，然后才能确定流水的溢出点并判断流水的流向。

对于 DEM 数据，判断洼地的边缘通常有以下两种方法。

射线法：该方法常用平行线扫描和铅垂线扫描。从洼地点数组中取一点，分别沿平行于 X、Y 轴线方向扫描，判断扫描到的点的 $V_{R(i,j)}$ 值。若碰到 $V_{R(i,j)}=1$ 且是从此方向上扫描到的第一点，则此点为洼地边缘点，将其赋予边缘点标志。

扩散法：也称种子蔓延法，将洼地底点中的一个点作为种子点，然后向其相邻的 8 个方向扩散。被扩散的点如果其 $V_{R(i,j)}$ 值为 1，就不再作为种子点向外扩散，该点记录为边缘点，否则就继续作为种子点向外扩散。重复上述过程直到所有种子点扫描完为止。

从洼地所属的边缘点中找出高程值最小的点，则该点即为该洼地的溢口点。从洼地溢口点出发，依照水流方向进行判断，就能得出溢出水的流向，从而得到洼地间的连通情况。

2. 给定洪量的淹没分析

在进行灾前预评估分析时，根据可能发生的情况，或者取洪水频率对应流量的百分数给定一个洪量 Q。在灾中评估分析时，Q 值可以根据流量过程曲线和溃口的分流比计算得到，

有条件的地方，可以实测，不能实测的可以根据上下游水文站点的流量差，并考虑一定区间来水的补给误差计算得到。

在上述给定洪水水位分析方法的基础上，通过不断计算给定水位条件下的对应淹没区域的容积 V，并与洪量 Q 相比较。利用二分法等逼近算法，求出与 Q 最接近的 V，V 对应的淹没范围和水深分布即为淹没分析结果。

一般来讲，淹没区域的容积 V 是洪水水位 H 的函数，可以用下面的简化算式表示：

$$V = \sum_{i=1}^{m} A_i \cdot (H - E_i) \tag{6.61}$$

式中，A_i 为连通淹没区格网单元的面积；当流域内 DEM 的分辨率一致时，H 为一个常数；E_i 为连通淹没区格网单元的高程；m 为连通淹没区格网单元个数，可以由连通性分析求解得到。

定义淹没区域的容积 V 与洪量 Q 的逼近函数

$$F(H) = Q - V = Q - \sum_{i=1}^{m} A_i \cdot (H - E_i) \tag{6.62}$$

显然该函数为单调递减函数，函数变化趋势如图 6.48 所示。则给定洪量的淹没分析转换为如下求解过程：已知 $F(H_0) = Q$，H_0 为洪水入口处对应的高程，要求得一个 H，使得 $F(H) \to 0$。

为利用二分逼近算法加速求解，在程序设计时考虑变步长方法进行加速收敛过程。需要预先求得一个水位 H_1，使得 $F(H_1) < 0$。H_1 的求解可以设定一较大的增量 ΔH 循环计算 $(H_1 = H_0 + n\Delta H)$，直到 $F(H_1) < 0$。再利用二分法求算 $F(H)$ 在 (H_0, H_1) 范围内趋近于零的 H_q。对应的淹没范围和水深分布即为给定洪量 Q 条件下对应淹没范围和水深（图 6.49）。

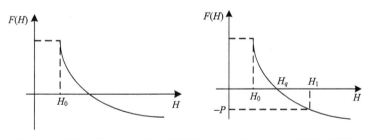

图 6.48　逼近函数 $F(H)$ 变化趋势图　　　图 6.49　H_q 求解示意图

6.4.6　地下管线三维分析

城市地下管线是指城市范围内供水、排水、燃气、热力、电力、通信、广播电视、工业等管线及其附属设施，是保障城市运行的重要基础设施和"生命线"。地下各类管网、管线不仅具有规模大、范围广、种类繁多、空间分布复杂、变化大、增长速度快、形成时间长等特点，还承担着信息传输、能源输送、污水排放等与人民生活息息相关的重要功能，也是城市赖以生存和发展的物质基础。

（1）三维地下管线可视化分析。城市三维地下管线数据是根据二维数据的平面坐标、埋深、管径等数据批量生成三维管线模型并关联属性数据库，形成最终的三维地下管线数据。

城市三维地下管线可视化分析是在三维数据环境下，整合城市地下综合管线数据资源，实现地下管线的三维可视化浏览、导航、水平测距、垂直测距、面积测量等功能。同时，还可实现二三维联动的对比分析。

（2）横纵断面分析。利用线段将管线切成一个剖面，在这个剖面上可以分析管线的纵横断面特征和各条管线的地下铺设状况，包括距离地面的高度，以及各管线的距离等信息。可以直观地查看同一垂直于地面的横纵切面上的同一数据来源的多种管线之间的水平关系、垂直关系、管线的管径及相对于地面的埋深情况；也可在任意指定的位置上直接生成纵断面剖视图，并从视图中查询管道材质、埋深、管径、历史年代、间距等信息（图 6.50）。

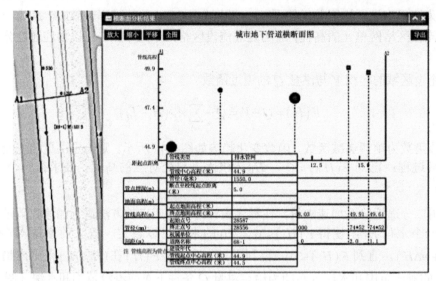

(a) 横断面分析

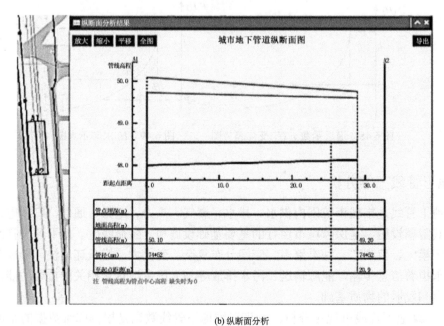

(b) 纵断面分析

图 6.50　地下管线横纵断面分析

（3）覆土深度分析。地下管线受气候、土壤等环境因素的影响，各类管线的最小覆土深度均有严格的行业规范。覆土深度是指一条管段上特定位置（点）处的管顶埋深。用户任意绘制一线段，该线段与多条管线相交，形成多个交点，覆土深度分析即为分析计算此类交点的管顶埋深。严寒或寒冷地区给水、排水、燃气等工程管线应根据土壤冰冻深度确定管线覆土深度，热力、电信、电力电缆等工程管线及严寒或寒冷地区以外地区的工程管线应根据土壤性质和地面承受荷载的大小确定管线的覆土深度（图 6.51）。

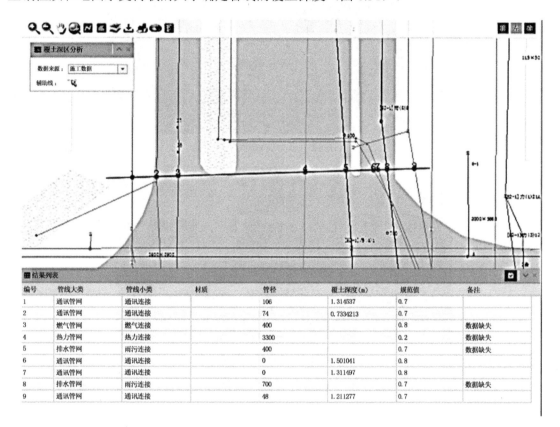

编号	管线大类	管线小类	材质	管径	覆土深度(m)	规范值	备注
1	通讯管网	通讯连接		106	1.314537	0.7	
2	通讯管网	通讯连接		74	0.7334213	0.7	
3	燃气管网	燃气连接		400		0.8	数据缺失
4	热力管网	热力连接		3300		0.2	数据缺失
5	排水管网	雨污连接		400		0.7	数据缺失
6	通讯管网	通讯连接		0	1.501041	0.8	
7	通讯管网	通讯连接		0	1.311497	0.8	
8	排水管网	雨污连接		700		0.7	数据缺失
9	通讯管网	通讯连接		48	1.211277	0.7	

图 6.51　覆土深度分析

（4）爆管分析。城市压力管线爆管现象是一个时常发生的灾害性事故，若处置不及时或出现过失时，将会给城市带来重大经济损失和给社会造成极大的负面影响。因此，压力管线出现爆管时，应充分考虑管线设计与道路设计、总图设计之间的密切关系，快速分析和识别出受影响的管段和地区，利用管线拓扑信息，根据爆管点的位置，分析并显示出受影响的管段和地区；给出关阀方案、高亮显示出应关闭阀门，并显示出受到影响的调压片区或受到影响的用户情况。给水、燃气、热力管线发生爆管事故时，可利用该功能在地图上搜索需要关闭的阀门、周边管线信息、周边建筑、周边道路及其他信息（图 6.52）。

（5）连通性分析。连通性分析主要研究从指定起点到终点能否连通。首先指定一段管线或一个管点，然后选择同类管线的另一段管线或另一个管点，通过深度优先搜索方式，判断是否连通。连通性分析可对管线连接的位置、连接的数量、流向、流量及管线的属性进行详尽的分析，通过在不同的点安装监控器和传感器，能够实时地监控管线的状态，如监测管线中流动物质的流量、水质、水压等。假设在前后两个结点出现了不同的流量，那么就证明管线在这一节出现了漏洞。提前设置好阈值，一旦超出阈值或者低于阈值，系统就能够主动发出报警，提醒相关单位管线出现了问题，以便更快速地预防、处理应急事故（图 6.53）。

图 6.52　压力管线爆管分析图

图 6.53　连通性分析

　　（6）流向分析。流向分析主要针对排水管网，根据管网中各设施的开闭情况及管线的拓扑信息，自动计算出每根管线中的介质流向，并将流向标注在三维场景中（图 6.54）。基于流向的爆管分析，需要知道水流方向在何处改变、在何处被截停，这就要根据水流方向的变化来定义管段。对管网管段的定义是为了将管网抽象成符合爆管分析需求的无向图及建立相应的几何网络。

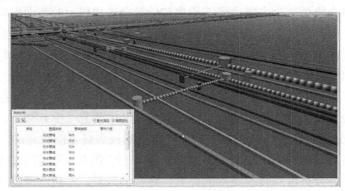

图 6.54　流向分析

复习思考题

1. 高程计算方法分为哪几种？

2. 阐述坡度、坡向的计算方法。

3. 阐述坡度变化率与坡向变化率的计算方法。

4. 曲率的计算方法分为哪几种？

5. 描述水文分析的主要内容与步骤。

6. 视域分析的方法分为几种？举例论述其应用。

7. 论述地形三维分析的方法。

8. 三维日照分析的方法可分为哪几种？

9. 运用地形、水系数据，完成一次水文分析过程。

10. 城市水淹分析有哪些方法？

第7章 时空尺度分析

尺度在地理空间数据分析中无处不在。一方面,地理格局和过程有其尺度特性,即在不同尺度上其表现的现象和规律可能会不同,同时,不同尺度的地理格局和过程之间又存在跨尺度的关联性;另一方面,用于描述和研究地理格局和过程的地理数据在获取、处理、分析及应用等方面都受到尺度的影响,尺度的变化制约着观察、分析、表示和交换信息的详细程度。

因此,理解尺度的含义,认识尺度效应、尺度转换、多尺度分析、尺度适宜性、时空尺度融合等概念,运用常用的尺度分析方法对地理特征进行空间分析是准确分析地理数据、认识和发现地理格局和过程规律的关键之一。尽管目前 GIS 软件中专门的尺度分析工具尚不多见,但时空尺度分析的思想始终贯穿空间分析过程。

7.1 尺度分析概述

7.1.1 尺度概念

尺度是"人类认知世界的窗口"。由于尺度的复杂性,长期以来,地理学、生态学、地图学和许多其他学科对尺度的定义众说纷纭,即使是相同学科的不同领域,对尺度的定义也呈现出多样性,这造成了对尺度概念理解的困难。

在测绘学、地图学和地理学中,尺度通常被表述为比例尺,即地图上的距离与其所表达的实际距离的比率;在 GIS 中,比例尺的概念发生了一定的变化,它使多比例尺表达成为可能。空间数据库可以包含很多种不同比例尺的地图,这时的比例尺应为地理比例尺或空间比例尺,它反映的是一种空间抽象(或详细)程度,同时隐含着传统意义上的距离比率的含义,即反映空间数据库的数据精度和质量。此时,数字环境下的"比例尺"用"空间分辨率"来代替更为合理。在遥感科学与技术中,尺度一般与遥感影像的空间分辨率相对应。在生态学、环境学、气候学和土壤学等学科中,大尺度(large/macro scale)或是粗尺度(coarse scale)是指大的空间范围或是长时间范围,一般对应于地理学中的小比例尺、低分辨率。而小尺度(small scale)或细尺度(fine scale)一般指小的空间范围或是短的时间范围,往往对应于地理学中的大比例尺、高分辨率。随着不同学科、不同领域研究内容的进一步融合,统一尺度概念、明确尺度相关词汇已经变得越来越重要。

本书从维度、类别和组成因素三个方面综合给出尺度概念(图 7.1)。

$$Scale = S(dimension, kind, component) \tag{7.1}$$

式中,维度(dimension)指时间、空间、等级层次及语义维度;类别(kind)包括观察尺度、测量尺度、操作尺度、过程尺度四个方面;组成因素(component)包括分辨率(粒度)、范围、窗口、采样间隔、制图比例尺等。

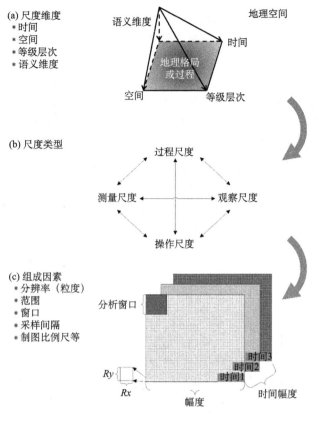

图 7.1　尺度定义

　　上述三个参数共同定义了尺度的概念，其中维度是进行尺度研究时需要考虑的角度，包括有明确认识的时间维和空间维，即从时间和空间角度来定义尺度大小。第三是等级层次维度，指拥有不同过程速率并相互作用的地理实体的方向性排序而形成的不同层次。例如，从生态过程速率快慢建立自然等级的层次，如林窗、斑块到景观（图 7.2）。第四是语义维度，

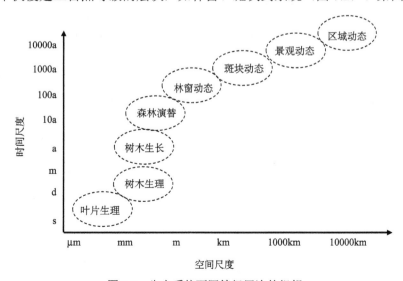

图 7.2　生态系统不同等级层次的组织

即通过概念和属性蕴含的语义形成的有效组织，说明地理现象和实体是什么，具有什么样的性质特征。例如，从语义角度出发，依据土地资源特征和管理等需要，一块土地可以描述为耕地，或更为详细些的水田或旱地。

以上四个维度并不是独立存在的，而是相互关联。一般小范围的空间尺度的空间分析对应于短时间的时间尺度的时间分析，反之亦然。图 7.3 以时空维为坐标示意性地介绍了不同时空尺度下水文和气象过程，从中可以看出空间尺度小的事件所对应的时间尺度也较小（如雷暴过程），时间尺度小的事件也表现出更大的变化性（如雷暴过程有很强的局地性而且降水量变化也大）。同时，当时间和空间维度发生变化时，等级层次和语义维度也会相应地发生变化。等级层次尺度变大（即层次升高），其相应的空间尺度也大一些，时间范围也长一些，即随时间变化慢一些。类似地，语义维度的尺度也与时空尺度紧密相关，随着语义维度尺度的变化，其时空尺度也会相应地变化。

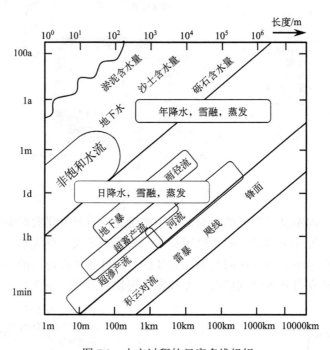

图 7.3　水文过程的尺度多维组织

地理过程和格局发生的本征尺度或固有尺度，即过程尺度，指自然本质存在的、隐匿于自然实体单元、格局和过程中的真实尺度。它有其内在的固有性，不依赖于研究手段，且不随研究手段的改变而改变；它是个变量，不同的格局和过程在不同的尺度上发生，不同的分类单元或自然实体也在不同的尺度上发生；过程尺度是相对的范围，而不是绝对的。事实上，要准确地定义过程尺度是非常困难的，原因在于本征尺度的叠加、耦合及隐匿特性。

非本征尺度是人为附加的，是自然界中并不存在的尺度。非本征尺度包括观测尺度、测量尺度和操作尺度。观测尺度和测量尺度是空间分析中所涉的尺度类别，不局限于研究的阶段，包括数据获取、管理和分析阶段，涵盖了相关学者提出的量测、数据库和建模尺度等（图 7.4）。对于观测尺度和测量尺度而言，它的选择常常受到研究目的、科技发展水平及经济发展水平的制约。操作尺度则指在政策制定和实施过程中应用空间分析结果进行人地关系处理的尺度，类似于政策尺度等，其往往表现为不同级别的行政管理单元，如乡镇、县、市等。自然地理研究中非行政单元作为操作尺度的情况也很多，如大小不等的流域等。

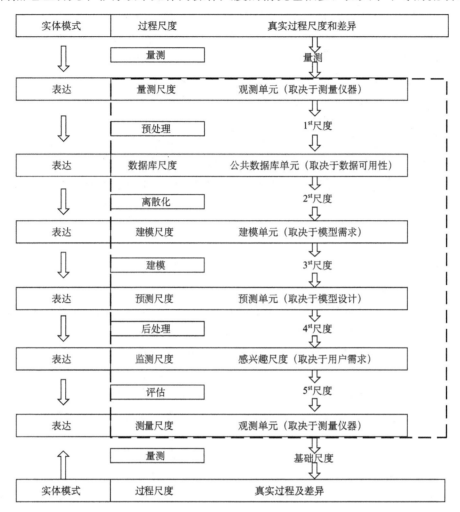

图 7.4　地理信息尺度示意图

在空间分析过程中，本征尺度指导非本征尺度的选择，同时恰当的非本征尺度选择有助于完善对本征尺度的认知和识别，而不当的非本征尺度选择可能得出错误的结论。因此，尺度研究的根本目的在于通过适宜的非本征尺度来提示和把握本征尺度中的规律性。表 7.1 中列出了尺度类别的概念，便于进一步理解。

表 7.1　尺度类别的概念

类型	术语	定义
本征尺度	过程尺度	地理过程（及格局）自然（内在）发生或控制的尺度，包括时空维度、范围、粒度等方面
	观测尺度	人们选择来收集数据、开展观察研究的范围尺度
非本征尺度	测量尺度	最小可观察的单位范围，如分辨率、粒度、步长等
	操作尺度	政策制定和实施过程中应用空间分析结果进行人地关系处理的尺度

组成因素是尺度研究和应用中可操作的对象，包括范围和解析水平。范围是研究对象在空间或时间上的持续范围或长度。解析水平是数据中最小的可区分部分，如最小可辨识单元的特征长度、面积或体积。具体来说，组成因素包括粒度（grain）、范围（extent）、间隔（lag 或 spacing）、分辨率（resolution）、比例尺（cartographic scale）和覆盖度（coverage）等。其中，空间粒度是景观中最小可辨识单元所代表的特征长度、面积或体积，如斑块大小、实地样方大小、栅格数据中的格网大小及遥感影像的像元或分辨率大小等。时间粒度是某一现象或事件发生的（或取样的）频率或时间间隔，如野外测量生物量的取样时间间隔（如一个月或半个月取 1 次）、某一干扰事件发生的频率或模拟的时间间隔。另外，空间间隔是相邻单元之间的距离，可用单元中心点之间的距离或单元最邻近边界之间的距离表示。

尺度概念中，从维度、类别到组成因素越来越具体，可操作性越来越强。其中，尺度维度和类别是用来确定组成因素的依据，而组成因素是尺度的维度和类别在实践工作中得以操作的基础。

7.1.2　尺度分析

尺度是地理学研究中的一个重要问题，对于地理空间数据分析而言，进行尺度分析的主要原因有如下三个方面。

一是自然尺度存在的客观性。尺度的存在根源于地球表层环境的等级组织和复杂性。大量研究证实，地理学研究对象格局与过程的发生、时空分布、相互耦合等特性都是尺度依存的（scale-dependent），也就是说这些对象表现出来的特质是具有时间和空间特征的，即固有尺度。例如，一天当中气温的变化，晴天时，9 点以后温度上升较快；如果是多云或者阴天，则气温上升较慢。但一般都在下午 13 点左右达到最高，然后缓慢下降，到凌晨日出前达到最低，然后开始缓慢上升，这就是一天内的温度变化规律，即自然天是气温变化过程的固有时间尺度之一。因此，提取隐含于地理时空数据中的长期趋势、周期或准周期波动、不规则变动，以及不同范围的地理空间格局和过程的规律性等特征时，必须考虑时空尺度。

二是研究尺度的可变性。由于地表现象和过程的极端复杂性，人们无法观察大千世界的所有细节，因而地理空间信息对世界的描述总是近似的。近似的程度反映了人们对地理现象及其过程的抽象尺度，因此尺度是所有地理信息的重要特性之一，只有经过合理的尺度抽象的空间信息才更具利用价值。分形理论的创始人曼德布罗特（Mandelbrot）1967 年在 *Science* 上撰文指出，英国海岸线的长度是不确定的，它依赖于测量时所用的尺度。图 7.5 所示的多

尺度1　　　　　　　　　　尺度2　　　　　　　　　　尺度3

图 7.5　不同空间分辨率的遥感影像

空间分辨率的遥感影像，从中可以看出空间分辨率对信息表达的重要影响。因此，对地理数据开展尺度效应分析，研究当观测、试验、分析或模拟的时空尺度发生变化时系统特征随之发生的变化，对于科学认识地理格局和过程，减少尺度主观性造成的错误或不确定性具有重要意义。

三是尺度间的关联性。不同尺度的现象和过程之间相互作用、相互影响，表现出复杂性特征。大尺度上发现的许多全球和区域性生物多样性变化、污染物行为、温室效应等，都根源于小尺度上的环境问题。同样，大尺度上的改变（如全球气候变化和大洋环流异常）也会反过来影响小尺度上的现象和过程。不同尺度间的相互作用机制正是地理学研究的重要课题。然而，在特定的时段内，由于科学认知水平、时间和精力等方面的限制，将所有尺度上的地理现象和过程研究清楚，几乎是不可能的，所以很多研究只能在离散或单一的尺度上进行。因此，地理空间分析不仅需要多种详细程度的空间数据支持，还需要把这些多尺度表示的信息动态地联结起来，建立不同尺度之间的相关和互动机制，开展尺度转换分析，将数据或信息从一个尺度转换到另一个尺度以进行有效的综合分析和空间决策支持。

尺度分析需要解决的主要问题具体可以概括为以下三个方面。

（1）基于特定地理实体和过程的最适（最佳或特征）尺度是什么？

地球表层系统是由各种不同级别子系统组成的复杂巨系统，不同的自然现象有不同的最佳观测距离和尺度，每一地理实体都有其固有的空间属性，而且仅可能在特定的尺度范围内被有效、完整地观察和测量。因此，在何种尺度下进行科学研究有着很大的实际意义，不同空间尺度下地理目标的抽象结果表达的信息密度差异很大。一般来讲，尺度变大，信息密度变小，但不是等比例变化。对地理空间数据的应用分析发现，地理数据使用的形式和目的主要表现在：①了解地理特征状态，以单要素分别描述为主；②数据处理目的，数据归并、提取、转换、变换、数据归一化等；③各要素之间的相互作用、空间分布和属性相关分析；④基于多要素的空间分析，强调位置属性的精度；⑤决策服务，多数据综合空间分析处理。不论哪种类型的应用，在地理数据使用中均存在适宜尺度问题。那么，分析地学问题需要何种数据尺度，能否找到一种具有普遍意义的地学问题适宜尺度的算法或公式，能否将地学专家处理地学问题选择适宜尺度的知识模式化，是否可以将已有的数据有关标准与地学问题处理要求结合起来以解决适宜尺度问题便成为不可避免的科学问题。

（2）怎样充分地将信息从一个尺度转换到另一个尺度？

地球表面是无穷复杂的，原则上可以降低到微米甚至分子层级。而实际上，由于人们认知水平的局限，不可能观察地球系统涵盖的所有细节，而多种地理现象和过程的尺度行为也并非按比例线性或均匀变化，在某一个尺度上观察到的性质，总结出的原理或规律，在另一尺度上可能仍然是有效的，可能是相似的，也可能需要修正。例如，一片树叶到一片森林的空间尺度呈数量级变化，很难想象在叶片上适用的模型会同样适用于森林。在一个空间尺度上是同质的现象到另一个空间尺度可能是异质的，空间尺度的改变显著影响着对地理目标的观察结果和推论，即尺度效应，尺度效应是一种客观存在并用尺度表示的限度效应。在同一个尺度域中，由于过程的相似性，尺度推绎比较容易；而当跨越多个尺度域时，由于不同过程在不同尺度上起作用，且又有相互间的作用，尺度推绎必然复杂化。在尺度域间的过渡带多会出现混沌、灾变或其他难以预测的非线性变化。因而，研究结果推绎的尺度或尺度域越多，转换结果的不确定性就会越大。

　　（3）如何进行多尺度分析？

　　单个尺度下的分析有时很难全面认知复杂的自然系统和人类社会的空间组成和大小变化，因此，多尺度分析在正确监测、模拟、管理复杂环境中显得尤为必要。空间多尺度是指空间范围大小或地球系统中各部分规模的大小，可分为不同的层次；时间多尺度指的是地学过程或地理特征有一定的自然节律性，其时间周期长短不一。空间多尺度特征表现在数据综合上，数据综合类似于数据抽象或制图概括，是指数据根据其表达内容的规律性、相关性和数据自身规则，可以由相同的数据源形成再现不同尺度规律的数据，它包括空间特征和属性的相应变化。为了在某种尺度状态下对某种地学现象及其变化过程进行描述，必须了解该现象的变化特征是如何随着尺度的变化而发生的。在集成应用地球空间数据并进行综合分析时，大量不同来源的数据通常是不同比例尺的，必须很好地解决尺度的问题，才能避免在解决有关问题时因错误地处理或理解尺度而做出错误的判断和推理。

7.2　多尺度分析

7.2.1　多尺度分析概念

　　对于遥感科学、制图学、水文学和生态学等学科来说，通过对地理空间数据的分析以理解、测量和描述地理现象的规模特征是一个非常重要的任务。然而，许多地理格局和过程具有多尺度特征：一方面，地理格局和过程多具有特定的作用范围，此外地理格局和过程往往同时受到多种因素的影响，从而表现出时、空等维度的多尺度特性。另一方面，多尺度的地理空间数据反映了地球空间现象及实体在不同时间和空间尺度下具有的不同形态、结构和细节层次，应用于宏观、中观和微观各层次的空间建模和分析应用。尺度的非线性特征和不同尺度间的耦合作用使得尺度的处理更为复杂，为此对地理格局和过程研究提出了多尺度分析的需求。

　　多尺度分析通过构建一个准确、清晰地反映多尺度地理格局和过程的模型以分析地理格局和过程的以下方面：①某一尺度上具有高信噪比的变量特征；②判定尺度的显著性，并提取出显著尺度分量；③尺度分离过程无需先验知识，自适应于地理空间数据特征。

1. 时间维度的多尺度分析

　　地理时序数据反映了地理现象和地理过程随时间的演变过程。对地理时序数据进行多尺度分解，提取隐含于地理时序数据中的长期趋势、周期/准周期波动、不规则变动，可以有效揭示不同尺度间的"级序"特征，进而表征地理现象演变的结构性、阶段性和突变性，从而分析时序数据间的多尺度耦合结构，研究地理数据间的多尺度作用关系和时空传递。例如，应用一定的时间序列分解模型将历史资料中的变化因素分解为长期趋势（T）、季节变化（S）、循环变化（C）和不规则变化（I）四部分，这四种变化的叠加构成了实际观察到的时间序列。其中，季节变化和循环变化又可以进一步细化分解，实现多时间尺度分析。如图 7.6 所示，（a）的时间序列数据是由另外三个尺度的变化共同作用形成的。

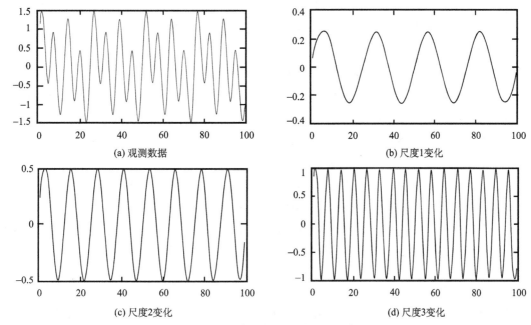

图 7.6 时间序列的多尺度分析示意图

由此可见，地理时序数据的主体部分可表示为趋势项和周期项的叠加，即将月（年）平均时序数据 $Y^{(0)}(t)$ 表示成如下形式：

$$Y^{(0)}(t) = T^{(0)}(t) + P^{(0)}(t) + X^{(0)}(t) + a^{(0)}(t) \qquad (7.2)$$

式中，$T^{(0)}(t)$ 为确定性趋势项；$P^{(0)}(t)$ 为确定性周期项；$X^{(0)}(t)$ 为剩余随机序列；$a^{(0)}(t)$ 为白噪声序列。

上述理论模型表明，地理时序数据中长期趋势和周期项的提取具有重要意义。从时序数据的多尺度分解结果看，多尺度分析的研究主要包括长期趋势提取、季节波动提取、相位关系分析、耦合作用机制分析、相互作用关系分析与建模等。不同数学方法的数学背景不尽相同，地理时序数据的多尺度分解应集多种方法之长进行综合研究。

2. 空间维度的多尺度分析

地理空间数据反映地理格局和过程随空间演化的特征。受多重地理要素的综合影响，不同类型的地理要素在空间上的影响尺度和范围存在显著差异。相对于时间序列的多尺度分解，空间多尺度分解受数据的空间异质性、偏斜分布化及空间自相关等影响更为强烈，且由于数据维度的提升，空间上不同维度之间的相互制约更加大了空间数据多尺度特征的结构解析与分解难度。空间维度的多尺度分析是为了揭示空间结构的变化过程，如图 7.7 所示的某一空间格局，可分解为不同尺度上的地理格局分量，从而从多个尺度研究地理格局和过程。

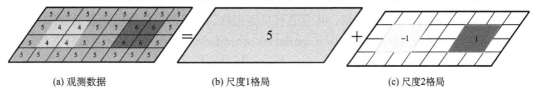

图 7.7 空间维度的多尺度分析示意图

地理空间数据的空间维多尺度分析，可以假定空间格局或过程发生在随机域 $D \subset R^2$，$Z(s)$ 是位于 s 的随机属性，可将其表示为 $Z(s): s \in D \subset R^2$。$Z(s)$ 可被分解为以下结构的空间格局或过程：

$$Z(s) = \mu(s) + W(s) + \eta(s) + \varepsilon(s) \qquad (7.3)$$

式中，$\mu(s)$ 为反映整体态势的大尺度分量；$W(s)$ 为均值为零，大于最小空间尺度的分量；$\eta(s)$ 表示均值为零，小于最小空间尺度的分量；$\varepsilon(s)$ 为具有零均值的白噪声。

由于上述公式约束条件太强，可定义更广义的公式如下：

$$Z(s) = \mu(s) + E_\gamma + \varepsilon(s) \qquad (7.4)$$

式中，$\mu(s)$ 为系统的趋势，可看作第一贡献分量；E_γ 为随机信号，可以代表一些小尺度的第一贡献分量；$\varepsilon(s)$ 为白噪声残差，遵循独立同分布。

除了上述时间、空间维度的多尺度特征分析外，生态系统研究领域可从等级维度进行多尺度分析，而土地利用等研究领域可从语义维度进行多尺度分析。

7.2.2　多尺度分析方法

多尺度分析方法常用的有小波分析法、分形分维方法、半方差分析法、自相关分析法、谱分析法等，这里简要介绍小波分析法和自相关分析法。

1. 小波分析法

20 世纪 80 年代初，由 Morlet 提出的一种具有时-频多分辨功能的小波分析为更好地研究时间序列问题提供了可能，它能清晰地揭示出隐藏在时间序列中的多种变化周期，充分反映系统在不同时间尺度中的变化趋势，并能对系统未来发展趋势进行定性估计。小波分析法是一种将时间或空间上的格局与尺度及时、空位置联系起来的分析方法，它能有效地分析和处理多尺度、多层次、多分辨率的问题。借助小波分析理论，可以检测和提取多源、多尺度、海量数据集的基本特征，并通过小波系数来表达，再作相应的处理和重构，从而获得该数据集的优化表示。

小波分析方法在地理数据的时间维多尺度分析中具有一定的优势，但也有其缺陷：用一维时间序列分析检测复杂的三维地理格局和过程，显得过于简单；时间序列的空间位置、时间长度和采样间隔等将影响小波分析尺度的能力。同时，缺乏对尺度分析结论的显著性检验。总之，小波分析在空间数据分析应用上的潜力还未被充分发掘出来，将一维小波分析扩展成二维，或使用其他非对称的小波函数，或辅助使用顾及空间的尺度分析方法，将对复杂地理过程和格局的尺度分析更加有利。

2. 自相关分析法

自相关分析扩展了相关系数概念，用以描述变量自身的相关性，在一定的滞后距离（h）或时间（t）上可以研究变量在空间或时间上的自相关特征，h 或 t 即代表空间或时间尺度。自相关分析是一种多尺度分析方法，也可用于尺度上推。时间自相关分析的基础是时间序列，空间自相关的量度是空间自相关指标（spatial autocorrelation indices）。空间自相关指标主要有 Moran's I、 Geary's C 和 Getis 等。

7.3　尺度效应分析

7.3.1　尺度效应

当观测、试验、分析或模拟的时空尺度发生变化时，系统特征也随之发生变化，这种由尺度引起的变化普遍发生在自然系统和社会系统中。这种现象即尺度效应，指当改变空间数据的范围、解析水平、形状和方向时，分析结果也随之变化的现象，即选取不同的观测、测量及操作尺度，将可能得到不同的结果（图 7.8）。概括来讲，当非本征尺度类型的尺度变化时会引起尺度效应，主要表现在尺度组成因素的变化。通过对尺度效应的分析可进一步探究地理格局和过程的发展趋势和分布范围等。

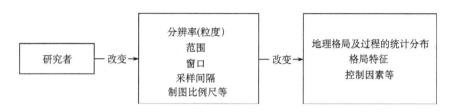

图 7.8　尺度效应示意图

尺度效应的主要表现：

1）地理格局或过程变量的统计分布的尺度效应

（1）平均值。对于线性变化的变量，其平均值不随粒度的变化而变化；相反，对于非线性变化的变量（如降水量样本的 pH），其平均值随粒度的变化而变化。对于非同质地理格局，范围的变化也使特征变量的平均值发生变化。

在定量遥感中，反演或分析结果也会随着遥感数据空间分辨率（粒度）的变化而变化。根据高空间分辨率（小观测尺度）遥感数据反演出的产品进行平均得到的低空间分辨率（大观测尺度）遥感产品平均值与利用低空间分辨率（大观测尺度）直接反演得到的遥感产品平均值并不相等，而且两者差异随着空间分辨率（粒度）的不同而不同。例如，利用 MODIS 数据（低空间分辨率）反演的叶面积指数（leaf area index，LAI）基本都低于利用增强型专题制图仪（enhanced thematic mapper，ETM+）数据反演的 LAI 的精度。遥感反演存在的空间尺度效应，主要与反演方法或模型的非线性及地表景观结构的空间异质性有关。

（2）方差。尺度变化对格局或过程变量方差影响的研究最多。保持幅度不变，增大粒度通常会降低粒度之间变量的方差，而粒度内部的方差则会增大[图 7.9（a）]。但方差究竟如何随粒度变化则取决于研究区域的空间异质性及测量数据的标准。在一个同质性非常强的地理格局中，方差随粒度的增大呈直线迅速降低；而在一个异质性强的地理格局中，方差随粒度增大而降低的速率较前者要慢[图 7.9（b）]。另外，粒度对方差的影响也会随着测量数据的标准而不同。例如，研究物种多样性时，若以物种在样方中出现的盖度来衡量，则物种多样性（表示物种分布格局的方差）随着粒度的增大而降低；但若以物种在样方中是出现还是缺失来衡量，则物种多样性随着粒度的增大而增大。保持粒度不变，增大观测范围通常会使地理格局包含更多类型的斑块或地理要素，从而增大变量的方差，但粒度内部的方差不会受到很大影响。

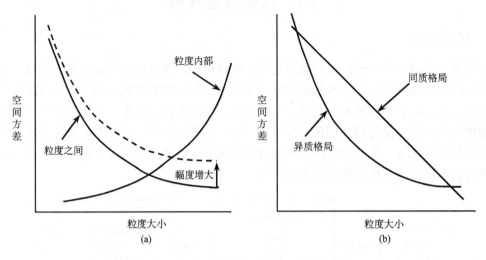

图 7.9　粒度或范围变化对变量方差的影响

（3）多变量之间的关系。如果两个或多个变量的研究尺度发生变化，那么可以预测它们之间的协方差、相关系数及变量值的统计模型（如回归模型）结果也将发生变化。例如，有学者通过研究农田和林地的归一化植被指数（normalized difference vegetation index，NDVI）与坡度和地形综合指数（topographic compound index，TCI）的相关性来对两者进行区分，定量化计算结果表明 NDVI 与坡度和 TCI 的关系会随着计算窗口大小的变化发生变化（图7.10）。

2）地理格局探测的尺度效应

（1）粒度变化。粒度变化对研究结果的影响取决于变化后的粒度与研究现象的特征尺度之间的大小关系。将研究粒度由 v_1 增大到 v_2，若 v_2 小于研究现象的特征尺度，那么增大粒度通常会削弱对格局的检测，但检测结果可能并无本质上的差别；若 v_2 大于研究现象的特征尺度，那么在两种粒度上所检测到的格局可能有着本质上的差别。例如，对气温变化的研究，当使用每小时观测数据时可以观察出气温日变化规律，当粒度进一步增大到两小时或三小时粒度，还是可以观察到日变化规律，但当粒度增大到一定程度，如 12 小时的时候就很难观察到气温的日变化规律。因此，为了使不同粒度的研究结果具有可比性，应使 v_2 小于研究现象的特征尺度。

（2）范围变化。范围变化对研究结果的影响也受制于变化后的范围与研究现象范围之间的大小关系。若降低研究范围，以至于小于或接近于研究现象的范围，那么所检测出的结构特征将有相当显著的变化，在原区域上检测出的所有结构特征都有可能丢失，一般由更加随机的分布向更加聚集的分布转变，同时平均斑块和间隙大小将降低。但以上特征的变化程度与所选择的子区域有很大关系。范围的变化也可能影响不同特征之间的空间相关性，由空间正相关向负相关转变，或者相反。

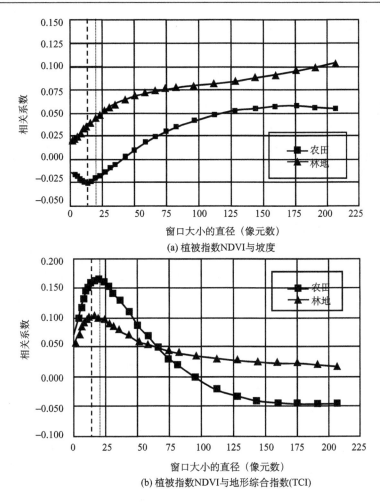

(a) 植被指数NDVI与坡度

(b) 植被指数NDVI与地形综合指数(TCI)

图 7.10　全局相关性随尺度的变化分析

（3）间隔变化。一般情况下，间隔变化对系统格局或过程的影响与粒度大小变化的情形非常类似，但也有不同。例如，在揭示斑块和间隙大小格局时，学者发现，若增大后的间隔小于研究现象的特征尺度，则间隔的增大对平均斑块和间隙大小的影响不显著。

3）重要地理过程的发生及其控制因素的尺度效应

（1）新的地理过程。当增加或减小范围时，系统组分之间相互作用的数量和类型可能发生变化，从而出现新的地理过程。例如，研究水流时，当研究范围从小支流增大到流域时，需要考虑渠道流这一新的过程；研究空气质量过程时，当研究范围从城市变为街区时，需要考虑建筑分布形成的"街道峡谷"这一新的过程。

（2）过程的发生速率或频率。在不同的时空范围上，一些过程的发生速率或频率不同，考虑的过程也有差异。例如，对于碳-水循环过程而言，在叶片尺度上主要考虑生理生态过程（如光合、蒸腾和气孔导度等），过程速率较快；而在区域和全球尺度上主要考虑生物地球化学循环过程（如净初级生产、生态系统净生产和蒸散等），过程速率较慢。

（3）控制因素。当范围变化时，控制某些格局或过程的约束条件、边界条件或驱动因子可能也随之发生变化；或者虽然这些控制因素不变，但它们的相对重要性可能随着范围的变化而变化。例如，在不同时空范围上，影响植被分布的重要因素具有差异性，包括纬度、地形、海陆分布等不同尺度的因素。归根结底，在不同时空尺度上影响同一格局或过程发生的重要因素的变化包含了其子过程的变化。

（4）相关关系。当时空粒度或范围变化时，格局或过程与相同影响因素之间的相关关系可能发生截然相反的变化。例如，在美国西部，局域范围上栎树幼苗的死亡率随着降水量的增加而增加；而在区域范围上，死亡率在较干旱的纬度带较高。因此，将某个死亡率与降水量之间关系的函数用于不同尺度时，并不能完全理解两者之间的关系。在不同时空尺度上看似矛盾的结果仅是表面现象，深层原因是，当观测尺度变化时，所研究的重要过程也相应发生了变化。

7.3.2　尺度效应分析方法

针对上述尺度效应的主要表现方式，基于多分辨率的地理空间数据、针对不同大小的分析窗口、分析范围等非本征尺度可进行尺度效应的分析，量化不同尺度对研究结果的影响，如图示法；也可应用变异函数法、小波分析法等深入研究尺度效应，分析尺度效应的同时提取特征尺度或最优尺度。

1. 图示法

图示法是将变量或属性值以图形方式直观表达，揭示其中的规律，是最为简便易行的方法，因而获得了广泛的应用。例如，地形的坡度（S）与 DEM 数据的分辨率大小（r）呈反比关系，$S=1/r$。图示法的最显著特点是其直观，能以可视化的形式展现尺度分析过程中多个尺度上地理格局和过程及其相互作用特征的变化规律。严格地讲，图示法并不是一种独立的尺度效应分析方法，而是其他定性，特别是定量研究方法结果分析和表达的有效手段，其最重要的作用在于能将抽象的结果生动直观地表现出来，从而有助于地理学相关过程和规律的理解、分析与把握。

2. 半方差分析法

半方差函数已经成为分析变量空间结构的主要工具，它是方向和样点对间距的函数，反映空间变量的自相关性。半方差函数的数学表达式为

$$\gamma(x,h) = \frac{1}{2}\mathrm{Var}\left[Z(x) - Z(x+h)\right] = \frac{1}{2}E\left[Z(x) - Z(x+h)\right]^2 \qquad (7.5)$$

式中，$\gamma(x,h)$ 为半方差函数；$Z(x+h)$ 和 $Z(x)$ 分别为在采样点 $x+h$ 和 x 的测定值；h 为每对数据采样点的间隔。半方差函数是了解区域化变量的相关性（相关程度、相关范围）、空间场的各向异性、空间场的尺度特征、空间场的周期性特征的重要方法。

半方差图在尺度分析上的作用主要有两方面：一是探测地理格局的特征尺度；二是探测地理格局的等级结构。

首先，半方差图能够探测地理格局的特征尺度。一般情况下，受空间自相关性的影响，某一格局或过程变量的半方差在较小取样间距上的值较小；随着取样间距的增大，半方差值也增大，并逐渐趋向平稳，甚至呈现下降趋势（图 7.11），此取样间距被称为自相关阈值。在此自相关阈值范围内，格局或过程变量之间具有较强的空间自相关性，可近似认为格局或过程发生在同一尺度域内；而超过该阈值，格局或过程变量之间近似相互独立，表现出较弱的空间自相

关性和较强的随机性，认为格局或过程发生在不同尺度域内。因此，可用自相关阈值近似表示地理格局的特征尺度。然而，在以下两种情况下并不能探测出自相关阈值。

一是半方差图为自相关阈值等于零的模型（100%块金效应模型），即半方差不随取样间距 h 的增大而变化，大致在一条水平线上下波动（图 7.11）。这时，半方差图检测出该格局或过程变量在空间呈随机分布，不具有空间自相关性，因此不存在自相关阈值。但这种结论可能具有很大的欺骗性，因为半方差图受到粒度大小和最小取样间距的强烈影响。若格局或过程发生在较小的尺度上，而粒度大小和最小取样间距却较大，则半方差图可能并不能检测出该格局或过程变量的空间自相关性。例如，研究土壤生化特性的空间异质性时发现，当粒度取为 125cm 时，土壤有机质含量、pH、土壤钾、磷、铵盐和硝酸盐含量在小于 1m 的范围内表现出很强的空间自相关性；但当粒度取为 1m 时，它们均表现出随机分布特征。对于净氮矿化量、硝化潜力和微生物呼吸量这些与微生物过程相关的量，即使粒度和最小取样间距仅为 10~50cm，也不能检测出它们的显著自相关性，因为它们均发生在微生物作用的、非常小的尺度上。因此，粒度大小和最小取样间距的选取应该充分考虑格局或过程发生的特征尺度。

二是半方差图为线性模型（图 7.11），格局或过程随着 h 的增大始终表现出空间自相关性，没有出现自相关阈值。这可能是由于研究的空间范围小于格局或过程所发生的范围。若研究的空间范围足够大，则可以预测半方差值也将随着 h 的增大而趋于平稳。

其次，半方差图还可以探测地理格局的等级结构特征。根据巢式半方差图假设，若扩大空间范围，则有可能观察到半方差值随着 h 的增加呈阶梯状上升的趋势，这指示景观可能具有巢式等级结构，而半方差发生突变的转折点则指示不同等级水平上的特征尺度（图 7.11）。对农田中土壤 pH 的半方差分析证实了该农田土壤 pH 具有巢式等级结构，表现出两个特征尺度。但更多的研究表明，半方差分析在识别地理格局是否具有多尺度、等级结构特征及等级水平数量时并不是很有效，其作用有待于进一步验证。

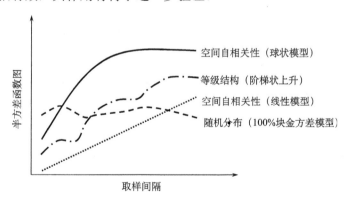

图 7.11　几种半方差理论模型

7.4　尺度转换分析

7.4.1　尺度转换

1. 尺度转换概念

由于人类认识的有限性和各种观测、研究手段的局限性，将所有尺度上的地理现象和过程研究清楚几乎是不可能的。因此，需要通过尺度转换来达到认识自然界多种尺度上的地理现象和过程的变化规律的目的。与此同时，现代卫星遥感和模型模拟技术的发展、天地一体化观测理念的提出，以及多学科领域研究的交叉融合，进一步促进了地理空间数据尺度转换的发展。由于数据来源、数据依附单元不同，许多数据（如地面监测台站数据、经济社会统计数据、环境流行病学调查数据、自然灾害监测数据）在与传统的空间型自然地理和资源环境背景数据相结合时，为形成统一协调的数据模型和知识，需要开展数据整合、数据融合、数据同化等工作。这些工作均涉及了尺度转换过程。因此，开展地理空间数据的尺度转换是数据同化和学科交叉融合的客观要求。

尺度转换，是将数据或信息从一个尺度转换到另一个尺度的过程，利用某一尺度上获得的信息和知识来推测其他尺度上发生的现象和过程的方法和手段。通过尺度转换，基于小（或大）尺度上的研究，探讨解决大（或小）尺度问题的途径。

尺度转换可划分为以下三种类型。

（1）按照尺度转换的方向不同，分为尺度上推（upscaling）和尺度下推（downscaling）。尺度上推，也称向上尺度转换或升尺度，是将精微尺度上的观察、试验及模拟结果外推至较大尺度的过程，它是研究成果的"粗粒化"。在传统的自然地理学、生态学、水文学和气象学等学科研究中，观测和实验通常在一个相对较小的尺度上开展，通过归纳的方法，将小尺度的观测资料和分析成果推演到大尺度上，并以此来理解和调控大尺度地学过程。从采样角度看，尺度上推相当于采样点的舍弃，是数据的一种聚合过程（图 7.12）。

尺度下推，也称向下尺度转换或降尺度，是将宏观大尺度上的观测、模拟结果推绎至精微尺度上的过程（图 7.13）。在遥感卫星对地观测技术出现之后，人类才第一次有可能直接在大尺度上开展观测和实验，并在地理空间分析理论和相应的技术支持下，通过演绎的方法，将大尺度的观测数据和分析成果推演到小尺度上。

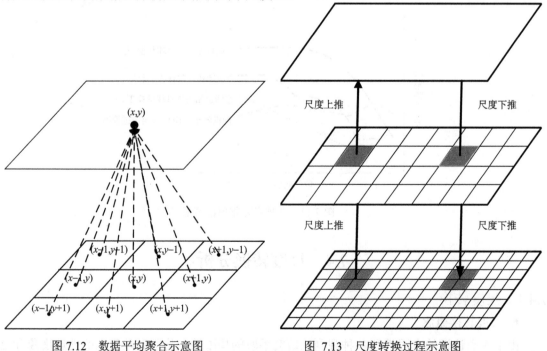

图 7.12　数据平均聚合示意图　　　　图 7.13　尺度转换过程示意图

（2）按照尺度转换的维度不同，分为时间尺度转换、空间尺度转换、等级层次尺度转换和语义尺度转换。

① 时间尺度转换。地理空间必定要与时间联系在一起。时间尺度主要刻画地理现象的时间长度和变化的粗略与详细程度。静态地理信息描述固定时间发生的地理现象，而动态地理信息记录和表征地理现象发生、发展的过程，这时可以记录离散时间点的地理事物及地理现象发生的空间及性质状态。时间尺度的下推是指由较为粗糙的时间粒度的地理信息得到时间轴上更为详细、精确的异质性的地理信息，使得对地理现象过程的表达更为详细，通常由时间插值来实现时间尺度转换。

② 空间尺度转换。这是地理信息尺度转换研究的重点内容，时间、等级层次和语义尺度转换与其有着紧密联系。空间尺度上推是指由空间分辨率精细的地理信息得到空间分辨率粗糙的地理信息，其实质是分辨率变低、增加广度，使空间信息粗略概括、综合程度提高，对空间目标的表达趋于概括、宏观，反映地理现象的整体抽象的轮廓趋势，空间异质性降低，其基本方法是综合概括。空间尺度下推是由空间分辨率粗糙的地理信息得到精细的地理信息，其实质是分辨率变高，使空间信息具体化，对空间目标的表达趋于精细、微观，空间异质性增加，空间模式多样化，是一种信息的分解，反映地理现象的具体详细内容，其常用的实现方法是空间插值。

③ 等级层次尺度转换。等级层次尺度转换是与时间尺度转换和空间尺度转换相联系的尺度转换，一般情况下时间尺度和空间尺度发生变化时，等级层次尺度也会相应发生变化。与语义尺度类似，有时候在时间尺度和空间尺度相同的情况下等级层次也会不同。生态景观系统的等级层次尺度转换也分为两种，即由过程速率快的等级向过程速率慢的转换，称为概括；相反，则称为具体化。

④ 语义尺度转换。语义尺度转换是与时间尺度转换和空间尺度转换相联系的尺度转换，一般情况下时间尺度和空间尺度发生变化时，语义尺度也会相应发生变化。但是，有时候在时间尺度和空间尺度相同的情况下语义层次也会不同。地理信息语义尺度转换也分为两种，即由具有较多细节描述的语义向概略语义的变换，称为概括；相反，由概略语义向详细语义的变换称为具体化。

（3）按照构建尺度推绎模型的过程，可分为显式尺度推绎（explicit scaling）和隐式尺度推绎（implicit scaling）。隐式尺度推绎是指针对特定的环境条件，在模型构建过程中就将与尺度有关的特征要素考虑在内，这样，模型本身就体现了对模型时空粒度（temporal and spatial grain of the model）进行尺度转换的系统过程。显式尺度推绎是在数字集成或综合分析的基础上，在时间和空间尺度上对"局部"模型（"local" model）的响应进行尺度上推。在具体应用中显式与隐式尺度推绎的分类方法多出现在尺度上推的研究中。

2. 尺度转换的基本理论支撑

地理空间数据的尺度转换主要以等级理论、分形理论、区域化随机变量理论、等级斑块动态范式、地理学第一定律等为基本理论支撑。

（1）等级理论。等级理论于 20 世纪 60 年代提出，并在管理学、经济学、生物学、生态学和系统科学中得到较大发展。等级理论将复杂的地表世界概括为具有等级嵌套的有序系统，将不同的系统过程纳入离散的时空尺度，可以解析不同尺度上的特征、功能及相互联系。

等级理论增强了研究者的"尺度感"，为深入认识尺度和尺度转换提供了理论基础。

（2）分形理论。分形理论最早由 Mandelbrot 提出，并最终形成了一门新兴学科，即分形几何学。分形理论的核心是自相似性，也就是局部与局部、局部与整体之间在形态、时间和空间等多个维度上具有统计意义上的自相似性。分形理论利用自相似性维数指标与标度不变性，揭示多尺度上系统特征的相似性和差异性，为建立地理空间数据的尺度转换模型提供了依据。

（3）地理学第一定律。"地理学第一定律"是指：任何空间事物都是相互联系的，距离近的事物其联系程度更为密切。在该理论中，距离的概念事实上就是尺度的另一种表述，而相互联系的程度则常常用空间自相关指标来表达，如 Moran's I、Geary's C 等统计指标。这些指标可以量测空间自相关程度随空间尺度不同而发生的变化，为分析特定空间尺度域上的变异特征和规律认识提供了有效手段。

7.4.2　尺度转换方法

尺度转换方法常用的有地统计方法、分维分形方法（fractal）、重采样法等，这里简要介绍分维分形分析法和重采样法。

1. 分维分形分析法

现代分形的概念源于数学家 Mandelbrot 的著名论文"英国的海岸线有多长"。该文通过对世界几个海岸线的测量长度分析，认为地理界线（如海岸线）是不确定的，其长度与测量精度（测量单元，即测长度时所用两脚规的长度）有关。从而导出了分形的重要特性——自相似性（self-similarity）的概念，即每一部分可认为是其整体的缩影。

分形的特点可以用分形维数（简称分维）来描述。维数是几何学的一个基本概念，其中点是零维，直线是一维，平面是二维，普通空间即三维。分形特点即用分形维数来描述，但用来描述分形特点的维数不是通常的整数维，而是分数维。从分形维数的空间几何意义来看，分维数反映研究对象的复杂程度，维数越大对象越复杂。

地理格局特征具有分形结构是基于以下思想：小尺度与大尺度上的格局特征具有相似性，而且这些特征值是尺度的幂函数。地表高低起伏的地形、海岸线几何结构、滑坡边界轨迹的几何结构、地理景观中的斑块结构等大多具有分形物体的自相似性。然而，很多野外实际研究表明，大多数分形格局和过程的自相似特征通常仅仅出现在一定的尺度域上，在该尺度域内统计分维数 D 基本不变，地理现象的发生与尺度无关（scale-invariant）；但若超过该尺度域，D 就会发生突变，地理现象的发生依赖于尺度（scale-dependent）。若在一定尺度域内，D 不变，表现出单分维，则指示地理格局具有分形结构；但若在一定尺度域内，D 发生较大变化，表现出多分维，则指示地理格局可能具有等级结构，而发生变化的转折点则指示不同等级水平上的特征尺度。

2. 重采样法

重采样法是基于像元/栅格单元的尺度转换方法中最常用的方法，是指根据一类像元信息推演出另一类像元信息的过程。重采样法主要包括最邻近采样法、双线性内插法、立方卷积法、无重叠平均法和变权重平均法等。其中前三种方法最为常用，在主流 GIS 软件中都有相关工具。在最邻近采样法中，输出像元的栅格值取决于最邻近输入像元的栅格值。该算法最简单,处理速度快,适用于离散型数据(如土地利用数据、土壤类型数据等) 的尺度转换。在双线性内插法中,输出像元值取周围 4 个邻域像元的距离加权值。该方法的输出结果比最邻近法输出结果更光滑,适用于连续型数据(如气温、降水量等) 的尺度转换。立方卷积法与双线性内插法相似,取输出像元周围 16 个邻域像元的距离加权值。该方法算法相对复杂,计算量大。总的来看,重采样法由于未考虑研究要素空间相似性的空间变异,其尺度转换效果不如其他尺度转换方法;但因其计算方法简单、运行快速,重采样方法依然是 GIS 软件中最常用的尺度转换方法之一。

7.5 尺度分析的其他方面

尺度分析除了上述的多尺度分析、尺度效应和尺度转换外,还涉及其他方面,如尺度适宜性分析和时空尺度融合分析。

7.5.1 尺度适宜性分析

没有一个尺度会适合所有地理格局或过程的研究,这几乎是一个不争的事实。所以研究中,需要综合地理格局和过程的多尺度特性及不同的研究和应用目的,来选择观察尺度、测量尺度等,以实现不同尺度类别间的尺度匹配。尺度适宜性也可称作尺度匹配性,是指在地理研究中,研究(应用)目的与地理格局或过程,以及研究过程中各部分间的尺度合适程度。例如,有研究者发现数据的适宜尺度与研究区范围、研究对象的特征、数据使用者对结果精度的要求等因素有关。

地理格局和过程与尺度间的匹配尤为重要,因为地理格局和过程的规律在不同尺度上的表现可能不同。如图 7.14 所示,对于时间维度来说,当测量尺度(分辨率)比过程尺度粗糙时,地理过程(格局)的变化就会被低估,出现假频现象。同时,当观察尺度(范围)小于过程尺度时,地理过程(格局)的变化也会被低估,出现假性趋势。类似的如图 7.15 所示,对于空间维度而言,当观测尺度(范围)小于过程尺度时,不能准确认识过程(格局)的特征;而当观测尺度足够大,但是测量尺度(分辨率)不够精细,采样点过于稀少时,则也不能准确获得地理过程(格局)的特征。当然,并不表示观察或测量尺度越精细越好。以气象

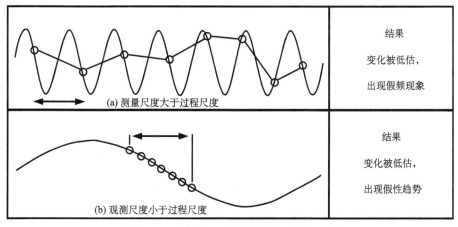

图 7.14 时间维尺度类型间的不匹配现象

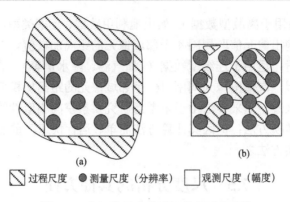

过程尺度　　●测量尺度（分辨率）　　□观测尺度（幅度）

图 7.15　空间维尺度类型间的不匹配现象

风场过程为例，对于珠江三角洲区域，既受到大尺度上气象场的控制作用，也会受到小尺度的海陆风及地形风的影响，这些不同尺度的过程共同造成了珠江三角洲地区三维空间的风场分布及变化。所以针对不同目的，必须选择适宜的尺度，才能获得合理的结果，以分析不同尺度气象过程的作用。

对尺度适宜性的研究有赖于尺度效应分析、尺度转换、多尺度分析等方面的成果，从而得出最优或适宜的尺度范围。以山东省不同空间精度的土地利用数据为例，研究者分析了不同精度下各种类型地块的面积与土地详调面积的偏差、不同精度数据下地块的空间集聚度等现象，发现对于山东省土地利用的研究，1∶10 万精度的数据是比较适宜的。

然而，遥感科学中的尺度适宜性问题主要表现为：通过一定的方法，找到一个合适的空间分辨率来反映特定尺度上研究目标的空间分布结构等特性，合适的空间分辨率也称为最优分辨率或最优尺度。本节以平均局部方法为例介绍当前研究遥感影像空间分辨率选择的方法。

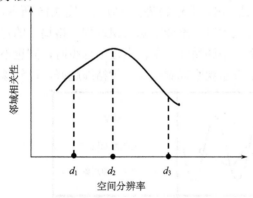

图 7.16　遥感影像空间分辨率与邻域相关性关系图

局部方差是利用一个 3×3 像素的移动窗口来计算窗口内的标准差，并对所有窗口的标准差取平均值。该方法基于以下理论基础：当图像分辨率比较高，地物由多个像素组成时，相邻像素空间依赖，因而局部变异值较低；当目标物的大小接近像素时，相邻的像素相似性降低，局部变异值增大，至局部变异达到最大；当分辨率进一步降低，每个像素含有不同的地物目标，表现为混合像元，像素之间的空间依赖程度又会开始增强，局部变异逐渐减小。这样，通过不同分辨率下的局部变异值，即可生成局部变异曲线图（图 7.16），当曲线达到顶峰时，局部变异值就达到最大值，此时所对应的空间分辨率，与研究目标尺寸对应（或近似），即为最优尺度。在对应（或近似）研究目标尺寸的空间尺度下进行地表分类或地表参数遥感反演，能提高分类或反演的精度。对于影像区域内的任何一个像素，除了边缘部分不能形成完整窗口外，每一个像素都可以视作移动窗口的中心而参与计算。对于某个移动窗口，假设窗口的大小为 (m, n)，则窗口内的标准

差 σ 通过公式（7.6）计算得到：

$$\sigma^2 = \frac{\sum\limits_{i=0}^{m-1}\sum\limits_{j=0}^{n-1}[f(i,j)-\overline{f}]^2}{mn} \tag{7.6}$$

$$\overline{f} = \frac{\sum\limits_{i=0}^{m-1}\sum\limits_{j=0}^{n-1}f(i,j)}{mn} \tag{7.7}$$

式中，$f(i,j)$ 为第 k 个移动窗口中的第 i 列、第 j 行的灰度值；$\overline{f}$ 为当前移动窗口中所有像素灰度值的平均值，计算方法见式（7.7）。对于所选择影像区域，局部变异（V_L）可通过公式（7.8）得到：

$$V_L = \frac{\sum\limits_{k=0}^{K}\sigma_k}{K} \tag{7.8}$$

式中，k 为第 k 个移动窗口；K 为总的移动窗口个数。为了获得不同尺度下的局部变异值，从而形成局部变异曲线，需要通过降低空间分辨率来构造多尺度的影像数据，该算法基于方波响应（square-wave response）的理想非现实状态。设图像的原始分辨率为 R，像素的灰度值为 $r(i,j)$，窗口的大小依次为 2×2，3×3，…，$n\times n$，则依次降低分辨率为 $2R$，$3R$，…，nR 后，获得的图像大小分别为 $1/2(M,N)$，$1/3(M,N)$，…，$1/n(M,N)$，M 和 N 分别代表遥感影像的行列数，对应的每个像素的灰度值计算方法如式（7.9）所示（对于不规则区域，由于边界的复杂性，在进行分辨率降低运算时，部分目标像素将会包含原始影像的灰度值为 0 的像素参加运算，为了避免这部分数据的影响，目标影像将该类像素灰度赋值为 0，而不参加运算）。

$$f(i,j) = \frac{1}{n\times n}\sum\limits_{p=w}^{in}\sum\limits_{q=h}^{jn}r(p,q) \tag{7.9}$$

式中，$w=(i-1)n+1$；$h=(j-1)n+1$；$i=1,2,\cdots,1/n\times M$；$j=1,2,\cdots,1/n\times N$。

由于地物类别的大小、形状和集聚水平有很大差异，实际选用的图像分辨率应高于局部方差方法所确定的最优分辨率。利用局部方差方法选择遥感最佳空间分辨率的问题在于它只考虑了单一波段图像的局部方差变化，而不便应用于多光谱遥感数据；局部方差方法的另一个局限性在于图像的局部方差与图像全局的方差有关，不同图像的局部方差直接对比没有意义。此外，局部方差的计算过程中的边界效应影响局部方差的精度。

7.5.2　时空尺度融合分析

地学工作者很早就意识到没有任何一种单一的量测源足以进行可靠的研究，因而必须将多源数据进行融合以提供更全面可靠的信息。例如，对于气温变量，人们可能通过地面监测站点获得某一位置每小时的观测值，但由于站点只能代表一定的范围，所以区域性的气温变量可从研究区域全覆盖的遥感影像数据反演获得。可是，遥感影像的分辨率较粗，不能给出具体地点的气温的准确值，同时其时间分辨率也不能达到每小时的数据，而是取决于卫星的回访周期。时空尺度融合即是基于一定的方法和技术将不同尺度的地理数据融合起来，以便进行可靠的地理研究，是地理空间数据分析的一个重要方面。

　　为满足大范围、高精度、快速变化的地表信息遥感监测对高时空分辨率遥感数据的需求，解决目前卫星遥感数据获取能力不足的问题，提出了一种能够综合低空间分辨率遥感数据的高时间分辨率特征和低时间分辨率遥感数据的高空间分辨率特征的技术，即多源遥感数据时空融合技术（图 7.17）。例如，利用遥感数据时空融合技术，融合时序 MODIS 反射率产品和 Landsat ETM+影像，获得了高时空分辨率融合影像。根据研究区主要农作物物候历，选取水稻识别关键期融合影像和 NDVI 影像，再利用光谱角分类法实现了水稻的填图。实验结果表明，该方法可以有效解决利用 Landsat 数据进行水稻种植面积提取过程中的数据缺失问题。

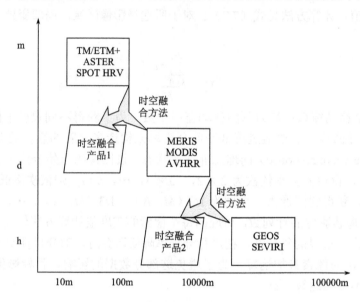

图 7.17　多源遥感数据的时空融合示意图

复习思考题

1. 简述尺度的概念。

2. 为什么要进行尺度分析?

3. 结合应用案例说明一种多尺度分析方法的原理。

4. 尺度效应是如何产生的，有哪些表现形式?

5. 尺度转换的方法有哪些?

6. 为什么说对于特定地理空间问题分析，选用数据的时空分辨率不是越高越好?

7. 简述选择合适研究尺度的一般流程。

第8章 地理空间大数据分析

随着移动互联网、物联网、云计算、智能终端和传感器网络等新一代信息技术的高速发展，大数据的概念应运而生。大数据的出现，不仅使 GIS 数据获取、管理技术发生了重要变化，还使 GIS 数据分析方法与应用服务产生了巨大变革。作为新型的地理空间数据源，大数据不同于传统的结构化和半结构化空间数据，多源、异构、动态、海量、非（半）结构化等特点，要求建立全新的大数据管理模型和大数据分析方法。大数据时代产生了海量具有时空标记的地理大数据，其中包含了海量人群的时空行为信息。基于地理大数据研究个体或群体行为，在不同尺度上发现这些行为中蕴含的空间认知规律及空间行为和交互模式，建立以人为本的地理信息服务，进而支持个体或群体时空行为决策，已成为地理信息科学研究的前沿问题，也为进一步理解社会经济环境提供了新途径。目前，海量地理空间数据的实时分析和非结构化的社会感知数据分析，是大数据时代 GIS 空间分析面临的重要问题。

8.1 数据科学时代

8.1.1 地理空间大数据的来源

大数据时代极大地拓展了地理空间数据的获取渠道及对自然环境和人类社会的观测维度。地理大数据的来源非常广泛，主要可分为以下几类。

（1）业务运营数据。业务运营数据是指在信息化时代，各个行业尤其是服务类行业产生的业务数据，如公交刷卡数据、出租车轨迹数据、移动通信数据、水电煤气数据、物流数据、消费数据、就医数据等。

（2）传感器网络数据。传感器网络数据主要指地面传感器收集的监测数据，如视频监控、交通监控、环境监测数据等。智能手机是一类特殊的时空数据传感器，具有通信、上网、导航、定位、摄影、摄像和传输功能，可产生数量巨大、记录人类行为等特征的地理大数据。

（3）社交网络数据。社交数据是反映人类活动和联系交往的重要信息。移动互联网环境下的社交平台，如微博、Twitter 等产生了数量巨大的社交数据。

（4）传统地图与空间数据库数据。传统地图及各行业产生和存储的结构化、半结构化空间数据，如国土资源数据、自然灾害数据、人口和经济普查数据等，是地理大数据的重要组成部分。

（5）遥感数据。自 20 世纪 70 年代持续至今的各类多谱段（可见光、红外、微波等）卫星遥感计划提供与积累了海量对地观测数据，它改变了人类在有限的时间与空间（如离散地基台站、离散时间观测）认识自然的概念、方式和手段。集高空间、高光谱、高时间分辨率和宽地面覆盖于一体的卫星（群）对地观测系统已成为地理空间大数据获取的重要渠道。

8.1.2　地理空间大数据的特征

1. 大数据的一般特征

地理空间大数据具有大数据的一般特征，即"5V"特征，具有五个层面的涵义：

（1）体量（volume）巨大 。数据规模大，超过以往研究的数据规模，甚至超过当前研究人员所能掌控的数据规模。

（2）速度（velocity）快。数据生产速度快，基于大量的智能终端设备及互联网，每分每秒都在产生并传播海量的数据信息。

（3）类别（variety）多样。数据来源与类型多元化，包括结构化、半结构化和非结构化等多种数据形式，如网络日志、视频、图片、位置信息等。

（4）真伪（veracity）难辨。大数据存在较大的不确定性，如数据的噪声、缺失、不一致性、歧义等，且这种不确定性无时不在。

（5）价值（value）巨大。大数据使得人们以前所未有的维度测量和理解世界，蕴含了巨大的价值，大数据的终极目标在于从数据中挖掘价值。

2. 地理空间大数据的特点

相对于传统的结构化、半结构化空间数据，对于空间分析而言，地理空间大数据还具有如下重要特点：

（1）无采样框架。传统的地理空间数据，一般都是在一定的采样理论指导下，通过建立严密的采样框架来获取的，这意味着某一问题的解决依赖于特定的数据集。地理空间大数据是信息化时代各种主动、被动数据采集系统获取的全方位数据，其中大多数无采样框架。

（2）无数据综合。数据综合是传统空间数据获取与表达过程中的一个重要环节，按照既定的尺度与精度要求，将采集的原始数据进行取舍，概括整理，产生符合质量标准的数据集。地理空间大数据呈现的是数据的原始状态。

（3）无元数据。元数据描述了数据来源、质量状态等信息，对于识别数据、评价数据、追踪数据在使用过程中的变化、实现简单高效地管理大量网络化数据具有重要意义。多数情况下，地理空间大数据的来源、质量、使用等信息不明确。

（4）无质量控制。由于地理空间大数据许多是自动获取或地理志愿者提供，因此，它不能像传统的空间数据那样权威，也无质量控制的机制。

（5）非结构化。除传统测绘遥感数据外，地理大数据多以非结构化或半结构化的形式存在。

8.1.3　地理空间大数据分析与传统空间数据分析的区别

传感器网络、个体出行过程、网络行为、消费记录等大数据采集手段的出现，改变了人们探索世界的方法。地理空间大数据的诸多特征必将引起 GIS 数据采集、存储、分析等阶段的变革。地理空间大数据分析具有以下几种特征。

（1）全数据模式。传统空间分析通常利用有代表性的、较少的采样数据来获取地理空间特征信息，而地理大数据很大程度上是非采样数据。非采样数据要求以全数据模式进行分析，让所有数据都"说话"，进而对感兴趣信息进行"挖掘"。这颠覆了传统科学分析的基本思想。

（2）允许不精确。大数据时代要求重新审视精确性的优劣。地理大数据分析不再期待精确性，也无法实现精确性。在海量地理数据的背景下，空间分析要从纷繁复杂的数据中挖掘信息，而不是以高昂的代价消除所有的不确定性。

（3）数据驱动而非模型驱动。传统空间分析需要先建立分析模型，如影响因素有哪些、权重各是多少等，然后进行分析，做出评价。然而大数据环境下，分析模型越发跟不上或不适应数据的快速增长与变化，以数据为最终驱动力的去模型化是地理大数据分析的发展方向。

8.1.4　数据驱动的科学

按照图灵奖获得者 Jim Gray 的观点，迄今为止，科学发展经历了四种范式，即实验科学、理论科学、计算科学和数据密集型科学。大数据概念的诞生与发展，导致了数据密集型科学命题的提出（图 8.1）。"让数据说话"是数据科学时代的重要特征。大数据分析尚处于起步阶段，分析角度、模型方法和可能解决的潜在问题是现阶段需要研究的重要问题。

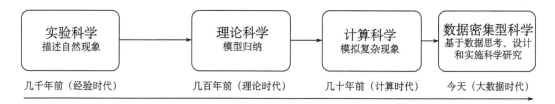

图 8.1　科学发展的四个范式

8.2　大规模地理空间数据高效分析

数据科学时代空间分析面临的首要问题是数据量巨大。本节针对大规模地理空间数据实时分析这一问题，介绍运用并行计算、GPU 计算、分布式计算等技术，对传统空间分析算子进行并行计算重构和使用 GPU 计算技术进行加速的方法。同时，引入内存计算技术和分布式计算技术，增强了地理空间大数据的高效分析计算功能。在此基础上，介绍 CyberGIS 概念，为地理空间大数据分析提供基础设施。

8.2.1　空间分析并行计算

并行计算主要研究内容包括并行计算设备、并行算法、并行程序设计等。相比于串行计算，并行计算有其明显的特点：多个处理器执行部件（执行核）协作，共同完成某一项任务，各个执行部件的处理工作可分布在相同的计算机上，也可分布在不同的计算机上。

并行算法经过多年的发展，目前已形成一些基本设计方法，常见的并行计算策略有分治策略、平衡树方法、倍增技术、流水线技术及加速级联策略等。由于 GIS 数据具有海量、时效性强、多源异构等特征，所以有效地组织多源相关数据进行综合分析，以建立响应速度快、计算能力强和空间数据高效组织与管理的新机制来认知、模拟、预测和调控自然地理环境和社会经济过程，客观上要求大力发展空间分析并行计算方法。

1. 并行计算分类

从并行模式的角度来看，并行计算可划分为基于数据的并行化、基于算法的并行化和基于硬件设备的并行化三类。

（1）基于数据的并行化。该模式是指不需要对空间分析算法进行整体调整，即主要通过对待分析数据的均匀划分，将原始计算任务均匀地分配到多个计算单元中。较为典型的应用为空间分析中面向栅格数据的分析，如水文分析、插值计算、等值线提取、地形计算等分析功能。与矢量数据相比，栅格数据结构简单，没有复杂的拓扑关系，空间分析算法逻辑也相对简单。但是，栅格数据一般数据量较大，导致整体计算量较大，因此栅格数据空间分析的并行模式多采用数据并行模式。

（2）基于算法的并行化。该模式适用于不能完全通过数据划分达到分析过程并行化的情况，举例来说，空间分析中的矢量数据之间一般存在较为复杂的空间关系，如线与面的边界覆盖关系、面与面的邻接关系、面与点的包含关系等，使得基于矢量数据的空间分析操作较难通过简单的数据划分来并行化，即在对分析数据进行划分的基础上，还需要分析算法特点，对其划分和合并过程进行特殊处理。例如，矢量数据处理较多使用平面扫描算法，在进行该算法的并行化改进时，主处理单元通过将事件点平均分配给子处理单元，各子处理单元处理完各自的任务后将结果发送给主处理单元，最后主处理单元将各事件点合并，才能得到最终解。

（3）基于硬件设备的并行化。该模式指借助计算机硬件特征，进行并行化改进的方法，如基于图形处理器（graphics processing unit, GPU）技术的算法改进。GPU 可以看作单指令多数据（single instruction multiple data, SIMD）并行流式处理器，并行性和灵活的可编程性使它可以完成图形绘制以外的计算任务。而且与 CPU 相比，GPU 更适合并行流处理。

2. 并行计算技术

为了使并行化算法设计与实现可以适用于不同的系统平台，在进行并行计算技术的选择时，需要考虑其不同平台间的支持能力。当前研究较为广泛的跨平台并行计算技术，主要包括面向线程并行的 OpenMP（open multiprocessing）技术和 TBB（intel threading building blocks）技术、面向进程并行的 MPI（message passing interface）技术，以及 OpenMP 与 MPI 的混合模式（Hybrid）。

（1）OpenMP 技术。OpenMP 是一个支持多种平台的共享内存并行计算应用程序接口（application program interface, API），支持平台包括 Solaris、AIX、HP-UX、GNU/Linux、Mac OS X 和 Windows，支持语言包括 C、C++和 Fortran。它由一组编译器指令、API 和环境变量构成，适于将已有代码进行并行化改进。

（2）TBB 技术。TBB 是一个由英特尔公司开发的 C++模板库，主要目的是使软件开发者更好地利用多核处理器。该库为开发者提供了一些线程安全的容器和算法，使开发者无需过多关注系统线程的创建、同步、销毁等操作，而是将精力集中于业务逻辑的并行化，可以与 OpenMP 互为补充。

（3）MPI 技术。MPI 是一个有着广泛应用基础及专业审查委员会管理的并行计算标准，其设计主要面向大规模机器和群集系统的并行计算，具体实现包括 OpenMPI、MPICH 和 LAM-MPI 等。

（4）Hybrid 模式，即混合并行计算模式，指在单机环境中使用 OpenMP 进行线程级别的并行，并同时在由单机组成的群集环境中通过 MPI 进行结点间的任务分配和消息传递，以实现单机环境和多机环境两个层次的并行计算。表 8.1 对三种研究较多的并行计算框架进行了对比。

表 8.1　并行计算框架对比

比较项目	OpenMP	TBB	MPI
并行粒度	线程	线程	进程
内存模式	共享内存	共享内存	分布式内存
适用环境	单机	单机	多机/群集
通信机制	*	*	消息传递
易用性	高	中	低
跨平台性	是	是	是
并发数据结构	不支持	支持	不支持
可扩展内存分配	不支持	支持	不支持

总体来说，并没有哪种并行计算框架可以适用于所有应用场景的开发，较为合理的方案是根据应用场景特点选择合适的技术框架。当需要将已有程序进行并行化改进，而不希望将原算法进行较多改变时，OpenMP 是一个较理想的选择。当希望从零开始，完成一个并行化程序的开发时，可能需要更多地关注 TBB 和 MPI。而当希望应用程序既实现单机线程级别的并行，又可以在多机群集环境中发挥并行计算优势时，就需要使用较为复杂的混合模式进行设计和开发。

3. MapReduce

MapReduce 技术是 Google 公司于 2004 年提出的，作为一种典型的数据批处理技术被广泛应用于数据挖掘、数据分析、机器学习等领域。MapReduce 因为它并行式数据处理的方式已经成为大数据处理的关键技术。MapReduce 的数据分析流程如图 8.2 所示。MapReduce 系统主要由两个部分组成：Map 和 Reduce。其核心思想在于"分而治之"，也就是说，首先将

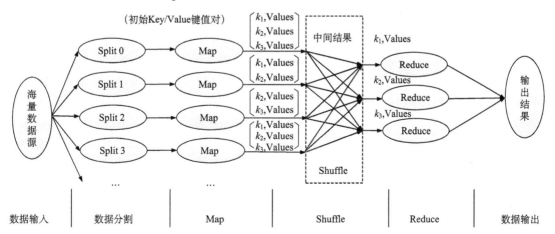

图 8.2　MapReduce 的数据分析流程

数据源分为若干部分，每个部分对应一个初始的键/值（Key/Value）对，并分配给不同的 Map 任务区处理，产生一系列中间结果 Key/Value 对，MapReduce 的中间过程 Shuffle 将所有具有相同 Key 值的 Value 值组成一个集合传递给 Reduce 环节；Reduce 接收这些中间结果，并将相同的 Value 值合并，形成最终的较小 Value 值的集合。MapReduce 系统的提出简化了数据的计算过程，避免了数据传输过程中大量的通信开销，使得 MapReduce 可以应用于多种实际问题的解决方案里。

8.2.2　基于 GPU 计算的空间分析

科学计算正在从以 CPU 为中心的中央处理模式向 CPU 与 GPU 协同的协作处理模式方向转变。因此，继基于多核 CPU 的多线程并行化处理之后，可提供更强并行能力的众核 GPU 计算研究受到了地理信息科学研究人员的广泛关注。

1. GPU 计算技术

（1）CUDA 技术。CUDA（compute unified device architecture，统一计算设备架构），是由国际知名显卡厂商英伟达（NVIDIA）公司推出的通用并行计算架构，该架构通过一系列对象模型和 API，使研究人员可以基于图形显示设备，充分利用 GPU 计算能力进行复杂科学问题的计算求解。CUDA 已广泛应用于各领域的科学计算，如图像与视频处理、计算生物学和化学、流体力学模拟、地球物理计算等。

目前，CUDA 只能运行在英伟达图形显卡设备之上，并且需要依赖于特定的显卡驱动支持。其编程环境由设备状态检测、内存显存的分配与拷贝及运行在设备中的核（kernel）函数构成。其中，核函数的编译过程需要使用英伟达提供的 Nvcc 编译器进行处理。另外，英伟达公司为了在科学计算领域进行 CUDA 技术的推广，在 Windows 环境中提供了专业的调试及性能分析工具，帮助研究人员将 CUDA 技术应用于研究工作当中。一个典型的 CUDA 应用程序处理流程为：①将待计算数据拷贝到显存。②调用核函数进行数据并行计算。③每个 CUDA 核心针对数据不同区域执行相同计算函数。④将计算结果从显存拷贝回内存。

可以看出，相比于多核 CPU 架构的并行计算过程，CUDA 增加了数据到显存的拷入和拷出过程，也在一定程度上影响了整体的分析计算时间。

（2）OpenCL 技术。OpenCL（open computing language，开放计算语言）是一个面向异构系统并行编程的开放标准，也是一个统一的编程环境，支持 Windows 和 Linux 操作系统，便于研究人员和算法开发人员为高性能计算服务器、桌面计算系统、移动设备等开发高效的代码，而且可以适用于 CPU、GPU 或其他类型的处理器。

OpenCL 开发环境同样由一组检测设备状态的平台 API、控制命令队列及内存分配、数据传输等运行时 API 及运行在设备中的核函数组成。只是其核函数的编译过程在运行时由特定 API 触发，编译结果与所选设备驱动厂商的具体实现有关。

相比于 CUDA，OpenCL 显著的优势是支持异构系统，其本质就是运行在设备中的核函数采用动态编译的方式来生成目标代码，执行于不同设备之上。但是，由于 OpenCL 是一个较为松散和开放的标准，各设备厂商对于 OpenCL 的支持程度有限，且版本更新相对缓慢，导致其整体性能和在不同机型上的表现很难像 CUDA 一样稳定。

2. GPU 地形分析

地形分析是一种典型的栅格数据分析,下面以地形分析为例,阐述 CUDA 和 OpenCL 的处理流程。考虑显存与内存之间的数据交换较为耗时,且较大的栅格数据无法一次性拷贝到显存当中,可以采用将栅格数据分块读入显存的处理方式。同时,可以通过引入基于 OpenMP 的多线程处理策略,来尽量平衡 GPU 计算与数据交换的时间占用,达到减少数据交换时间的目的。CUDA 技术的处理流程如图 8.3 所示。每一个 CUDA 核心在同一时间仅负责计算一个特定的像元值,具体计算方式由核函数来指定。对于坡度分析这样的地形分析功能,某个核函数的具体工作流程为:根据其内置的线程 ID 得出它所负责计算的像元位置,取得以这个像元位置为中心的邻域像元,然后根据具体算子来计算结果像元值。其中,邻域像元值对应的临时变量使用 CUDA 线程块内部的共享内存来存储,可以有效提升分析性能。

使用 OpenCL 技术的实现方式较 CUDA 技术来说,增加了平台选择、创建上下文、创建命令队列等环境初始化过程,另外还增加了读取核函数文件及动态编译的过程。而核函数的内部实现则与 CUDA 技术类似。OpenCL 平台的实现流程如图 8.4 所示。

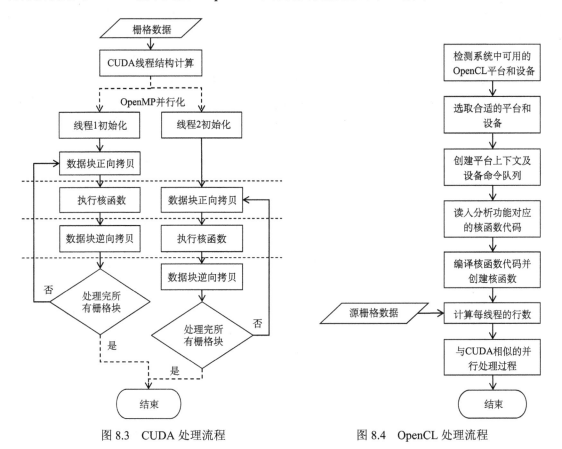

图 8.3 CUDA 处理流程   图 8.4 OpenCL 处理流程

其中,平台和设备的选择需要注意,由于在外层已经使用了 OpenMP 进行多线程处理,因此这里应该只选用 GPU 设备而不是 CPU 设备。并且,由于 GPU 计算时相关数据需要放在显存,显存的大小也是需要考虑的内容,如果显存过小会影响数据的分块粒度,增加数据传输时间。当数据规模较小时,由于 OpenCL 比 CUDA 多出环境初始化及动态编译的时间,使其整体性能劣于 CUDA 平台。但数据规模较大时，OpenCL 性能略优于 CUDA 平台，得益于较好的数据传输性能和核函数执行性能。

8.2.3　分布式空间分析

地理大数据的处理和分析要求很高的计算能力，传统的并行计算技术已无法满足计算要求。近年来，分布式并行计算集群和云计算技术的广泛应用，突破了原有的计算能力限制。此外，分布式并行计算平台，如 Hadoop、Spark、Storm 等的发展，使用户可以在这些平台上很容易地实现空间分析功能。

1. 分布式存储技术

（1）NoSQL 数据库。NoSQL 数据库是为海量异构数据的分布式管理而设计的，是对传统关系型数据库的集成和发展。NoSQL 数据库打破了关系型数据库不能存储异构数据的界限，但保留了其结构化查询语句（structured query language，SQL）。NoSQL 数据库的关键技术：一是键-值存储，以实现更好的可扩展性；二是模式自由，以实现更大的灵活性。NoSQL数据库是分布式数据库技术，可充分利用分布式数据的存储和管理架构，具有较大的存储能力，较高的并发性及较好的可扩展性。

（2）分布式数据库系统。分布式数据库系统一般利用比较小型的计算机系统，每台计算机中都有数据库管理系统的一份完整副本并具有自己局部的数据库。这些不同地点的计算机存储通过网络连接构成一个比较完整的大型数据库。分布式有利于任务在整个计算机系统上进行分配与优化，克服了传统集中式系统会导致中心主机资源紧张与响应瓶颈的缺陷。

（3）分布式文件系统。为处理数量巨大、种类繁杂的数据，Google 开发了一种分布式文件系统 GFS（google file system）。GFS 是一个基于分布式集群的大型分布式处理系统，作为上层应用的支撑，为 MapReduce 计算框架提供低层数据存储和数据可靠性的保障。GFS 采用廉价的组成硬件并将系统某部分出错作为常见情况加以处理，因此具有良好的容错功能。从传统的数据标准来看，GFS 能够处理的文件很大，大小通常在 100MB 以上，数 GB 也很常见，而且大文件在 GFS 中可以被有效地管理。另外，GFS 主要采取主从结构，通过数据分块、追加更新等方式实现海量数据的高速存储。随着数据量的逐渐加大、数据结构的越加复杂，最初的 GFS 架构已经无法满足对数据分析处理的需求，Google 公司在原有的基础上对 GFS 进行了重新设计，升级为 Colosuss，单点故障和海量小文件存储的问题在这个新的系统里得到了很好的解决。除了 Google 的 GFS 及 Colosuss 外，HDFS、FastDFS 和 CloudStore 等都是类似于 GFS 的开源实现。由于 GFS 及其类似的文件处理系统主要用于处理大文件，对图片存储、文档传输等海量小文件的应用场合则处理效率很低，因此，Facebook 开发了专门针对海量小文件处理的文件系统 Haystack，通过多个逻辑文件共享同一个物理文件，增加缓存层、部分元数据加载到内存等方式有效地解决了海量小文件存储的问题。此外，淘宝也推出了类似的文件系统 TFS（Taobao file system），针对淘宝海量的非结构化数据，提供海量小文件存储，被广泛地应用在淘宝各项业务中。

2. 基于 Hadoop 的地理大数据处理与分析

Hadoop 是为了处理超过单机尺度的网页数据而诞生的，数据存储基础是 HDFS（分布式文件系统），数据处理模型是 MapReduce（计算引擎）。Hadoop 的局限性主要有两点：一是时延较高，适用于数据批处理，对于实时数据处理、迭代式数据处理的支持不足；二是 MapReduce 处理模型较为简单，抽象层次较低，使得一些复杂业务逻辑的表达能力不足。但是，也正是这些不足，催生了 Hadoop 生态圈的蓬勃发展。

其中，Spark 和 Tez 被认为是可以取代 MapReduce 的第二代计算引擎。而 Hive 可以将结构化的数据文件映射为一张数据库表，并提供完整的 SQL 查询功能，可以将 SQL 语句转换为 MapReduce 任务进行运行。使得用户可以从烦琐的 MapReduce 过程中解放出来，聚焦于业务本身。

基于 Hadoop 搭建的 GIS 空间数据查询平台 HadoopGIS，是一个可扩展的高性能空间数据仓库系统，可用于在 Hadoop 上执行大尺度的空间查询。其开发者提供了一个实时空间查询引擎 RESQUE，它支持数据压缩并且数据加载时建立索引的开销很小，其本地索引使用的存储空间很小，可全部放入内存，这在一定程度上提高了其建立本地索引及空间查询处理的性能。HadoopGIS 支持在 MapReduce 上进行多种类型的空间查询。实现过程可以划分为四个部分，包括空间划分、定制空间查询引擎、MapReduce 空间查询并行化执行和处理边界对象以修正查询结果。HadoopGIS 利用全局分区索引和可定制的本地空间索引，实现高效的大数据空间查询过程（图 8.5）。

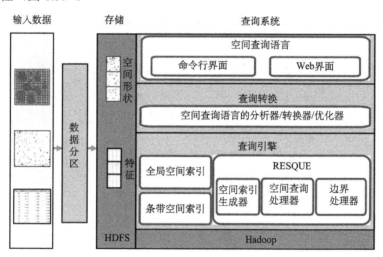

图 8.5　HadoopGIS 体系结构

SpatialHadoop 是 Hadoop 框架面向空间数据计算的一个深层扩展，内置于 MapReduce 过程的数据计算等策略使得自身具有较高的空间数据处理性能。SpatialHadoop 架构由四层组成：存储层、MapReduce 层、空间操作层和语言层（图 8.6）。

SpatialHadoop 的存储层使用全局索引和本地索引两层空间索引结构，提高空间操作的效率。全局索引用于索引所有计算结点上的分区数据，本地索引用于组织每个结点内的数据。索引类型有格网、R 树、R+树，索引是 SpatialHadoop 优于 Hadoop 的关键（图 8.7）。

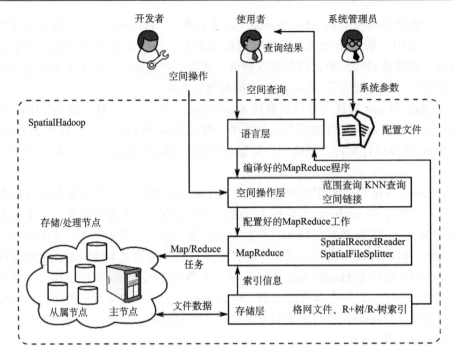

图 8.6　SpatialHadoop 系统架构

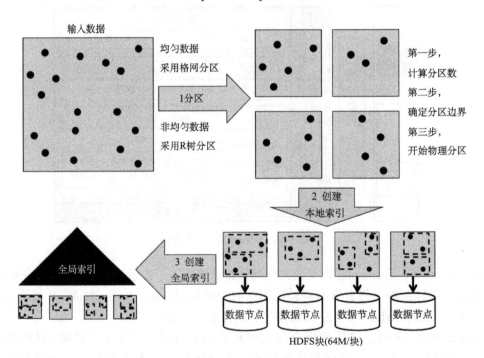

图 8.7　SpatialHadoop 创建索引的过程

    SpatialHadoop 扩展了传统 Hadoop 系统中两个重要的组成要素，SpatialFileSplitter 可利用全局索引删除与指定空间操作无关的分区，SpatialRecordReader 可利用本地索引从每个分区中快速提取与指定空间操作有关的文件，方便 MapReduce 程序访问空间索引结构（图 8.8）。

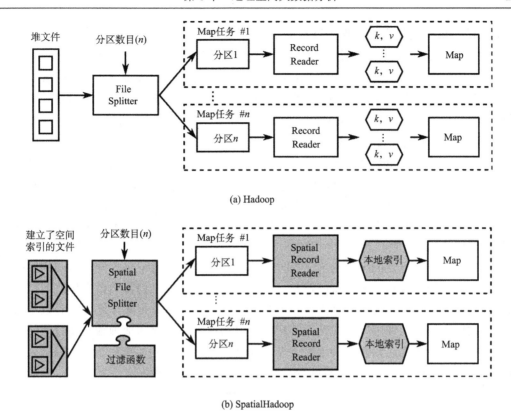

图 8.8　Hadoop 及 SpatialHadoop 中的映射步骤

　　SpatialHadoop 支持包括范围查询、KNN 查询、ANN 查询、KNN 连接和空间连接等十几种基础空间操作,并且其空间操作是可扩展的。SpatialHadoop 还提供了空间查询语言 Pigeon,简化了空间数据的处理。

　　使用包含 17 亿个点的,大小为 62.3GB 的数据集测试结果见图 8.9,SpatialHadoop 极大地提高了范围查询的效率。

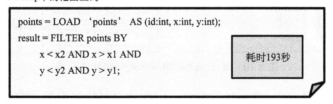

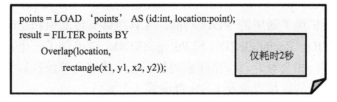

图 8.9　Hadoop 与 SpatialHadoop 的范围查询性能

3. 基于 Spark 的地理大数据处理与分析

Spark 是继 Hadoop 之后的新一代地理大数据处理框架，它通过联动数十至数百台 PC 服务器来实现大数据的高速处理。对 Spark 而言，其处理性能的提高依赖于 PC 服务器数量的增加，因此其无需使用昂贵的大型服务器，就可实现低成本的大数据处理和应用。Spark 是在弹性分布式数据集（resilient distributed dataset, RDD）概念上建立的，使用可运行在 Java 虚拟机上的 Scala 函数式语言实现。

相较于 Hadoop，Spark 避免了过度且不必要的硬盘读写操作，因而更有效率。虽然能方便地将传统的串行化实现过渡到 MapReduce 框架中，但 MapReduce 的任务级并行收益并不高。而 Spark 虽然需要对串行化设计和实现做出重要改变，但这些必要的重新设计和实现通常都能得到更高性能的回报，使用 Scala 函数式语言编写的程序显著地展现出更高的并行度和更好的优化效果。

图 8.10 展示了基于 Spark 的分布式空间处理框架。这一框架下包含两种不同的空间连接算子：广播式空间连接和分区式空间连接。广播式空间连接可以使得大数据集高效地连接小数据集。例如，一个巨大的具有地理标记的微博数据集属于大数据集，地理边界数据与其相比属于小数据集，那么使用广播式空间连接，可以将前者通过反向地理编码高效地转化成后者。分区式空间连接是比较常用的连接方法，其基本概念是分区和执行，两个数据集通过空间分区划分为不同的小片段，每个片段由一个执行单元进行处理。

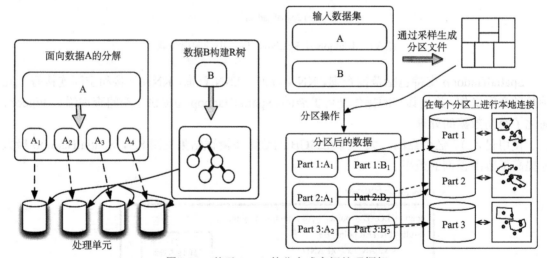

图 8.10　基于 Spark 的分布式空间处理框架

GeoSpark 扩展了 Apache Spark 的内核，以支持空间数据类型、空间索引和空间操作。GeoSpark 由三层组成：①Spark 层，提供基本的 Spark 功能，包括载入／存储数据到磁盘（存储到本地磁盘或者 Hadoop 文件系统 HDFS），以及通用的 RDD 操作。②SRDD（空间弹性分布式数据集）层，扩展了通用的 RDD 功能，使其能够支持几何和空间对象，由三个新的 RDDs 组成：PointRDD、RectangleRDD 和 PolygonRDD，也提供了一个几何操作库用于基本的几何操作（如叠加、相交等）。③空间查询处理层，能够高效地执行空间查询处理算法，包括空间范围查询、空间链接查询和 KNN 查询等（图 8.11）。

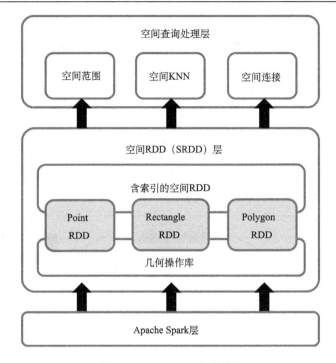

图 8.11　GeoSpark 体系结构

GeoSpark 通过创建一个全局的数据分区格网文件自动对载入的 RDD 数据进行分区。GeoSpark 的空间索引（如 Quad 树和 R 树）在空间 IndexRDDs 中提供，空间 IndexRDDs 从 SRDDs 中继承而来。用户可以初始化一个空间 IndexRDD。GeoSpark 还能够自适应地决定是否需要在 SRDD 分区上建立本地索引，以平衡执行效率和内存 / CPU 的消耗。

以空间范围查询为例，GeoSpark 按照下面的模式来执行：载入目标数据集，对数据分区，如果需要则在每个 SRDD 分区上创建空间索引，广播查询窗口给每个 SRDD 分区，检测每个分区上的空间关系，之后移去空间分区阶段存在的重复对象。

参考其开发者使用 TIGER 数据的初步测试结果，GeoSpark 比 SpatialHadoop 有更好的性能表现（图 8.12）。

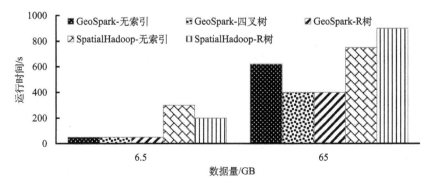

图 8.12　GeoSpark 空间连接在不同大小空间数据上的执行性能

8.2.4　空间分析基础设施 CyberGIS

空间信息分析基础设施是指以网络基础设施、地理信息系统和空间分析三者合成的 CyberGIS 框架。CyberGIS 的目标是整合信息化基础设施、空间分析、建模及地理信息科学等领域的知识，构建一个协作式软件框架（图 8.13），以满足多种不同应用需求。CyberGIS 的出现代表了一个以计算机为中心的架构和设计转变为以用户为中心，将真正实现 GIS 从传统桌面端系统到云端在线环境的变迁，随之导致的是软硬件环境、数据存储、网络设备、使用研究与教育模式的变化。在这个环境下，GIS 将接入和面向海量的移动设备，大规模的实时动态数据也将导致空间分析和建模方式的巨大变化。

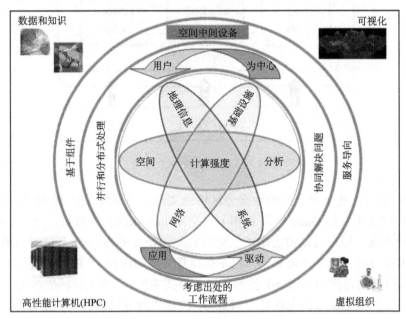

图 8.13　CyberGIS 的工作原理

CyberGIS 具有以下一些特性。

（1）不断丰富的地理内容。基于在线云平台的体系结构和标准化的数据互联互访方式，众多组织可以将其私有数据方便快捷地接入统一的在线云环境中，供全球用户进行访问。目前接入的数据包括网络地图、影像地图、统计数据、地形数据和边界数据等。

（2）社会化的平台。软件开发领域正在发生着社会化协作的巨大变革，以 Github 为代表的社会化协作开发方式正在深刻影响着高质量软件的开发方式。因此，CyberGIS 也需要通过社会化平台的开源协作方式号召更多的学者、GIS 从业人员参与进来，共同进行项目研发。

（3）即拿即用的分析服务。在 CyberGIS 环境中，如缓冲区分析、叠加分析、可视域分析、剖面分析等众多传统专业性分析功能都可以被研究人员方便地调用。研究人员无需再负责基础数据的收集和处理，可以专注于其研究项目和业务模型，使用基于云端的数据和分析服务进行高效的分析计算。

CyberGIS 发展框架主要通过 CyberGIS 组件实现，利用中间件连接了 CyberGIS 组件和服务（图 8.14）。基于组件的软件设计已被证明成功地整合了地理计算和直观的人机界面，为解决复杂的地理问题提供支持。GISolve 是一种典型的 CyberGIS 框架下的开放 API，提供了 CyberGIS 下基本的应用集成和地理计算。

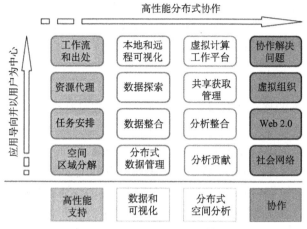

图 8.14　CyberGIS 组件

8.3　基于 GIS 的社会感知计算

社会感知计算是借助于部署在人类社会生活空间的大规模多种类传感设备，实时感知识别社会个体行为，分析挖掘群体社会交互特征和规律，引导和分析个体社会行为，支持社群的互动、沟通和协作的一种技术。它是利用各类地理大数据研究人类时空行为特征，进而揭示社会经济现象的时空分布、联系及过程的理论和方法。社会感知计算可从三个方面认知人的时空行为：①对地理环境的情感和认知（如基于社交媒体数据可以获取人们对于一个场所的感受）；②在地理空间中的活动和移动（如基于出租车、签到等数据可以获取海量移动轨迹）；③个体之间的社交关系（如基于手机数据可以获取用户之间的通话联系信息）。社会感知的研究框架包括人、地、时三个基本要素（图 8.15）。首先，在"人"的方面，社会

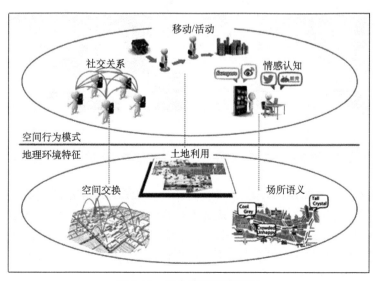

图 8.15　社会感知研究框架

感知数据可以获取人的活动与移动、社交关系、情感与认知等行为模式；其次，在"地"的方面，可以基于群体的行为特征揭示空间要素的分布格局、空间单元之间的交互及场所情感与语义；最后，从"时"的视角，可以发现地理过程（尤其是人文地理过程，如城市空间结构演化）的规律和特征。地理大数据提供的社会感知手段，为地理学乃至相关人文社会科学研究开启了一种"由人及地"的研究范式。

8.3.1　时空行为模式分析

　　基于移动轨迹数据的移动模式及时空分布特征研究是社会感知数据分析一个重要的应用领域，能够为城市规划与管理、交通监控与预测、信息与疾病传播、旅游监测与分析等众多领域的研究提供工作基础与方法指导。在城市尺度的移动中，居民出行受到城市用地结构的影响。对于一个城市而言，通常城市中心区土地开发强度较大，居民出行的密度相对较高，而在城市边缘地区，土地利用强度和出行密度都相对较弱。通勤是居民出行行为中的重要组成部分。海量移动轨迹数据为探索复杂通勤行为提供了契机，如对通勤模式、职住关系与通勤行为、不同群体的通勤行为、通勤弹性等方面的研究。图 8.16 是利用社会感知数据进行通勤分析的一个案例。在公共卫生方面，由于流行病的传播规律有明显的时间和空间特征，与人的移动模式密切相关，利用移动轨迹数据分析探讨疾病的流行区域、流行特征和流行周期，对流行病传播风险进行评估等具有很大优势。

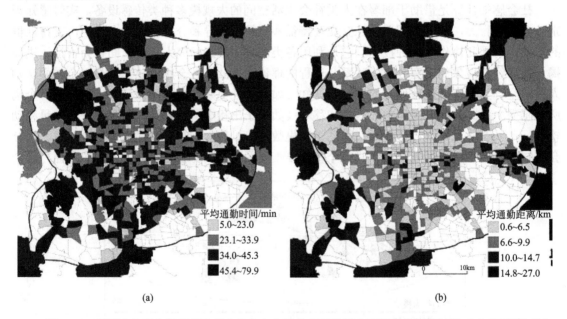

(a)　　　　　　　　　　　　　　　　　　　　　　(b)

图 8.16　利用公交刷卡数据获取的北京市中心区各交通分析小区的平均通勤时间（a）和距离（b）

　　当前出行模式研究中采用的地理大数据多有"移动轨迹丰富，活动信息缺乏"的不足，这是由于轨迹背后丰富的语义信息，尤其是出行目的信息被忽视。而在交通地理学研究中，出行目的是理解出行移动模式的基础，不同出行目的受到空间的约束也不同。结合轨迹数据、时间约束及地理环境特征，推断出行目的是充实轨迹语义的一种可行方案。

　　非移动性的时空行为对城市人口、城市功能等研究也具有重要意义，如传统城市功能分区是根据人口、用地、产业规模等对城市宏观层面的功能进行研究或布局划分的，较少从人的行为的角度来划分具有共性的城市单元。图 8.17 所示的伦敦市核心区边界是从人的角度研究城市功能分区的一个例子，是通过对 800 万个为期 1 个月的 Flikr（社交网站）位置和图像信息进行分析得到的。

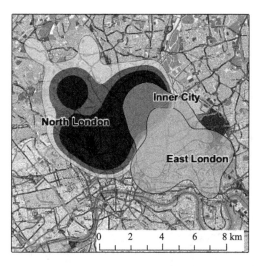

图 8.17　伦敦市北部、东部和内城的核心区边界

地理大数据的时间标记，可用于解释人口分布的动态变化特征，这种变化特征往往具有较强的周期性。其中，对于城市研究而言，以日周期变化最为明显，即城市居民在居住地和工作地之间的通勤行为带来了相关地理单元人口密度的时变特征（图 8.18）。因此，可以基于城市不同区域对应的活动日变化曲线来研究其用地特征和在城市运行中所承担的功能。

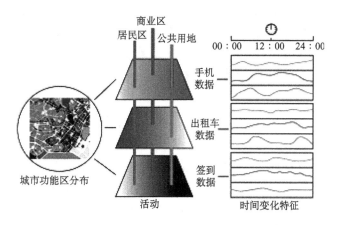

图 8.18　基于不同地理大数据提取的城市不同地点活动量的日变化特征

类似于传统遥感土地覆盖分类主要依赖于不同地物电磁波谱响应特征，利用地理大数据提取的时空行为分布特征感知土地利用类别的基础是活动量日变化特征对地块的指示能力。由于训练区难以确定，通常采用非监督分类方法，如 k-means 聚类、k-medoids 聚类等。考虑相同的土地覆盖可对应不同的居民活动特征，而外形相近的建筑可能承担了不同的社会功

能，该方法从群体时空行为的角度提供了对于城市土地利用的更为全面的解读。在分类过程中，因为相同功能的地块存在活动强度的差异，如高密度居民区和低密度居民区尽管人口总量不同，但是其人口密度日变化特征应该比较相似，所以在非监督分类过程中，通常需要对活动时变曲线进行归一化预处理。

8.3.2　公众情感分析

社交网络数据，如微博、Twitter 等数据，包含了大量文本数据，记录了大量用户的日常行为和喜怒哀乐，成为进行情感信息提取的重要来源。公众情感分析主要包括：①获取特定空间范围的主题词（图 8.19）；②获取特定空间范围的情感信息，如快乐还是悲伤；③获取对于特定事件，如灾害、事故、传染病等的认知、态度、意见和情绪等及其时空模式。由于社交网络数据是大量用户自发创建的，分析其中蕴含的情感信息及其时空模式，有助于政策制定者了解社情民意并制定相关的公共政策。

图 8.19　利用新浪微博数据提取的 2014 年 5~7 月在北京大学校园内发布的微博主题词

在社交网络文本语义处理中，LDA（latent dirichlet allocation）模型被广泛应用于确定每条信息所表示的主题及相关的情绪。然而，由于社交网络数据中每条文本存在字数限制，并且内容随意性较强，如何从中挖掘有价值的信息，尚需进一步研究。近年来，深度学习技术的发展，使得自动提取和识别照片语义信息成为可能，如对基于照片共享网站带有时空标记的图像进行内容分析，从而揭示地理环境的特征。与基于文本的语义信息提取相比，照片语义信息更为客观而丰富，并且每张照片反映了拍照者对于场所的感知。考虑文本和照片的不同表达能力，结合文本和照片语义信息，能够更全面地捕获一个地理场所带来的体验。

8.3.3　空间交互分析

在地理学中，空间交互（spatial interaction）是指两个场所之间的联系，这种联系通常可以基于人流、货流、资金流等进行量化。研究空间交互有助于理解区域的空间结构及其动态演化特征，评价其空间结构的合理性，并为各领域的规划，如城市规划提供参考。

地理大数据中，个体的移动轨迹及个体之间的社交关系，都可以在聚集层面上量化两个场所之间的交互强度，前者如两个城市间的人流总量（图 8.20），后者如城市间的微博互粉好友对数。空间交互强度受到距离衰减效应的影响，即距离远的两个地理单元间的联系相对较弱（图 8.21）。因此，在地理学中，多基于重力模型来拟合场所之间的交互强度，采用距离的负幂函数（$d^{-\beta}$）形式表示空间阻隔的影响，目前可用的拟合方法有线性规划法、代数求解法、模拟法等。根据重力模型拟合结果，可以通过距离衰减系数 β 来表征特定空间交互行为中距离衰减效应的大小，即 β 值越低，距离的影响越小。目前进行过的实证研究表明，对于居民在城市尺度的移动行为，距离衰减系数为 1~2，而对利用手机、社交网络等途径建立的空间交互，距离衰减效应尽管较弱（$\beta<1$），但依然存在影响。

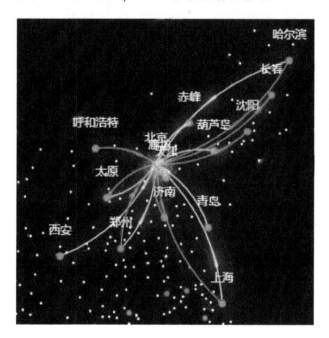

图 8.20　百度迁徙中 2016 年 6 月 8 日（端午节前一天）北京迁入迁出热门线路

基于地理单元之间的空间交互，可以构建嵌入空间的网络（spatially-embedded network），并引入网络分析方法研究其结构特征。在网络中，通常每个结点为一个地理单元，而边的权重为地理单元间的交互强度（图 8.22）。在复杂网络研究中，常用的分析方法是对网络进行社区发现（community detection）分析，其中一个社区由联系相对紧密的结点构成。当前实现社区发现的算法有 Girvan-Newman 法、Multilevel 法、Fastgreedy 法、Infomap 法和 Walktrap 法等。对于嵌入空间的网络而言，社区内联系较强而社区间联系相对较弱，由于距离衰减效应及行政的影响，使得社区发现结果在仅考虑交互强度而不考虑相邻约束时，通常为空间上连续的区块且往往与行政区划边界相一致。图 8.23 展示了对上海市出租车轨迹数据构建的网络进行社区发现的结果。每个社区内部往往有 1~2 个交通流量较高的中心单元，对应于大商场、交通枢纽等。

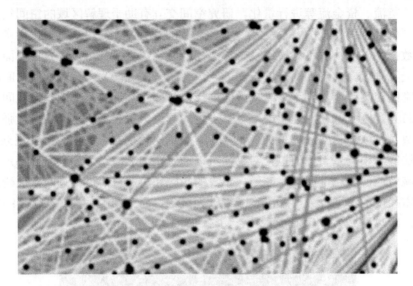

图 8.21　利用社交媒体数据获取的中国中部主要城市间交互强度

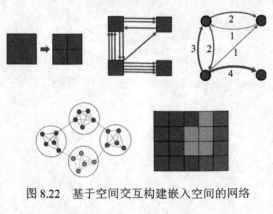

图 8.22　基于空间交互构建嵌入空间的网络

图 8.23　对上海市出租车轨迹数据构建的网络进行社区发现的结果

复习思考题

1. 如何理解地理大数据的非采样化？非采样数据对地理数据分析带来哪些挑战和机遇？

2. 举例说明非结构化地理大数据的存储和分析策略。

3. 哪些传统空间分析方法可用于地理空间大数据分析？

4. 分别说明并行计算、GPU 计算和分布式空间分析在地理大数据分析中的作用。

5. 查阅资料，总结社会感知数据分析的应用领域。

6. 举例说明日常生活中基于地理大数据分析的地理信息服务。

7. 尝试抓取社交网络数据，利用 Hadoop 等工具进行数据分析和表达。

第 9 章　地理计算与空间建模

空间分析面临的问题越来越复杂，用户对问题求解的要求也越来越高，这对 GIS 空间分析功能提出了新的挑战。近年来，人工智能技术发展迅速，针对复杂地理空间问题和大数据分析的智能算法与工具层出不穷，如神经网络、遗传算法、深度学习等。实际应用中，GIS 与地理计算智能、专业模型集成，能够有效增强 GIS 的空间分析功能，更好地为地理设计和空间决策支持服务。

9.1　GIS 与专业模型的耦合

耦合是指两个或两个以上的系统或模型的输入与输出之间存在紧密配合与相互影响，并通过相互作用从一个模型或系统向另一模型传输数据或信息的现象。概括地说，耦合是指两个或两个以上的模型相互依赖于对方的一个量度。根据模型的不同特征，GIS 与模型的耦合方式有所差别。从结合水平和体系结构来看，GIS 与模型的耦合方式主要分为两种：松散耦合和紧密耦合。

9.1.1　松散耦合

松散耦合是当前应用最广泛，也是最简单的方式。它将相互独立的地理信息系统、专业模型或建模系统联合应用，通过文件的方式进行数据通信，进而求解具体问题。这实际上是一种概念耦合，不需要像紧密耦合一样做过多技术性工作，只要两端提供的数据格式能够相互匹配，因此又称为文件级耦合。

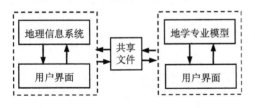

图 9.1　松散耦合方式

如图 9.1 所示，模型所需数据从 GIS 数据中获取，由 GIS 完成空间查询、可视化等操作，最终处理结果以文件方式存储或入库。二者均拥有独立操作界面，以二进制或文本形式进行数据交换，但由于其没有统一的数据结构，不具备模型开发及修改功能，其系统效率低，易出错，增加了非专业人员掌握和应用的难度。这种方式的优点是开发费用及难度较低、风险小、易实现，能够保持专业模型固有特色，利于分析理解模拟结果，适合开发周期短且经费较少的情况。

随着 DDE 和 OLE 技术的发展，松散耦合方式有了进一步发展。DDE（dynamic data exchange）是指动态数据交换，OLE（object linking and embedding）指对象连接和嵌入。进行 DDE 或 OLE 操作需有两个 Windows 应用程序：一方为客户端；一方为服务端，即一方为另一方提供数据服务。当 GIS 和专业模型均支持该方式时，就可进行两者的耦合，系统的数据交换使用了操作系统内在的数据交换支持，避免频繁数据交换所带来的效率降低的缺陷（图 9.2）。

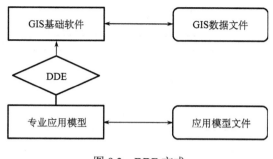

图 9.2　DDE 方式

9.1.2　紧密耦合

紧密耦合是模块或系统间关系紧密，且模块间可互相调用的一种耦合形式。GIS 与专业模型的紧密耦合是指地理信息系统和专业模型在同一操作界面下进行数据通信，提供透明的文件或转换机制，实现双向信息共享，如图 9.3 所示。

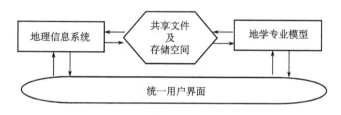

图 9.3　紧密耦合方式

紧密耦合的方法有两种：一是在专业模型系统中加入 GIS 功能；二是在 GIS 中嵌入专业模型功能。

（1）在专业模型系统中加入 GIS 功能模块。在进行专业模型系统开发时，应用 GIS 功能模块能够实现图形和属性数据的管理、分析、表达及可视化等功能，从而实现专业模型与 GIS 的集成。这种方式下 GIS 模块的开发缺乏统一标准且通用性较差，难以与专业模型集成为高效、无缝的 GIS 应用，而组件 GIS（ComGIS）的提出为这种耦合方式提供了有力的支持。根据 Com、Corba 等标准开发的组件，能够以标准的接口供系统开发，通过组件组装与集成实现系统开发（图 9.4）。

（2）在 GIS 中嵌入专业模型功能。这是目前使用较普遍的方式。这种耦合方式下，用户可通过商业 GIS 内置的宏语言调用接口（如 MapInfo 的 MapBasic、Arc/Info 的 AML）编制用户界面，同时利用高级语言开发分析模型完成二者的耦合，无中间文件产生，操作者在统一界面下进行建模与模拟、可视化显示与操作，降低了 GIS 和模型间数据交换和出错率。随着 GIS 开发平台开发性的增强，GIS 中也可嵌入其他高级程序设计语言编写的模块（图 9.5）。

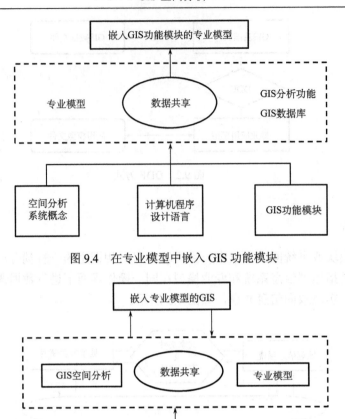

图 9.4　在专业模型中嵌入 GIS 功能模块

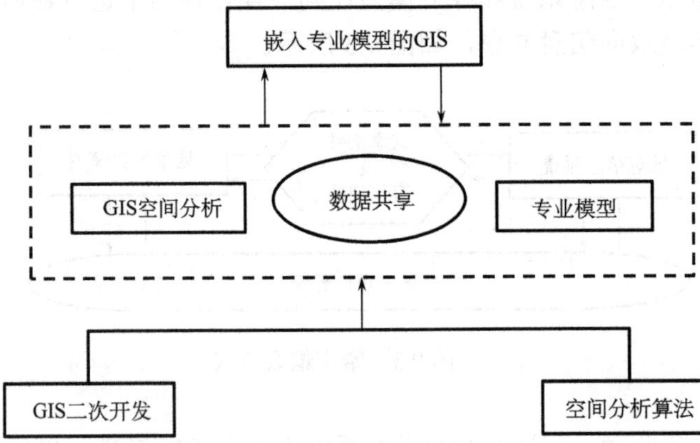

图 9.5　GIS 中嵌入专业模型的耦合方式

　　目前，GIS 与各领域专业模型紧密耦合的主要方法是基于组件的一体化耦合模式。组件式 GIS 的基本思想是把 GIS 的各大功能模块划分为几个组件，每个组件完成不同的功能。各个 GIS 组件之间，以及 GIS 组件与其他非 GIS 组件之间通过标准的通信接口实现交互，通过可视化的软件开发工具耦合，形成最终的 GIS 应用。基于组件耦合 GIS 和专业模型，即将专业模型封装成一个 GIS 组件，作为 GIS 的一部分，GIS 通用功能组件和专业模型组件具有公共的数据环境和操作平台。这种方法的优点在于能够充分利用 GIS 空间分析功能，支持应用问题的数据集定义、模型定义、模型生成和模型检验等整套过程。

　　GIS 与专业模型耦合的主流开发方式是集成式二次开发，即利用 GIS 基础软件作为 GIS 平台，以通用软件开发工具尤其是可视化开发工具（如 Delphi、VB、PowerBuilder 等）为模型库开发平台进行二者集成开发。具体集成方法有如下几种：

　　（1）源代码集成方法。利用 GIS 的二次开发工具和其他编程语言，将已开发的应用分析模型的源代码进行改写，使其从语言到数据结构与 GIS 完全集成。

　　（2）函数库集成方法。函数库集成方法是将开发好的应用分析模型以库函数的方式保存在函数库中，集成开发者通过调用库函数将应用分析模型集成到 GIS 中。

（3）可执行程序集成方法。可执行程序集成方法是指 GIS 与应用分析模型以可执行文件的方式独立存在，二者的内部、外部结构均不改变，相互之间独立存在。二者的交互通过文件、命名管道、匿名管道或数据库以约定的数据格式进行。可执行程序集成方式可分为独立方式和内嵌方式。

（4）DDE 与 OLE 集成方法。DDE 或 OLE 与内嵌的可执行程序的集成方法相似，属于松散的集成方法，系统的数据交换使用了操作系统内在的数据交换支持，使程序的运行更加流畅。

（5）模型库的集成方法。模型库指按一定的组织结构存储模型的集合体。模型库可以有效地管理和使用模型，实现模型的重用。模型库符合客户机/服务器（C/S）工作模式，当需要模型时，模型被动态地调入内存，按照预先定义好的调用接口来实现模型与 GIS 的交互操作。

（6）基于组件的集成方法。组件技术是系统集成最流行的方法之一。应用软件模块和支持组件编程的语言有很多，包括 VB、Delphi、VC 等，都可开发 GIS 与应用分析模型的集成系统。目前组件技术有 Sun 的 JavaBeans、OMG 的 Corba 技术、Microsoft 的 Com 及 Microsoft 对 Com 技术的发展 Com+和.Net 组件技术。

9.2　地理计算智能

随着 GIS 应用水平的不断提高，越来越多的复杂应用问题对 GIS 空间分析功能提出了更高的要求。因此，把数学、计算科学、统计学和信息科学等领域的理论和方法引入地学研究，将神经网络、遗传算法、元胞自动机、深度计算等人工智能技术与 GIS 相结合，可增强 GIS 空间分析功能，提高解决实际应用问题的能力。

地理计算是地理信息科学的核心内容之一，主要研究地理信息科学的方法学问题。它应用数学计算方法和技术描述空间特征、解释地理现象、解决地理问题，本质上可认为是对地理学时间与空间问题所进行的基于计算机的定量化分析。地理计算和智能挖掘结合产生了地理计算智能。GIS 为地理计算提供数据库支持，人工智能技术和智能计算技术提供计算原理和工具，高性能计算服务系统提供动力。

近年来，智能计算技术中的神经网络模型、遗传算法模型、元胞自动机模型及深度计算等不断被引入并成为地理计算的核心，用于解决复杂地理问题。目前，已成功应用于遥感分类、土地覆被变化模拟、景观生态评价、城市动态模拟等领域。

9.2.1　智能计算概述

智能计算（computational intelligence，CI），也称为"软计算"。传统人工智能（artificial intelligence，AI）使用的是知识，在面对许多涉及识别、认知、理解、学习、决策等方面的问题时，特别是人类仅凭自身的经验、直觉就能解决的问题时，方法上就存在知识表达或建模的困难。智能计算则基于操作者提供的数据，不依赖于知识，以数据为基础，通过训练建立联系，进行问题求解。Bezdek 认为智能计算具有适应性运算能力、计算的容错能力、人脑的计算速度，以及与人脑类似的决策与思维的正确率。智能计算的本质与传统硬计算不同，其目的在于适应现实世界遍布的不确定性，因此智能计算的指导原则是扩展对客观世界不确定性的容忍，以达到对不确定性问题的可处理性、鲁棒性、低成本求解等目标。

1. 智能计算定义

（1）智能计算是受自然界（生物界）规律的启迪，根据模仿其原理设计求解问题的算法，如人工神经网络技术、遗传算法、进化规划、模拟退火技术和群集智能技术等。

（2）智能计算（如神经网络、进化、遗传、免疫、生态、人工生命、主体理论等）作为第二代人工智能方法，是连接主义、分布式人工智能和自组织系统理论等共同发展的结果。

（3）智能计算是用计算机模拟和再现人类的某些智能行为。从方法论的角度，智能计算大致可分为三种基本类型：以符号操作为基本特征的符号机制；以人工神经网络为代表的联结机制；以遗传算法为代表的进化机制（进化论）。符号机制从抽象层次模拟和再现人类的某些智能行为，演绎方法构成其主要的逻辑框架；联结机制从神经元相互作用的层次模拟再现人类的某些智能行为，归纳法，尤其是不完全归纳法构成其主要的逻辑框架；进化机制从自然进化的角度探寻智能的形成方式，基于试探和反馈的自适应奖罚策略构成其主要的逻辑框架。

（4）智能计算广义地讲就是借鉴仿生学思想，基于生物体系的生物进化、细胞免疫、神经细胞网络等某些机制，用数学语言抽象描述的计算方法，用以模仿生物体系和人类的智能机制。从方法论的角度和目前的研究状况来看，智能计算有五种基本类型：①适用于处理不确定信息的模糊数学和粗集理论；②再现人类某些智能行为的神经网络；③以模拟生物进化规律为特征的进化算法；④以免疫操作为基本特征的免疫算法；⑤以脱氧核糖核酸（DNA）复制为基本特征的 DNA 计算。

总的看来，智能计算技术是从模拟自然界生物体系和人类智能现象发展而来的，可以在人们改造自然的各种工程实践中取得实际效果。

关于人工智能和计算智能的关系，不同学者持有不同的观点。Bezdek 等认为智能具有三个层次：第一层次是生物智能（biological intelligence，BI），它是对智能的产生、形成和工作机理的直接研究，主要是生理学和心理学研究者所从事的工作，大脑是其物质基础；第二层次是人工智能，是非生物的，它以符号系统及其处理为基础，来源于人的知识和有关数据，主要目标是应用符号逻辑的方法模拟人的问题求解、推理、学习等方面的能力；第三层次是计算智能（computational intelligence，CI），由数学方法和计算机实现，来源是数值计算及传感器所得到的数据。他们认为计算智能是人工智能的子集，人工智能是计算智能到生物智能的过渡。另一些学者认为人工智能和计算智能是不同的范畴。Eberhart 将计算智能定义为一种包含计算的方法，显示出有学习或处理新情况的能力，从而使系统具有如泛化、恢复、联想和抽象等一种或几种推理功能。计算智能系统通常包括多种方法的混合，如神经网络、模糊系统、进化计算系统及知识元件等。事实上，无论是 CI 还是 AI 都各具特点、问题、潜力和局限，只能相互补充而不能相互取代。

智能理论与技术的研究无止境，智能技术的新概念、新名词将不断出现，智能技术的最高层次是在结构和功能上接近人的大脑。一般认为，计算智能是神经网络、模糊计算、进化计算及其融合技术的总称，是基于数值计算和结构演化的智能，是智能理论发展的高级阶段。

2. 智能计算特点

（1）智能性。智能计算技术的智能性包括自适应、自组织和自学习性等，这种自组织、自适应特征赋予该技术具有根据环境的变化自动发现环境的特性和规律的能力。

（2）稳健性。智能计算的稳健性是指在不同环境和条件下算法的适用性和有效性，利用智能计算技术求解不同问题时，只需设计相应的适应性评价函数，而无需修改算法的其他部分。

（3）不确定性。智能计算技术的不确定性是伴随其随机性而来的，其主要操作都含有随机因子，从而在算法的进化过程中，事件发生与否带有较大的不确定性。

（4）强化计算。智能计算不需要很多待求解问题的背景知识，而主要依赖于大量快速的运算从数据集中寻找规则或规律。这是智能计算领域的普遍特征。

（5）容错性。神经元网络和模糊推理系统都有很好的容错性。从神经元网络中删除一个神经元，或是从模糊推理系统中去掉一条规则，并不会破坏整个系统。由于具有并行和冗余的结构，系统可以继续工作。

（6）全局优化。传统的优化方法一般采用的是梯度下降的爬山策略，遇到多峰函数时容易陷入局部最优。遗传算法能在解空间的多个区域内同时进行搜索，并且能够以较大的概率跳出局部最优以找出整体最优解。

智能计算以连接主义的思想为主，并与模糊数学和迭代函数系统等数学方法相交叉，形成众多的发展方向。智能计算主要包括模糊逻辑（fuzzy logic）、神经网络（neural network）和概率推理（probabilistic reasoning），随后还增加了进化计算[evolutionary computation，包括遗传算法（genetic algorithms）、进化策略（evolutionary strategies）和进化规划（evolutionary programming）等三个分支]、学习理论（learning theory）、置信网络（belief network）和混沌理论（chao theory）内容。一些研究认为智能计算还应包括非线性科学中的小波分析、混沌动力学、分形几何理论、免疫算法（immune algorithm）、DNA 计算、模拟退火技术（simulated annealing algorithm）、多智能体（multi-agent）系统及粗糙集理论（rough sets）和云理论（cloud theory）等。

智能计算并不是单一的方法，而是众多方法和技术的集合。大体而言，模糊逻辑（fuzzy logic）、神经计算（neural computation）和遗传算法（genetic algorithms）是智能计算技术的核心，这些技术是互补关系，而不是竞争关系。模糊集合理论借助隶属度来刻画模糊事物的亦此亦彼性，考虑模糊性，重在处理不精确的概率。而粗糙集以自己的上近似集和下近似集为基础，笼统考虑随机性和模糊性，具有很强的定性分析能力，可用于不确定影像分类、模糊边界划分等。云理论是一个分析不确定信息的新理论，由云模型、不确定性推理和云变换三大部分构成。云理论把定性分析和定量计算结合起来，适于处理 GIS 中随机性和模糊性为一体的属性不确定性。空间统计学可估计模拟决策分析的不确定性范围，分析空间模型的误差传播规律，改善 GIS 对随机过程的处理等。神经网络反映大脑思维的高层次结构，善于直接从数据中进行学习；模糊计算模仿低层次的大脑结构，推理能力较强；进化计算模拟生物体种群的进化过程，实现优胜劣汰，很适合于求解全局最优问题，但其学习的精度不如神经网络，推理能力不如模糊系统。

9.2.2　人工神经网络

人工神经网络（artificial neural network, ANN）是一种非线性分析模型，它对于模拟和揭示具有非线性、自组织性、开放性等特征的地理复杂系统及其规律具有明显的优势。

人工神经网络从积累的工程实例中训练、学习建立各影响因素间的非线性映射关系，对于非线性系统数据具有较高的拟合能力及预测精度。另外，它对于残缺不全或不确定信息具有较强的容错能力，因此 ANN 模型更适合于研究多因素的非线性地理问题，在一定程度上可以避免传统数学方法建立模型时所遇到的尴尬。将 GIS 与人工神经网络技术相结合处理复杂地理问题可以提高 GIS 的"智商"，具有理论上的可行性和实践价值。

1. 人工神经网络模型基本概念

人工神经网络又称为人工神经系统（ANS）、神经网络（NN）、自适应系统（adaptive systems）、自适应网（adaptive networks）、联结模型（connectionism）等。它是一个并行的分布处理结构，由多个处理单元及其联结的无向信号通道互连而成。这些处理单元具有局部内存，并可以完成局部操作。每个处理单元有一个单一的输出联结，这个输出可以根据需要被分支成希望个数的许多并行联结，且这些并行联结都输出相同的信号，即相应处理单元的信号大小不因分支的多少而改变。处理单元的输出信号可以是任何需要的数学模型，每个处理单元中进行的操作必须是完全局部的。也就是说，它必须仅仅依赖于经过输入联结到达处理单元的所有输入信号的当前值和存储在处理单元局部内存中的值。

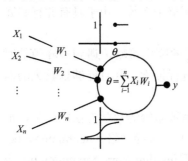

图 9.6　MP 神经元模型

神经网络的基本处理单元为神经元。神经元由分离的多条输入纤维和一条输出纤维构成，利用轴突上活动电位的电脉冲信息，电脉冲通过突触的这种连接体变换成化学信号，并且传递到下一个神经元。1943 年，McCulloch 和 Pitts 定义了简单的人工神经元模型，称为 MP 模型。它的一般模型可以用图 9.6 来描述。

2. 典型的人工神经网络模型

1）层次型神经网络

层次型神经网络起源于 20 世纪 60 年代出现的感知器。80 年代中期，Rumelhart 等发表了反向传播（back propagation，BP）算法的学习算法。由于层次型神经网络能够学习输入模式和对应的输出模式之间的关系，在模式识别和控制等方面都有非常广泛的应用。BP 网络是其中较典型的一类模型，也是各种人工神经网络中发展和应用最为瞩目的一类模型。它是一种非线性变换单元的前馈式网络，具有大量可供调节的参数和很强的非线性模拟运算能力，已成为一种重要的信息处理方法，特别是在分析预测非线性系统未来行为上具有巨大潜力。

一个典型的三层前馈型 BP 网络的拓扑结构如图 9.7 所示，从结构上分为输入层 LA、隐蔽层 LB 和输出层 LC。同层结点间无关联，异层神经元间前向连接。其中，LA

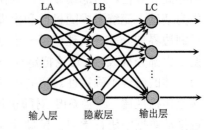

图 9.7　三层前馈型 BP 网络

层含 m 个结点，对应于 BP 网络可感知的 m 个输入；LC 层含有 n 个结点，与 BP 网络的 n 种输出响应相对应；LB 层结点的数目 u 可根据需要设置。

三层前馈型 BP 网络存储知识（即调整网络连接权值及结点阈值）时采用的 BP 方法，即误差逆传播学习方法，是一种典型的误差修正方法。其基本思路是：把网络学习时输出层出现的与"事实"不符的误差，归结为连接层中各结点间连接权及阈值（有时将阈值作为特殊的连接权并入连接权）的"过错"，通过把输出层结点的误差逐层向输入层逆向传播以"分摊"给各连接结点，可算出各连接结点的参考误差，并据此对各连接权进行相应的调整，使网络适应要求的映射。

2）互联型神经网络

互联型神经网络可以分为联想存储模型和用于模式识别及优化的网络。联想存储模型主要包括福岛的时空间模式联想存储模型、霍普菲尔德网络（Hopfield network）、HASP（human associative processor）、BAM（bidirectional associative memory）及 MAM（multidirectional associative memory）等形式。层次型神经网络的信号流为单向，主要用于模式识别，而互联型神经网络为双向，用于联想存储及最优化。计算机通过设定有序的地址来存储记忆的内容。要将内容取出时，可以通过地址读取内容。对要存储的内容，进行符号化的变形，基本上以二进制信号的形式存储。

互联型神经网络中存在反馈回路，它在时间序列数据上表现良好，较为流行的互联型递归神经网络包括 Elman 神经网络、Jordan 神经网络和 Hopfield 神经网络等。Hopfield 神经网络是较典型的互联型神经网络模型。它是美国物理学家霍普菲尔德（Hopfield）在 1982 年提出的，引入了物理学能量函数的思想，对稳定性问题给出解决方案。该模型是由 N 个结点全部互连而构成的一个反馈型动态网络，可实现联想记忆，并能进行优化问题求解（图 9.8）。

Boltzmann 神经网络是最早的全连接神经网络之一，它能够学习内部表征、解决组合数学问题。从结构上讲，它是 Hopfield 神经网络的推广或变形。Boltzmann 神经网络不仅可以解决优化问题，还可以通过学习，模拟外界所给的概率分布，实现联想记忆。

人工神经网络是一个高度的非线性映射模型，许多自然资源的动态变化过程就是一个非线性映射过程。因此，利用 BP 模型经学习训练后，建立资源分布动态模型，可以达到理想的收敛效果，将为资源管理模拟仿真提供一种新的、高精度分析方法。例如，可应用人工神经网络建立输入量（林龄）与输出量（单位面积蓄积量）之间的非线性映射关系，对森林资源分布格局进行模拟。

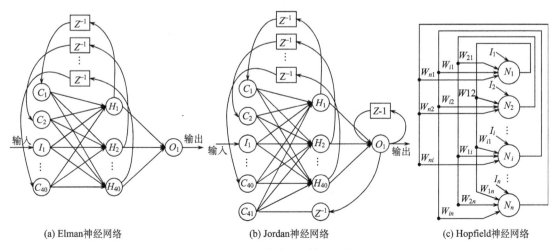

(a) Elman神经网络　　(b) Jordan神经网络　　(c) Hopfield神经网络

图 9.8　互联型递归神经网络

9.2.3　遗传算法

遗传算法是根据达尔文的进化论模仿自然界生物进化得到的一种全局优化方法。与传统的搜索法不同，遗传算法是从一组随机产生的初始解开始，经过对"染色体"一系列的迭代进化将"染色体"的优质基因组合遗传得到后代，最后收敛于最好的"染色体"，即得到问题的最优或次优解。利用遗传算法模拟或求解地理空间问题可以解决 GIS 工程中的许多难题，提高 GIS 对非线性问题的解决能力，可以对多方面地理问题进行优化决策，最终得出较为可靠的结果。遗传算法是实现地理空间问题决策自动化的有力工具。

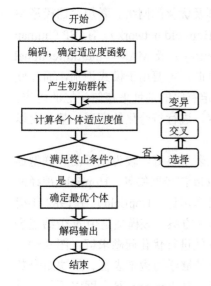

图 9.9　遗传算法基本过程

遗传算法是基于自然选择和种群基因的一种随机搜索算法。遗传算法中个体被编码为染色体串，其适应环境的能力由适应度来判断。基本的遗传算法包括三个操作算子：选择、交叉和变异。选择过程中，具有高适应度的个体在下一代中会复制出更多的个体，而低适应度的个体会慢慢灭绝；交叉是遗传算法的一个关键算子，比较形象的交叉操作是随机选择一对父代个体和一个交叉点，交换父代个体中该点右边的基因以形成两个子代个体，该操作并不产生新的基因，但能组合好的染色体；变异则是以很低的概率进行基因突变，以在种群中产生新的基因，使种群跳出局部极小点。虽然不同的编码方案、选择策略和遗传算子相结合可构成不同的遗传算法，但不同遗传算法在计算中的迭代过程大体相同，都包括编码、选择、交叉、变异和解码五个阶段，其基本过程可用图 9.9 描述。

遗传算法在实现上有两种方法：一种是种群杂交，即选择一定数量的父代，不管王与后，任何两个个体都可以相交，如图 9.10（a）所示，任何两个父代 X 个体杂交后产生一个相对优生的 Y 个体，第二代的 Y 个体再如同其父代一样进行杂交，一代一代地遗传下去，直至达到最优解。另一种是一王数后的杂交，如图 9.10（b）所示，在父代个体中，选择一个最优的父个体 X，分别与其他的母个体 Y 杂交，优生子个体 Y_1，再在 Y_1 中选择一个最优的个体 X_1 作为王，丢弃最不良的一个个体后，再新娶一个后 Z。新王与后 Z 再进行杂交，一代一代进行下去，直至产生最优解。这两种方法各有优缺点，实验证明，对于选择范围相对较小的优化问题，种群杂交的收敛速度更快些；而对于选择范围较大的优化问题，一王数后的杂交更有利于人工控制，并且易于收敛。

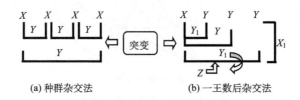

(a) 种群杂交法　　　　　　　(b) 一王数后杂交法

图 9.10　遗传算法的实现方式

相对于传统的搜索算法，遗传算法具有以下特征：①遗传算法作用于一个参数集的编码而不是参数本身，二进制和十进制是两种广泛采用的遗传算法编码方式；②遗传算法是一种多解并行搜索机制，使其能以较大的概率找到整体最优解；③遗传算法用一个适应度函数来引导搜索，因而能应用到不同的问题中而不要求该问题受到某些特殊的约束，如系统的连续性和可微性等。④遗传算法使用随机转移规则而不是确定性的转移规则。

遗传算法是很好的优化搜索工具，其与地理信息系统的结合，能够自动完成优化决策中的多重任务。以道路规划为例，GIS 可以提供现有道路和路网所覆盖区域的属性信息，如河流、场地条件及与道路造价有关的属性，计算相关成本并将结果输出到外部程序。遗传算法可进行优化决策，使总成本最小。

遗传算法随机地在道路沿线产生若干点，形成一条路线，由此可满足几何约束。地理信息系统的算法读取这些数据，并沿中心线产生一带状区域，计算与地理信息相关的成本并将结果输出到外部程序，外部程序将计算其他成本，总成本将输入遗传算法程序中进行优化决策。遗传算法由若干初始值开始，在新一代中寻找较好的目标函数值，算法通过产生新的变量值及将前一代中的若干好的属性相组合产生新的个体来改进优化结果，基于目标改进来选择进一步繁殖的个体，其优化步骤如下：

（1）由遗传算法随机产生若干可选方案，将其输入地理信息系统中，遗传算法产生新的一代。

（2）由地理信息系统自身算法计算与位置有关的成本。

（3）将成本结果输出到包含遗传算法的外部程序。

（4）在外部程序中计算与长度有关的成本，这些成本是优化模型的构成部分。

（5）在外部程序中计算总成本，并将其输送到遗传算法子程序中进行优化决策。

（6）在这一代中寻找最好的方案，计算目标函数的变化。

（7）随后的若干代中，若目标值的变化可以忽略不计，则优化停止，否则，重复第（1）步~第（6）步。"忽略不计"与"若干"可由决策者人为确定。

9.2.4 元胞自动机

元胞自动机（cellular automata，CA）是由具有有限状态的离散元胞空间构成，并按照一定的局部规则，在离散的时间维上演化的动力系统，具有模拟复杂系统时空演化过程的能力。元胞自动机的特点是空间、时间、状态离散，每个变量只取有限多个状态，且其状态改变的规则在时间和空间上都是局部的。

元胞自动机的出现和发展与计算科学密切相关。20 世纪 40 年代，美国数学家 Von Neumann 用 CA 演示了机器能够模拟自身的现象，并得出"如果机器可以模拟自己的动作，则说明其自繁殖具有规律"的结论。他创造了第一个二维的元胞自动机。后来数学家 Conway 对 CA 模型进行发展，开发出了"生命游戏"。"生命游戏"是 CA 模型的典型代表，尽管模拟中只用了简单的局部规则，但能形成复杂的行为和全局结构。Wolfram 在 CA 方面的研究十分深入，对 CA 的发展起到了极大的推动作用。CA 有五个基本特征：①元胞分布在按照一定规则划分的离散元胞空间上；②系统的演化按照等间隔时间分步进行，时间变量取等步长的时刻点；③每个元胞都有明确的状态，并且元胞的状态只能取有限个离散值；④元胞下一时刻演化的状态值是由确定的转换规则所决定的；⑤每个元胞的转换规则只由局部领域内的元胞状态所决定。

CA 在自然系统建模方面具有以下优点：①在 CA 模型中，物理和计算过程之间的联系是非常清晰的；②CA 能用比数学方程更为简单的局部规则产生更为复杂的结果；③CA 能用计算机对其进行建模，而无精度损失；④CA 能模拟任何可能的自然系统行为；⑤CA 模型十分简约。

元胞自动机具有强大的空间建模能力和运算能力，能够模拟具有时空特征的复杂动态系统，如生物反演、晶体生长等，常用于自组织系统演变过程的研究。与传统模型相比，CA 能够更加完整、准确的模拟复杂的地理过程。

GIS 常常被用来解决传统模型中的复杂空间问题，这些模型的执行主要通过 GIS 操作来实现，如基于多要素的区位选址能方便地用 GIS 空间分析来完成。传统 GIS 模型能很好地解决部分空间问题，并且可以解决海量数据的获取、存储和更新，但对于复杂的空间关系 GIS 现有的功能则有一定局限性，难以模拟复杂的时空动态变化。许多地理现象的时空动态发展过程往往比其最终形成的空间格局更为重要，如城市扩展、人口迁移、经济发展等。时空动态模型对研究复杂地理过程具有非常重要的作用，GIS 与时空动态模型（如 CA 模型）耦合将会极大地增强现有 GIS 分析复杂自然现象的能力，更好地研究地理系统复杂时空动态变化特征。此外，在动态模型与 GIS 耦合的系统中需要开发专门的算法。

以城市模拟为例，越来越多的学者利用元胞自动机来模拟城市系统，且取得了许多成果。城市 CA 的基本原理是通过局部规则模拟出全局的、复杂的城市发展模式，体现了"复杂系统来自简单子系统的相互作用"这一复杂性科学的精髓，为城市发展理论提供了可靠依据。城市是一个典型的动态空间复杂系统，具有开发性、动态性、自组织性、非平衡性等耗散结构特征；城市的发展变化受到自然、社会、经济、文化、政治、法律等多种因素的影响，因而其行为过程具有高度的复杂性。正是由于这种复杂性，城市 CA 模型必须考虑各种复杂因素的影响。通过运用一般的 CA 模型结构，城市可以分解为许多可计算的模型，用不同的 CA 模型模拟城市系统的不同特征，模拟出不同的形态结构。

城市 CA 模型是通过扩展 Von Neumann、Ulam、Conway 和 Wolfram 等学者的标准 CA 模型结构形成的，标准 CA 模型只考虑邻域的作用。邻域包括 Von Neumann 邻域和 Moore 邻域。Von Neumann 邻域是由中心元胞相连的周围 4 个元胞组成（图 9.11），Moore 邻域则是由中心元胞周围相邻的 8 个元胞组成（图 9.12）。标准 CA 模型的转换规则常在均质空间的元胞上定义，元胞本身的属性不影响转换规则。如果给定某个元胞邻域内所有元胞的构造将产生一致的状态转换，这与该元胞在格网上的位置无关。在模拟过程中，标准 CA 并没有约束条件。

城市 CA 模型的一个主要特征是 CA 模型与 GIS 的耦合。CA 模型和 GIS 的耦合使得城市 CA 模型的模拟能力得到了显著的提高，使二者在时空建模方面相互补充。首先，CA 模型能增强 GIS 空间动态建模的功能，可作为 GIS 空间分析的引擎。其次，CA 模型由于具有强大的时间建模能力，从而能够丰富 GIS 现有的时空分析功能，当前 GIS 软件则较难实现时空动态建模功能。城市系统的模拟需要嵌入不确定的因素或者用户期望的因素，从而模拟出不确定性的城市系统或者用户所预期的城市形态。传统 GIS 在处理地理现象的时间过程上存在一定的局限性，而许多研究表明，CA 模型能更容易地模拟各种现象随时空变化的动态性，这是由于 CA 模型更适合于复杂系统的模拟。因此，为了更好地模拟城市的真实发展，提高

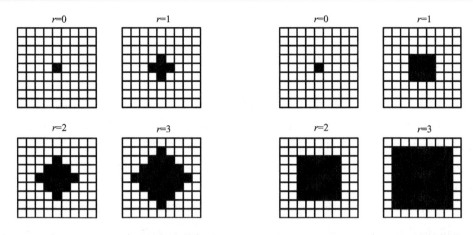

图 9.11　Von Neumann 4 个元胞组成的邻域　　　图 9.12　Moore 8 个元胞组成的邻域

CA 模型的模拟精度，许多学者把 CA 模型与 GIS 结合起来，用来模拟城市的发展。GIS 在空间信息相关的各个学科中扮演着至关重要的角色，如土地利用、资源评估等领域，其在空间数据存取、处理、分析等方面具有巨大优势，为 CA 城市模拟提供了丰富的空间信息和有效的空间数据处理平台。

　　GIS 能够为 CA 模型提供高分辨率的空间定位信息和真实数据。GIS 提供的大量空间信息可以作为 CA 模型需要的各类空间变量和约束条件。如可操作的城市模型通常与土地利用、交通和其他经济、环境因素有关，GIS 适合提供这些空间数据。CA 和 GIS 的耦合能获取空间变量与城市增长之间的关系的信息。

　　GIS 与 CA 的集成，可以克服各自的缺点，形成一个优势互补的动态系统，用来对复杂时空现象、行为和过程进行动态建模分析（图 9.13）。

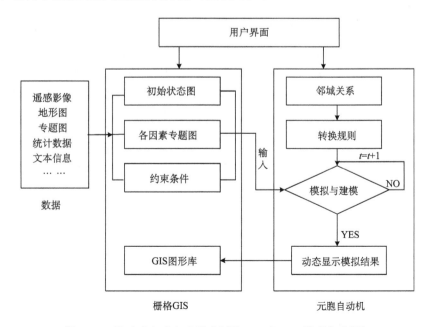

图 9.13　用于时空动态建模分析的 GIS 与 CA 模型集成框架

9.2.5　深度学习

深度学习是机器学习研究的分支，它通过建立和模拟人脑中分析学习的神经网络来解释数据和信息。

深度学习是无监督学习的一种，即不需要通过人工方式进行样本类别的标注来完成学习。它将特征和分类器结合到一个框架中，自动地从海量大数据中去学习特征，在使用中减少了人为设计特征的巨大工作量。目前深度学习已有数种框架，如深度神经网络、卷积神经网络、深度信念网络和递归神经网络，大大推动了语音识别、视觉识别物体、物体检测、药物发现和基因组学等领域的发展。

深度学习方法包含多个层次，每一个层次完成一次变换（通常是非线性的变换），把某个较低级别的特征表示成更加抽象的特征。只要有足够多的转换层次，即使非常复杂的模式也可以被自动学习。对于图像分类的任务，神经网络将会自动剔除不相关的特征，如背景颜色、物体的位置等，但是会自动放大有用的特征，如形状。图像往往以像素矩阵的形式作为原始输入，那么神经网络中第一层的学习功能通常是检测特定方向和形状的边缘存在与否，以及这些边缘在图像中的位置。第二层往往会检测多种边缘的特定布局，同时忽略边缘位置的微小变化。第三层可以把特定的边缘布局组合成为实际物体的某个部分。后续的层次将会把这些部分组合起来，实现物体的识别，这往往通过全连接层来完成。对于深度学习而言，这些特征和层次并不需要通过人工设计，它们都可以通过通用的学习过程得到。

浅层结构算法在样本和计算单元有限的情况下，缺乏对复杂函数的表示能力，这种缺陷造成了这些算法在面对复杂分类问题时无法进行良好的泛化。深度学习很好地解决了上述问题，它通过深层非线性网络结构进行不断训练学习，从而实现了复杂函数的精确表示，同时也能够较好地表示输入数据分布情况，并且深度学习具有从少量有限的样本中挖掘到数据集的本质特征的能力。

深度学习的概念源于人工神经网络的研究。它与神经网络具有相似的分层结构，是由包括输入层、隐层（多层）、输出层组成的多层网络，只有相邻层结点之间存在连接，同一层及跨层结点间相互无连接，每一层可以看做是一个逻辑回归模型。这种分层结构近似于人类的大脑结构。两者在训练机制上有所差异。传统神经网络采用后向反馈机制，即采用迭代算法进行训练，调整中间层参数直至收敛。而深度学习则是采用逐层训练，这是因为对于深度网络，若采用后向反馈机制易出现梯度扩散现象（图 9.14）。

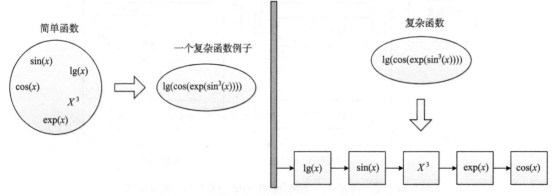

图 9.14　深度学习逐层解决复杂函数的示例图

深度学习的本质是通过构建具有多隐层的机器学习模型和海量训练数据来挖掘数据本质特征，从而提高并优化分类和预测的准确性。与传统的浅层学习比较，深度学习的区别在于：①建立 5 层、6 层，甚至 10 多层的隐层结点去拓深模型结构的深度；②通过逐层特征变换，将初始空间中的样本特征映射到一个新的特征空间，通过突出样本的特征强化特征学习，从而最终降低分类和预测的难度（图 9.15）。区别于传统的人工规则构造特征方法，深度学习通过大数据学习特征方式在挖掘数据非丰富内在信息方面具有更加明显的优势。

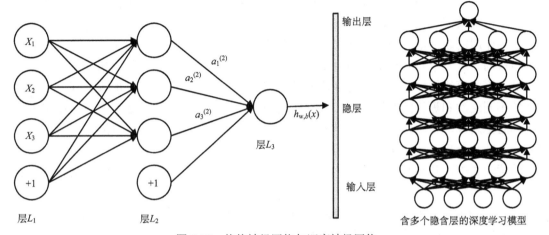

图 9.15　传统神经网络与深度神经网络

深度学习的训练过程具体如下。

（1）自下而上的非监督学习。采用无标定数据（有标定数据也可）分层训练各层参数。这是一个无监督训练过程，是与传统神经网络区别最大的部分（可看作是特征学习过程）。它训练时先学习第一层参数，使得模型学习到数据本身结构，得到更有表示能力的特征，以此类推训练后续层，在学习到第 $n-1$ 层时，将 $n-1$ 层的输出作为第 n 层的输入并训练第 n 层，得到各层参数。

（2）自顶向下的监督学习。基于第一步得到的各层参数进一步微调整个多层模型的参数，这是一个有监督训练过程；由于深度学习是通过学习输入数据的结构得到的，因而这个初值更接近全局最优，从而能够取得更好的效果。深度学习能够取得较好的效果在一定程度上归功于第一步的特征学习过程。

在大数据时代背景下，表达能力强的复杂模型才能充分发掘海量数据中蕴藏的有价值的信息。随着计算机速度的提升、基于 MapReduce 的大规模集群技术的兴起、GPU 的应用及众多优化算法的出现，海量数据（即大数据）的训练时间大幅度缩短，为深度学习提供了强有力的软硬件支持，使其能够在实践中发挥其主要优势，极大地推进了智能自动化。

9.3　地理空间模型

9.3.1　地理相互作用模型

1. 地理空间相互作用

地理空间是物质、能量、信息及其行为在形态、结构、过程、功能关系上的分布方式、格局及其在时间上的延续。其在地理学中被定义为具有空间参考信息的地理实体或地理现象发生的时空位置集，一般将其视为对地球表层的一种抽象。

地球表面上一切地理现象、地理事件、地理效应、地理过程统统发生在以地理空间为背景的基础之上。从物理学角度讲，任何两个物体间都具有引力，即万有引力定律。同样，地理空间中任何物质都不可能孤立地存在，它们的产生、发展都是其一定范围内对象共同作用的结果，这种空间中地理实体间物质、能量、信息、人员、资金等的相互作用关系，即为地理空间相互作用。地理空间相互作用在地域空间上综合表现为地理实体作用空间的分割，可以用吸引范围来表达，而在作用形式上，表现为一种交换、联系和互动，可运用作用量来表达。空间作用的表现形式复杂，但都是由迁入地、迁出地和两地之间的流动路线这三个基本要素组成的。这三个要素形成千万种空间相互作用，无数的空间相互作用相互重叠，使得一定区域内不同等级规模、不同职能性质的城市或乡镇产生密切联系，并形成具有一定结构和功能的不同层次和等级的有机整体。地理空间相互作用的含义表明，地理空间相互作用具有鲜明的时空属性，相互作用的媒介是各种要素流。实体间有序的通过要素流的相互作用，才把空间上彼此分离的地理实体有机组合为具有一定结构和功能的有机体。空间相互作用处在不停的运动之中，其不断重新组合，不断形成新的空间动态世界，为地理学的发展提供了极其有价值的内容。

1931 年 Reilly 在研究经济学领域零售业的影响时根据牛顿力学中万有引力定律，提出了零售引力规律，被认为是关于相互作用的最早研究。美国地理学家乌尔曼（Ullman）1956 年提出空间相互作用理论，他综合了 Ohlin、Stouffer、Tarlor 等的观点，吸收了物理学、统计力学、经济学理论及模型，并提出相互作用产生的三个条件：互补性、中介机会和可运输性。此后众多学者在经济学、社会学、地理学等领域对相互作用进行了大量的研究。

在地理空间中，每个空间实体对象都具有一个特定的空间位置，如果这个空间实体表示一个资源配置中心、经济中心、交通枢纽、通信点或污染源等现实世界的对象，则这个空间实体对周围将有一定的影响，且影响范围会随着距离的差异而发生有规律的变化，并最终达到一定的影响范围。如果空间中有多个具有类似特征的空间实体，实体与实体间进行物质交换、信息共享、人口流动、资源分配等作用，则这些实体构成了空间网络结构模型，每个空间实体作为网络模型的结点。如果结点的数目越多，则说明其表达的现实世界越复杂，就更需要研究实体间空间相互作用的关系。

空间实体产生空间相互作用必须具备以下三个条件：①互补性，即一区域所供物质为另一区域所缺，利用其他空间实体的优势资源来弥补自己的不足，同时将自己特有的功能、作用等提供给其他的空间实体。互补性越大，两地间的流量越大。②干扰机会，原有空间相互作用格局可能由于某些因素被改变，减少了长时间的相互作用。例如，当物质在 A、B 两地之间流动时，其间可能介入一个能够提供同类物质的 C，它可能以更低的运费或更优质的货物对 A、B 两地之间的相互作用产生干扰，引起货物运输起止点的变更，产生新的流向。③可运输性：尽管当代运输及通信工具已十分发达，但距离依旧是影响货物和人口移动的重要因素。距离越长，时间越久，单位质量的价值越低，可运输性越低。即使两地间存在互补性，相互作用也较弱。

空间相互作用分为对流、传导、辐射三种类型。第一类，以物质和人员的移动为特征，如物资、原材料在生产地和消费地之间的运输，包裹的输送和人口移动等；第二类，指城市间的各类交易，如城市间财政交易等；第三类，指信息的流动及新技术、新思想的扩散等。因此，空间相互作用即表现为货物及人员的移动、各类交易过程、信息的传输。

地理空间相互作用中，对城市和区域相互作用的研究能够对人类社会的进步和发展提供理论依据，也是国内外研究热点。它不仅驱动城市和区域空间的形变，为城市规划及行政区划调整提供理论依据，还能够推动区域及城市功能的演变，在设施选址、物流分析及市场影响力分析等方面提供指导性作用。在人文经济领域，区域空间相互作用常表现为人口迁移、商贸活动、交通运输、通信联系、布局选址等。区域空间相互作用是一个二维的空间过程，包括水平相互作用和垂直相互作用。水平相互作用如城市或区域之间的空间相互作用，垂直相互作用如中央和地方的经济联系，并且前者与后者可以同时发生。

空间相互作用的水平在一定程度上反映了经济发展水平，而经济发展水平也反映了区域经济的分工程度及经济结构是否合理。

2. 地理空间相互作用引力模型

地理引力模型通常有两种表达形式：一是基于负幂律的阻抗函数；二是基于负指数律的阻抗函数。负幂律函数，也称重力模型，由于其表达式相对简单，因子意义也明确，所以被广泛使用；但是由于这个模型是由物理学万有引力模型类比而来，地理学中的引力常量也难以计算，其常被认为是经验模型，缺乏理论依据。在这个背景下，具有一定的理论基础和理论意义负指数律函数受到地理学界普遍欢迎。负指数律函数又称 Wilson 指数函数，或流量分配模型，它是由 Wilson 通过最大熵方法推导出来的。

引力模型是空间相互作用发展的起源，随着研究的深入，引力模型不断被调整和优化，在交通、城市规划、零售业等领域应用普遍。引力模型在考古学领域中曾帮助人们辨别地中海西部可能的史前交易航线，也曾用来考证依靠狩猎和采集生存的种族定居点的位置和布局情况。随着技术手段的进步及研究的需要，引力模型在空间相互作用的研究呈现出与 GIS 空间分析、网络分析等技术融合应用的趋势，它与 GIS 的耦合为空间相互作用提供了新的思路和方法。

引力模型和 GIS 的松散集成能够更加方便、灵活地管理并可视化空间和属性数据，以专题地图的形式直观地显示数据特征，能够降低数据收集和更新的成本。例如，将交通系统用 GIS 网络来定义，如公路的等级、车速用网络中线段的属性表示，城镇位置用网络上结点表示，而结点的属性可以表示人口、规模、产值等，从而更加精确地计算交通成本。其与 GIS 的紧密集成也已经在社会经济领域中取得广泛的应用。在 GIS 平台上基于空间相互作用模型来进行布局选址、交通运输、人口迁移、商贸活动等，实现了传统空间相互作用模型和地理信息系统无法实现的功能。

9.3.2　地理过程模拟

许多地理现象的时空动态发展过程往往比其最终形成的空间格局更为重要，如城市扩展、疾病扩散、火灾蔓延、人口迁移、经济发展、沙漠化、洪水淹没等。只有清楚地了解地理事物的发展过程，才能够对其演化机制进行深层次的剖析，才能获取地理现象变化的规律。因此，时空动态模型对研究地理系统的复杂性具有非常重要的作用。

地理系统是一个自然、社会、经济相互作用的复合和开放的系统，难以用数学公式来解释自然界的复杂地理现象。不同于物理、化学等学科，地理学中的现象或过程难以通过精密的分析和推理得到逻辑性强的严谨的结论。这使地理学理论体系学科建设显得困难重重。地理信息系统的提出和发展是现代地理学的一次重要革命，是计算机技术和地理学方法相结合的产物，从而使地理学由定性的描述转向定量的观测和分析。

地理模拟系统是探索和分析地理现象的格局形成和演变过程的有效工具，为复杂地理现象的模拟和预测提供了有效手段，在城市扩张、土地利用变化、环境管理和资源的可持续利用等研究中得到广泛应用。

地理模拟系统是综合地理学、复杂系统理论、元胞自动机、多智能体系统、地理信息系统、遥感、计算科学及计算机技术为一体的复杂空间模拟系统（图 9.16），它对于地理复杂系统的研究具有明显优势。

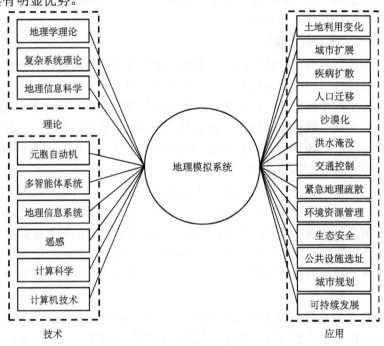

图 9.16　地理模拟系统架构

地理模拟系统能够很好地与 GIS 进行耦合，并且这种耦合能够相互弥补各自的缺陷。GIS能够为地理模拟系统提供丰富的空间数据，并作为其空间数据处理的平台。GIS 还可以及时显示和反馈地理模拟系统在各种情景下的模拟效果。更为重要的是，GIS 还能对模拟结果进行空间分析和评价，而地理模拟系统则大大弥补了 GIS 过程模拟能力的不足。图 9.17 显示的是地理信息系统与地理模拟系统的关系。

9.3.3　地理空间优化

地理空间优化问题，如资源分配、最优选址、土地利用优化布局等问题，涉及二维甚至三维地理空间，较一般的优化问题更为复杂。

1. 空间选址

空间选址是指在一定地理区域内为一个或多个选址对象选定位置，使某一指标或综合指标达到最优的过程。空间选址问题在经济发展、生产生活中有着非常广泛的应用，如仓库、银行、超市、医院等的空间选址等。空间选址的好坏直接影响服务质量、服务效率、服务成本、服务方式等，从而影响利润和市场竞争力，甚至决定了企业的命运。好的选址能够为企业降低成本、扩大市场份额和利润，为客户生活提供便利。

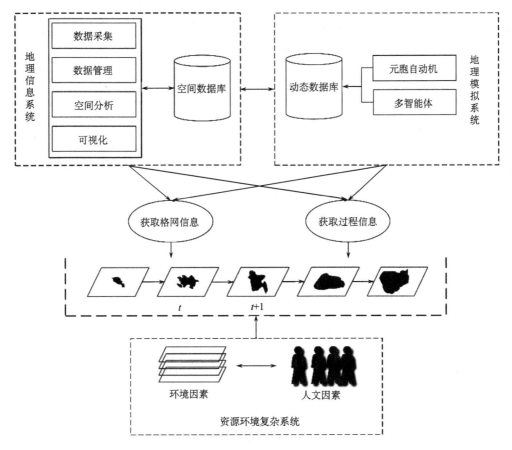

图 9.17　地理信息系统与地理模拟系统

　　一般进行空间优化选址，首先需要明确研究对象和需求，收集和整理相关资料，确定影响选址的重要因素，再进行 GIS 空间分析，确定合适区域。其次，建立相应的指标模型，得到备选地点。再其次，根据地理空间信息、标准规范等对备选地点进行综合评价，选出最优位置。最后，对结果进行分析判断，依据某一指标或综合指标完成最佳方案评价。

　　其中，在确定选址的影响因素时，应遵循以下原则：①适宜性。空间优化选址必须与国家的相关方针、政策、实际需求相适应，与社会发展相协调。②客观性。选址的影响因素众多，在选择指标时，应该尽可能对相关因素进行客观测量，定量表达。③全面性和动态性。所选的影响因素应该尽可能覆盖空间选址的各个方面，同时反映空间选址在未来发展中的动态变化情况。④平等性。需要反映公平与公正的理念，即所有人都能够享受到该选址点提供的服务。因此，决策的制定应该基于人口的分布情况，应该尽可能使选址点服务的范围最大化。⑤负载性。选址点应该有足够的负载能力，能尽可能地满足每个用户的需求，不能有用户无法正常使用的情况存在，这是空间选址最基本的要求。⑥效益性。服务效用要最大化，即每个用户享受到服务的同时不能造成资源的浪费。另外，考虑选址的费用，以总费用最低作为空间优化选址的经济性原则。⑦易达性。即用户前往选址点时，要使空间摩擦所产生的交通费用或时间成本最小化。

空间优化选址的算法通常分为数学优化方法和智能启发式优化方法。数学优化方法中包括线性规划方法（linear programming，LP）、盲目穷举方法（brute-force）、层次分析法（analytic hierarchy process，AHP）、重心法和加权评分法；智能启发式优化方法中包括"炸弹法"优化模型、模拟退火（simulated annealing，SA）、遗传算法、粒子群优化算法（particle swarm optimization，PSO）、蚁群优化算法（ant colony optimization，ACO）等。传统的数学优化方法理论基础成熟，但针对越来越复杂的地理实际问题，建立合理的数学模型，具有一定局限性。智能启发式优化方法由于搜索过程无需过多的人工干预、无需建立复杂的模型，在解决复杂的地理决策问题中已开始被大量应用。例如，基于多目标遗传优化算法的医院空间优化选址问题，在多个互斥、冲突的优化目标函数下，寻求各目标之间协调权衡和折中处理，使所有目标尽可能达到最优或接近最优。模型建立的具体技术路线如图 9.18 所示。

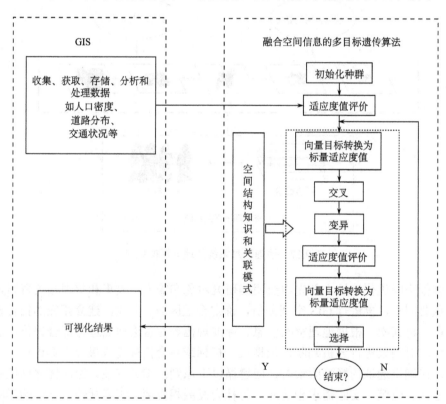

图 9.18　基于遗传算法的多目标空间优化选址技术路线

本例中，GIS 和基于遗传算法的多目标空间优化选址模型的耦合为紧密耦合，基于两者开发的多目标空间优化选址系统既包括 GIS 空间数据库管理模块、GIS 地图基本管理模块、GIS 空间查询与分析模块、地图输出和可视化模块，还包括空间优化选址决策模块。

其中，空间优化选址模块包括不同测度的空间权重矩阵建立，用空间权重矩阵定量化表达空间结构知识和关联模式，再将这些定量化表达的空间信息融合到三种不同的多目标优化模型中。

2. 资源分配

地理空间中地理实体的产生、发展和消亡会受到周围一定区域范围内多种地理实体共同的影响，因此实际生活中，一些基础设施的设置需要全面考虑位置及周边影响，做到资源合理分配。资源分配问题要求确定资源需求方和供给方的最佳空间位置，使其费用最小化、利润最大化。与空间优化选址相反，资源分配问题首先已知资源供给方的位置，进而求得需求方的分布。

分配模型是在资源配置点已知的情况下，寻找最优分配方案来分配有限的资源。其中，线性规划模型是最经典的模型之一，在这类模型中，目标函数和约束条件是待求变量的线性函数、线性等式或线性不等式，典型的线性规划模型为

$$\sum_{i=1}^{n} a_i x_i = a_1 x_1 + a_2 x_2 + \cdots + a_n x_n \tag{9.1}$$

式中，a_i 为常数；$x_i \geqslant 0(i=1,2,\cdots,n)$。

资源配置问题中的线性规划模型由两部分组成：目标函数和约束条件。目标函数用于最优值的选取，约束条件定义最优值的求解范围和极值。模型建立过程如下：

设已知 m 个资源配置点，每个消费者被分配的资源只能由一个资源配置点分配；x_i 为第 i 个消费者被分配的资源（$i=1$，2，$\cdots$，n）；d_{ij} 为第 j 个资源配置点给第 i 个消费者配置资源的加权距离；t_i 为单元重量的资源通过单位距离的费用；b_j 为资源配置点 j 的最大资源量。Z_{ij} 为 1 表示消费者 i 由资源配置点 j 提供资源，为 0 表示消费者 i 不由资源配置点 j 提供资源。

资源配置问题中的线性规划模型可用以下公式表示：

$$G = \sum_{i=1}^{n} t_i d_{ij} x_i \to \max(\min) \tag{9.2}$$

当上式取得最优解时完成资源的最优配置，上述公式同时还要满足以下约束条件：

$$z_{ij} x_i \leqslant b_i \\ x_i \geqslant 0 \tag{9.3}$$

式中，$i=1$，2，$\cdots$，n；$j=1$，2，$\cdots$，m。

线性规划问题的目标函数和约束条件都是线性函数的规划问题，但实际中的规划问题，目标函数和约束条件中至少有一个是非线性函数，即非线性规划问题。由于非线性规划问题在计算上常是困难的，理论上的讨论也不能像线性规划那样给出简洁的结果形式和全面透彻的结论，限制了非线性规划的应用。所以，在数学建模时，要进行认真的分析，对实际问题进行合理的假设、简化，首先考虑用线性规划模型，若线性近似误差较大时，则考虑用非线性规划。

非线性规划问题的标准形式为

$$\min f(x) \\ \text{s.t.} \begin{cases} g_i(x) \leqslant 0 (i=1,2,\cdots,m) \\ h_j(x) = 0 (j=1,2,\cdots,r) \end{cases} \tag{9.4}$$

式中，x 为 n 维欧氏空间 R^n 中的向量；$f(x)$ 为目标函数；$g_i(x)$、$h_j(x)$ 为约束条件，且 $h_j(x)$、$g_i(x)$、$f(x)$ 中至少有一个是非线性函数。

分配问题在现实生活中体现为设施的服务范围及资源分配范围的确定等问题，如区域水库供水区的分配问题、为城市中每条街的学生确定最近的学校等。GIS 与分配模型的结合为解决空间优化问题提供了强有力的支撑。GIS 的空间数据处理、模型建立和应用、图形操作和可视化等功能为灵活调整分配模型中实现目标、约束条件、模型参数和模型结论的输出提供了可能，所得多种解决方案能够提供给用户并帮助用户选择最优资源配置和空间优化方案。

9.4　地理设计与空间决策

GIS 中大量的定量应用分析主要通过建立相应的预测和模拟模型、规划和决策模型来实现。虽然 GIS 为决策支持提供了强大的数据输入、存储、查询、运算和显示的工具，但这些功能只属于数据级的决策支持，空间模型在系统中处于从属地位，而且缺乏适当的空间建模能力和时空数据支持能力，使 GIS 难以满足决策者对复杂空间问题的决策需求。决策支持系统（decision support system，DSS）能够通过空间查询、建模、分析与显示解决病态空间问题，但 DSS 缺少空间数据表现功能。因此，在地理信息系统基础上集成决策支持系统的相关技术，如知识工程技术（人工智能技术、知识获取、表现、推理等）和软件工程技术（集成数据库、模型、非结构化知识和智能用户界面），发展空间决策支持系统，将使 GIS 处理空间信息的能力从数据处理上升到模型模拟层次，为 GIS 从空间信息处理到空间决策提供新的平台和工具。

9.4.1　地理设计

地理设计（geodesign），即通过设计来改变地理环境，是以地理分析为基础，将地理空间因素引入全局考虑的设计，其通过即时评估反馈的地理信息系统使地理环境因素与设计过程相结合，为地理规划和决策提供一套系统性的方法论和数据集。地理设计与传统的经验设计的最大不同在于，地理设计是建立在空间分析基础上的设计。它通过对传统学科的有机整合、借助信息技术来解决现代社会人文及环境问题。它的出现绝非偶然，而是多学科长期以来延续发展、满足社会及环境需求和技术进步的结果。地理设计的出现为解决现代社会资源紧张、人口城市化、环境恶化、气候变化等诸多问题提供了行之有效的方法论。

地理设计遵循"人本思想、因地制宜、时空并重、信息挖掘"四大核心思想与原则。

（1）人本思想。区别于单纯的自然系统，地理设计的对象——"人地系统"的核心特征是包含着具有主观能动性和复杂社会关系的"人"，如何掌握特定地理单元内"人地关系"的内在规律，揭示反映客观规律的人的本质，实现人地关系的协调和可持续发展，是地理设计的出发点和终极目标。实现这种目的的手段则是地理信息技术在规划、设计与决策全过程中的运用。

（2）因地制宜。因地制宜是生态哲学中一个具有重要普遍意义的观点。人本思想加上因地制宜，既尊重人，又尊重自然，地理设计理论、技术与实践和老子"天人合一"的哲学思想是一脉相承的。地理设计秉承了地理学人地关系的核心思想，尊重区域空间差异性和特色化发展的内在需求，必然要以因地制宜作为其实现的路径与科学方法。

（3）时空并重。在规划、设计和决策中遵循唯物主义时空观，是实现全局和整体的综合效益的必然要求，也是因地制宜思想要求的延伸。

（4）信息挖掘。反映自然界、人类社会一切事物隐藏于表象之后的本质属性与运行规律都依赖于信息，要实现地理设计促进人地关系协调发展的目的，需要提升人类的信息获取和挖掘能力。

地理设计的结构大体包括空间数据模型、设计工具、方法框架、关键效果评估指标、反馈工具、分析结论、合作工具、可视化工具等内容，它尝试将设计、评估、反馈等流程整合在一个科学平台上，促进更好的、更科学的地理设计产生。其中，空间数据模型包括了多维的环境、地理空间实体、地理空间属性等。设计工具包括直观综合的绘图工具，关注情境、内容和关系的修改工具，界定定义和代表性的特征模板，以及各类具备特征的推理引擎。方法框架包括由语义结构和关系构成的本体论，清晰直观的用户交互，特定领域的工作流程。合作工具包括促进公众创造、评估和分享的虚拟设计坊，分散在不同时空中的设计团队，拥有不同价值观且不断变化的利益主体。综合来看，地理设计包含了传统规划的大多数要素，尝试在当前已有的大量数据和长期积累起来的科学技术分析方法的基础上，建立起规划师和设计师开展工作的平台，以面向未来人类居住环境的发展。

地理设计为人们提供了一个新的方法去理解、去超越传统意义上的导航与位置制图，是使用地图的思想使设计和决策具有有效性和前瞻性。地理设计促进协同决策。它帮助人们发现地学和社会学之间的联系，促使具有不同背景和观点的参与者一起基于各自的知识去评估这些假设带来的可能后果。通过评估人们的认识相较于初始时往往更一致，同时发现这使减少分歧变得更加容易。地理设计能够有效减少项目设计与评估阶段的时间，并可以把重复乏味的评估过程整合到设计流程中。这种整合允许设计人员与评估人员紧密合作，显著减少了设计与评估中的迭代时间。地理设计构建了一个帮助人们全面了解现有决策影响的框架，并能帮助人们做出更加合理、科学、可持续和更具前瞻性的决策（图9.19）。

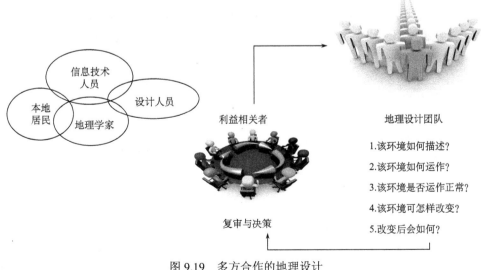

图 9.19　多方合作的地理设计

　　随着地理设计概念和理论的提出，地理设计工具也开始逐渐完善。最新的实践是 ESRI 的 Bill Miller 组织一个小型团队开发了一款名为 ArcSketch 软件模块，让 GIS 用户能够在 ArcGIS 软件中对地物要素进行草绘，这是对地理设计的第一个实质性响应。目前，ESRI 公司正在软件中增加全方位支持地理设计的功能，这些功能将包括设计工具（用于设计的创造、修改、视觉显示等）及设计过程所需的应用架构的管理工具（用于语义结构的管理、数据化工作空间系统、用户工作流程管理等）。这些新功能将会满足各行各业用户的需求，包括三维空间设计用户。

　　以道路设计为例，目前 GIS 系统只是充当了一种地图背景显示和相关指标分析的工具，而在地理设计的目标中，设计人员可以直接在地图上通过交互来调整设计方案，与此同时，相关的设计指标信息和提示会随之出现，设计人员在这种动态的适宜性信息反馈下不断调整方案，最终获得最佳设计方案，或者是全盘否定某个方案。这时，GIS 不只是作为一款辅助工具存在，它贯穿了项目的整个生命周期，缩短了设计调整的时间，是设计过程的组成部分，即设计决策的辅助者和决策结果的呈现者。

9.4.2　空间决策支持系统

　　空间决策支持系统（spatial decision support system，SDSS）在 20 世纪 80 年代伴随着地理信息技术的进步逐渐发展起来，它是决策支持系统的一个分支，其最主要行为是对地理空间问题进行决策支持，是在传统决策支持系统和地理信息系统相结合的基础上发展起来的新型信息系统。空间决策支持应用空间分析的各种手段对空间数据进行处理变换，提取出隐含于空间数据中的事实与关系，并用图形、表格和文字的形式直接表达，为现实世界中的各种应用提供科学、合理的决策支持。SDSS 以信息为基础和依据，在地理学、管理学、运筹学、数据库、人工智能和计算机等多学科知识交叉融合下形成，主要解决非结构化或半结构化空间问题。由于空间分析的手段直接融合了数据的空间关系，并能充分利用数据的现势性等特点，所以 SDSS 提供的决策支持将更加符合客观现实，有利于决策。

　　SDSS 以决策的有效性为主要目标，在 GIS 的支持下，通过集成空间数据库、数据库管理系统和模型库、模型库管理系统等，对单纯 GIS 不能解决的复杂的半结构化和非结构化空间问题进行求解和决策。因此，SDSS 不仅提供各种空间信息实现数据支持，还可以为决策者提供多种实质性的决策方案。

　　SDSS 具有以下基本特征：①SDSS 是支持决策的自适应系统；②SDSS 能够辅助解决半结构化、非结构化空间问题；③SDSS 是支持数据与模型有机集成的智能系统；④SDSS 支持各种决策风格，易于适应用户的需求。

　　SDSS 与 GIS 的主要区别在于 SDSS 具有专门的模型库及其管理系统，供决策人员分析和决策时进行模型选择和构造新模型；SDSS 将方法库与模型库分离，有利于一个模型使用不同方法形成问题的不同求解途径；SDSS 更强调知识和模型在问题求解过程中的重要性。

9.4.3　空间决策分析

1. 基于面向对象知识表达的空间推理决策

空间决策支持系统中的知识具有空间与时间特征，作为能够反映空间特性的知识因素，空间特征和时间特征是空间知识库与其他专家知识库的根本区别。事实知识类是一类具有一定行为的知识类，它提供的方法可以为外部用户使用。当外部用户输入决策目标并发出空间决策命令时，决策支持系统将主动向领域知识类（知识单元）发出消息请求，领域知识类在无法处理的情况下向其上级（控制性元知识类）发出消息请求，最终由控制性元知识返回消息并将控制消息再次传输给领域知识类，领域知识类调用事实知识类的公有方法或通过消息触发事实知识类的内部方法，改变事实知识的状态信息。当事实知识类的状态信息趋于稳定时或问题求解已经实现时，决策过程完成并向外部输出决策结论，该结论在知识（或事实）不足的情况下将给出无法决策的结论，否则将给出用户请求的正确结果。基于面向对象知识表达的空间推理决策过程如图 9.20 所示。

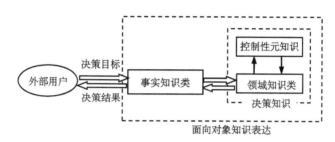

图 9.20　基于面向对象知识表达的空间推理

非结构化知识的表示有几个典型的框架，如命题逻辑与一阶谓词逻辑、产生式系统、框架模型、语义网络及面向对象系统。对非结构化知识进行空间推理的一个特点是具有不确定性。不确定性管理在空间分析与决策中是十分重要的，如在决策过程中需要好好把握不确定性的度量及传播。不确定性空间推理包括模糊推理、与随机现象有关的不确定性推理模式和基于包含度理论的空间推理等。

2. 基于 Agent 的智能化决策支持

传统的 SDSS 一般由模型管理（包括模型库管理和模型执行）、GIS、数据库管理系统、专家系统和人工智能工具、用户界面等组成。它们相互之间关联紧密，缺乏灵活性、开放性和通用性。由于系统结构和计算模式的限制，传统的 SDSS 在处理复杂的协作性空间决策问题及应付突发问题方面存在很大的局限。根据 SDSS 的特点及要求，为了解决传统 SDSS 所存在的局限，采用 Agent 技术进行空间信息的辅助决策，建立基于 Agent 的分布式智能 SDSS，是 SDSS 领域的一个新的有意义的研究方向，目前国内外学者已展开了初步的研究。图 9.21 是一个基于 Agent 的 SDSS 体系结构，它是由多个 Agent 合作以完成空间决策支持任务的联邦系统。

基于 Agent 的 SDSS 主要包括界面、问题求解、决策分析控制、数据获取、模型操纵、知识操纵与推理、通用、接口和黑板等部分。使用 Agent 技术使 SDSS 的系统结构、工作方式及实现方法更加简单、清晰，各 Agent 之间相对独立性比较高，相互之间的关系不是在系统设计时预先确定，而是在运行阶段进行设定。更重要的是，基于 Agent 的 SDSS 使用户可以根据自己的应用领域向决策模型库、知识库及 Geo-Agents 中动态地添加领域相关的空间或非空间决策模型、知识和规则，以及各种 GIS 功能 Agent。用户甚至可以不需要自己添加所需的各种模型、知识、规则及 GIS 功能 Agent，只要在整个决策网络中的某个地方能找到这些决策资源，系统就可以为用户寻找所需的各种决策资源。

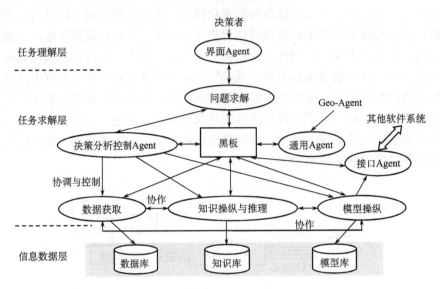

图 9.21　基于 Agent 的 SDSS 体系结构

3. 基于 Web 的分布式群体环境决策制定

基于 Web 的开放式决策支持系统是一个基于 Web 技术的集数据仓库技术、OLAP 技术、数据挖掘技术和专家系统于一体的智能决策支持系统。其基本思想是决策资源提供者将决策资源作为 Web 环境中的一种服务资源提供给决策者，决策者通过一定方式搜索并使用决策资源辅助进行决策，从而可以避免系统管理和维护等复杂工作。基于 Web 的决策支持系统模型要求尽可能采用现有的 B/S 技术、传输协议和工具，要求具有互操作性和可扩展性。

4. 空间决策的可视化表达

随着地球科学的发展，地理信息的表达方法已不再满足于传统的符号及视觉变量表示法，而是进入实时、动态、多维、交互和网络条件下探索视觉效果和提高视觉工具功能的阶段。借助于科学计算可视化，利用相关计算机技术和方法可以将大量不可视的地理信息转换为人们容易理解的，可进行交互分析的图形、图像、动画等形式。

复习思考题

1. GIS 与专业模型的耦合有哪些方式？
2. 人工智能与计算智能有何区别与联系？
3. 相较于传统地理计算方法，地理智能计算的优势体现在哪些方面？
4. 简述人工神经网络、遗传算法、元胞自动机的适用条件及解决问题的类型。
5. 深度学习有哪些特点？
6. 举例说明 GIS 在地理空间建模中的作用。
7. 以某一具体的地理设计为例，简述地理设计的目的、意义、设计流程以及 GIS 在地理设计各阶段的作用。

主要参考文献

安迪·米切尔. 2011. GIS 空间分析指南. 张旸译. 北京: 测绘出版社

党安荣, 贾海峰, 易善桢, 等. 2003. ArcGIS 8 Desktop 地理信息系统应用指南. 北京: 清华大学出版社

邸凯昌. 2000. 空间数据发掘与知识发现. 武汉: 武汉大学出版社

龚健雅, 李小龙, 吴华意. 2014. 实时 GIS 时空数据模型. 测绘学报, 43(3): 226-232

郭庆胜, 杜晓初, 闫卫阳. 2006. 地理空间推理. 北京: 科学出版社

郭仁忠. 2001. 空间分析. 北京: 高等教育出版社

侯景儒, 尹镇南, 李维明, 等. 1998. 实用地质统计学 (空间信息统计学). 北京: 地质出版社

李德仁, 王树良, 李德毅. 2006. 空间数据挖掘理论与应用. 北京: 科学出版社

李双成, 蔡运龙. 2005. 地理尺度转换若干问题的初步探讨. 地理研究, 24(1): 11-18

刘湘南, 黄方, 王平. 2008. GIS 空间分析原理与方法(第二版). 北京: 科学出版社

刘瑜. 2015. 基于空间大数据的社会感知. 中国计算机协会通讯, 11(11): 27-34

罗伯特·海宁. 2009. 空间数据分析理论与实践. 李建松, 秦昆译.武汉: 武汉大学出版社

闾国年, 张书亮, 龚敏霞. 2003. 地理信息系统集成原理与方法. 北京: 科学出版社

汤国安, 杨昕, 等. 2012. ArcGIS 地理信息系统空间分析实验教程(第二版). 北京: 科学出版社

王劲峰, 等. 2006. 空间分析. 北京: 科学出版社

王新洲, 史文中, 王树良. 2003. 模糊空间信息处理. 武汉: 武汉大学出版社

王远飞, 何洪林. 2007. 空间数据分析方法. 北京: 科学出版社

王铮, 丁金宏, 等. 1994. 理论地理学概论. 北京: 科学出版社

邬伦, 刘瑜, 张晶, 等. 2001. 地理信息系统——原理、方法和应用. 北京: 科学出版社

吴立新, 史文中. 2003. 地理信息系统原理与算法. 北京: 科学出版社

徐丰. 2014. 空间数据多尺度表达的不确定性分析模型. 武汉: 武汉大学出版社

张春晓, 林珲, 陈旻. 2014. 虚拟地理环境中尺度适宜性问题的探讨. 地理学报, 69(1): 100-109

张仁铎. 2005. 空间变异理论及应用. 北京: 科学出版社

周成虎, 裴韬, 等. 2011. 地理信息系统空间分析原理. 北京: 科学出版社

周启鸣, 刘学军. 2006. 数字地形分析. 北京: 科学出版社

朱长青, 史文中. 2006. 空间分析建模与原理. 北京: 科学出版社

David O'Sullivan, David Unwin. 2010. Geographic Information Analysis(second edition). New York: John Wiley & Sons Inc

Kang-tsung Chang. 2014. 地理信息系统导论(第 7 版). 陈健飞, 连莲译. 北京: 电子工业出版社

Marie-Josée Fortin, Mark Dale. 2014. 空间分析——生态学家指南. 杨晓晖, 时忠杰, 朱建刚译. 北京: 高等教育出版社

Michael J de Smith, Michael F Goodchild, Paul A Longley. 2015. GeospatialAnalysis: A Comprehensive Guide to Principles, Techniques and Software Tools(5th Edition). http: //www. spatial analysis online. com/HTML/

Michael J de Smith, Paul A Longley. 2009. 地理空间分析——原理、技术与软件工具(第二版). 杜培军, 张海荣, 冷海龙, 等译. 北京: 电子工业出版社

Openshaw S, Abrahart R J. 2000. Geocomputation. London: Taylor and Francis

Paul A Longley, Michael F Goodchild, David J Maguire, et al. 2004. 地理信息系统——原理与技术(第二版). 唐中实, 黄俊峰, 尹平, 等译.北京: 电子工业出版社

Shaowen Wang, Luc Anselin, Budhendra Bhaduri, et al. 2013. CyberGIS software: a synthetic review and integration road map. International Journal of Geographical Information Science, 27(11): 2122-2145

主要参考文献